Stadt- und Regionalplanung

Herausgegeben von P. Koller und J. Diederich

Die Um- und Neugestaltung von Gebieten –

> welche den Wohnstätten, Arbeitsplätzen, gemeinschaftlichen und kulturellen Betätigungen, Erholungsmöglichkeiten, aber auch den sozialen Versorgungen und der Aufgabenerfüllung der Planungsträger und Gebietskörperschaften dienen –

wird in unserer pluralen Gesellschaft mit ihren neuartigen Siedlungsformen und wachsenden Verkehrsbedürfnissen zu einer immer komplexeren Aufgabe.

Um diese Leistung von Ordnung und Planung im Raume gesellschaftsbezogen vollbringen zu können, sind in dieser Schriftenreihe Studien zur Methode und Analyse zusammengetragen.

Theoretische Bauleitplanung

Mathematisierte Methoden für die Entscheidungsvorbereitung

von

Claus Meier

Walter de Gruyter & Co · Berlin 1970

vormals G. J. Göschen'sche Verlagshandlung · J. Guttentag, Verlagsbuchhandlung · Georg Reimer · Karl J. Trübner · Veit & Comp.

Vorwort der Herausgeber

Im Bewußtsein aller irgendwie am regionalen Planungsprozeß beteiligten Personen – ganz gleich ob sie sich in der forschenden, der planenden, der entscheidenden oder der ausführenden Ebene betätigen – steht heute mehr denn je die Problematik der Relation Mensch / „gebaute Umwelt" an zentraler Stelle und das Streben nach sinnvoller und gleichzeitig rationellerer Nutzung der Flächen. Dazu beizutragen, daß diese auch den Bedürfnissen des ganzen Menschen entsprechend erfolgt, ist eine eminente Aufgabe der Wissenschaft in den verschiedensten Disziplinen. Diese lassen heute meist alle eine Betätigung im Schwerpunkt ihrer regional bezogenen Teilgebiete zu. Von Bedeutung ist aber, daß es nicht bei einem solchen Nebeneinander bleibt, daß auch ein Nacheinander nicht weiterhilft, sondern das es zu einem Für- und Zueinander kommen muß. Es ist kaum möglich, eine vollständige Aufzählung der an der örtlichen und regionalen Planung zu beteiligenden Wissenschaftszweige zu geben. Sie würde von den verschiedenen Ingenieurwissenschaften über die Geowissenschaften bis zu allen Zweigen der Gesellschaftswissenschaften im weitesten Sinne, der Medizin, heute nicht zuletzt auch den verschiedenen Formalwissenschaften reichen. Die Schwierigkeit liegt darin, diese Vielzahl der Mitwirkenden unter dem örtlichen und regionalen Aspekt zu einer Gesamtschau und zur Anwendung zu verbinden.

Für die raumordnende und örtlich planende Tätigkeit nimmt ein Moment eine stets steigende Bedeutung an und tritt so in den Vordergrund des Forschens, Entscheidens und Handelns, nämlich die „Kontraktion" der Bevölkerung auf die Gunsträume, das heißt die Tatsache, daß ein immer größer werdender Anteil der Gesamtbevölkerung auf einem immer kleiner werdenden Anteil der Gesamtfläche leben will. Dagegen sind die Probleme der quantitativen Bevölkerungsbewegung fast gegenstandslos geworden.

Die Ergebnisse der verfeinerten Methoden der Prognosen lassen deutlich erkennen, daß die Bevölkerungszunahme in diesen „Aktivräumen" sich in naher Zukunft weiter und mit steigendem Tempo fortsetzen wird. Mehr Menschen auf derselben Fläche bedeuten in unserer pluralistischen Gesellschaft aber steigenden Bedarf an Flächen für Wohn- und Arbeitsstätten, vor allem aber für alle Anlagen des Gemeinbedarfs; Gerade in diesen Gebieten können diese Flächen aber nicht mehr wahllos und ohne umfassende Begründung einfach von den Freiflächen, die noch keiner baulichen Nutzung unterliegen, abgezweigt werden.

Die Differenzierung der Bedürfnisse erzeugt einen steigenden Flächenbedarf, der nicht mehr proportional mit der Bevölkerungszunahme wächst. Er folgt in den unterschiedlichen Fazetten menschlichen und gesellschaftlichen Geschehens in unserer offenen, hochindustriellen Gesellschaft, dem steigenden Standard entsprechend, steigenden Mengenvorstellungen.

Hinzu kommt, daß der Prozeß des Umbruchs in unserer Gesellschaft in vollem Flusse ist. Obwohl er sich der scharfen Prognose zum Teil entzieht, hat er doch vielgestaltige konkrete Auswirkungen auf die laufenden Um- und Neugestaltungsvorgänge von Gebieten und Gebietsteilen aller Größenordnungen und Funktionsarten. Sie betreffen sowohl kleine noch ländlich anmutende Dörfer als auch riesige Sanierungsgebiete in Millionenstädten, Neuanlagen agrarischer Siedlungen mit mechanisierten Einzelhöfen als auch der Aufbau industrieller Agglomerationen in den verschiedensten Variationen. In all diesen regionalen Einheiten ändern sich die Wohn- und Siedlungsformen, die Arbeitsstätten, die Anlagen für die gemeinschaftliche und kulturelle Betätigung, die soziale Versorgung und die Erholung. Sie werden durch den Wandel der menschlichen Bedürfnisse, der gesellschaftlichen, der ökonomischen Verhältnisse, aber auch der heutigen und erwarteten technischen Möglichkeiten mitbestimmt.

Daß hierbei oft recht diffizile Aufgaben auf die Träger der regionalen und örtlichen Planung zukommen, sowohl auf die Beteiligten, als auch auf die Betroffenen, ist klar. Um die Prozesse besser erkennen und diese Aufgaben besser lösen zu können, sind Ergebnisse der Grundlagenforschung, aber auch methodische Studien, und Monografien der Anwendung, getrennt oder in Kombination, dringend erforderlich.

Diesem Bedarf will diese Schriftenreihe praxisbezogen greifbares Gerät bieten.

Berlin, Juni 1970 *Jul Diederich* *Peter Koller*

Vorwort

Der Städtebau nach dem zweiten Weltkrieg stand im Zeichen des Wiederaufbaues. Parallel mit den Beseitigungen der großen Zerstörungen wurde versucht, Konzeptionen für die Errichtung von neuen Stadtteilen und Wohnsiedlungen zu erarbeiten. In der Mehrzahl ersetzte man dabei Theorien durch Ideologien, die Konzept und Zielrichtung abgaben. Die Macht einer Persönlichkeit mußte eine Planung mit realisieren helfen.

Es scheint, daß der Städtebau an einem Wendepunkt steht. Interdisziplinäres Arbeiten wird allgemein gefordert. Ob aus der Einsicht, nur durch die Berücksichtigung vieler Einflußbereiche lasse sich Städtebau komplex betreiben oder in der Hoffnung, andere Disziplinen mögen Ansatzpunkte für die Lösung anstehender Fragen liefern, sei dahingestellt. Den Ruf nach der Mitarbeit der Nachbardisziplinen, nach interfakultativer Zusammenarbeit, als Hilferuf interpretieren zu wollen, erscheint gewagt.

Die wissenschaftliche Durchdringung wird unabwendbar werden. Die Stimmen mehren sich, die exakte Ergebnisse wissenschaftlicher Arbeit erwarten. Dies darf jedoch nicht dazu führen, Entwürfe und Pläne, also auch realisierte Stadtplanung, nun vorher oder nachher wissenschaftlich untermauern zu wollen. „Was früher der Genius war, sei heute der Wissenschaftler". Wissenschaftliche Durchdringung darf nicht zur wissenschaftlichen Fassade degradiert werden. Vielerlei Ansatzpunkte lassen hoffen, daß dieser Versuchung widerstanden wird.

Die Grundlagenforschung in der Stadtplanung muß es sich zur Aufgabe machen, ausreichend allgemeinverbindliche Kenntnisse in der Stadtplanung zu erarbeiten. Es genügt dabei nicht, durch langjährige Erfahrung gewonnenes empirisches Wissen anzusammeln und auszuwerten. Empirische Forschung ist wichtig, doch als Grundlage eines Systems kann sie nicht angesehen werden. Sehr wohl kann sie jedoch Bausteine liefern für dieses System. Die Aufgabe dieser Arbeit soll es sein, einen mit den Mitteln der Mathematik gefundenen Beitrag zur städtebaulichen Grundlagenforschung vorzustellen.

Berlin, im Mai 1970 Dr.-Ing. Claus Meier

Inhaltsverzeichnis

Verzeichnis der Tafeln

0.1 Verzeichnis der Abkürzungen

Bei den städtebaulichen Begriffen liegt die Schwierigkeit in der nicht einheitlichen Definition und es kann durchaus vorkommen, daß in der Literatur verschiedene Bezeichnungen etwas Gleiches oder gleiche Bezeichnungen etwas Verschiedenes ausdrücken. Um den Katalog der Kurzbezeichnungen nicht unnötig zu vergrößern und den Sachverhalt klarer auszudrücken, wurde z. T. die Definition als Kurzform gewählt (z. B. Bruttogeschoßfläche pro Einwohner = BGF/E). Bei der Darstellung von Primärfunktionen wird auch auf Definitionen zurückgegriffen, die durch Bundesbaugesetz, Baunutzungsverordnung oder Landesbauordnung bzw. durch die praktische Anwendung als bekannt vorausgesetzt werden können.

Für die vielen Verhältniszahlen wurde folgende Systematik benutzt:

Zahl = Einheit pro Quadratmeter Grundstücksfläche
Maß = Einheit pro Quadratmeter Freifläche
Index = Einheit pro Quadratmeter Bruttogeschoßfläche
Faktor = Einheit pro Quadratmeter Wohnfläche

Es ergibt sich dann folgende Tabelle:

	A		Zahl $\frac{A}{GSF}$	Maß $\frac{A}{FF}$	Index $\frac{A}{BGF}$	Faktor $\frac{A}{WF}$
Wohngebäude						
Grundfläche	GRF		GRZ			
Geschoßfläche	GF	BGF	GFZ	GFM	1	GFF
Wohnfläche	WF	NGF			WFI	1
Nutzfläche	NF				NFI	NFF
Verkehrsfläche	VF					VFF
Umbauter Raum	UR					RFF
Baumasse	BM		BMZ			
Grundstück						
Parkfläche	PF		PFZ		PFI	PFF
Essentialfläche	EF		EFZ		EFI	EFF
Freifläche	FF			1	FFI	

Für die Stellplätze der Kraftwagen wurde folgende Unterscheidung getroffen:

Abstellplätze: offene Stellplätze
Einstellplätze: geschlossene oder überdachte Stellplätze
(Einzelgarage, Parkhaus, Parkdeck, Tiefgarage)

Die Motorisierungsziffer μ kennzeichnet allgemein die Einheiten pro Wagen, wobei die Einheiten variiert werden können:

μ = Einheiten/Wagen
μ_e = Einwohner/Wagen
μ_{we} = Wohneinheiten/Wagen
μ_{wf} = Wohnfläche/Wagen
μ_{gf} = Geschoßfläche/Wagen
μ_{nf} = Nutzfläche/Wagen

Als Belegungsziffer wird die Anzahl der Bewohner pro Wohneinheit bezeichnet.

$$BZ = \frac{E}{WE}$$

Der Grund und Boden wird ebenfalls begrifflich in Gruppen eingeteilt:

Oberbegriff	Flächen	1.	Wohnbauflächen
	(BBauG)	2.	Gem. Bauflächen
		3.	Gewerbl. Bauflächen
1. Einteilung	Gebiete	1.1	Reines Wohngebiet
	(BBauG)	1.2	Allgemeines Wohngebiet
2. Einteilung	Land	1.21	Wohnland
		1.22[1]	Wohnfolgeland
3. Einteilung	Fläche	1.211	Grundstücksflächen (GSF)
		1.221	Gemeinbedarfsflächen
		1.222	Grünflächen
		1.223	Wasserflächen etc.
4. Einteilung	Fläche	1.2111	Grundfläche (GRF)
		1.2112	Essentialfläche (EF)
		1.2113	Parkfläche (PF) (GSF_p)

Die Summe der Wohnfolgeflächen ergibt das Wohnfolgeland.
Die Summe der Grundstücksflächen ergibt das Nettobauland.

a	Verhältnis zweier Arealabmessungen (S. 99)
a_1, a_2	Verhältnis von Straßenlänge zur Areallänge (S. 99)
a	Optimierungskoeffizient
ASP	Abstellplatz
b	Kurzform für BGF_w/E (S. 135)
b_1, b_2	Gebäudeabmessungen (S. 41)
BauNVO	Baunutzungsverordnung
BBauG	Bundesbaugesetz
BGF	Bruttogeschoßfläche
BM	Baumasse
BMZ	Baumassenzahl
BZ	Belegungsziffer
c_{st}	Korrekturfaktor
e	Erhöhungsfaktor ($E_2 : E_1$)
e_o	Reduzierungsfaktor ($ED_2 : ED_1$)

[1] Im BBauG werden das Allgemeine Wohngebiet und das Wohnfolgeland getrennt aufgeführt. Im Mathematischen Modell enthält jedoch die *Relativfläche* das Wohnbauland und die Wohnfolgeflächen, so daß die 2. Einteilung notwendig wird.

E	Einwohner
E_o	Sammelbegriff für $E_{w'}$; E_d oder E_v (S. 137)
ED	Einwohnerdichte
EF	Essentialfläche
EFF	Essentialflächenfaktor
EFI	Essentialflächenindex
EFZ	Essentialflächenzahl
EH	Einheit (S. 128)
ErG	Erschließungsgrad
f	Grundstücksfläche pro Einwohner
f_o	Grundstücksfläche pro Platz in einer Wohnfolgeeinrichtung (S.129)
F	Fläche
FF	Freifläche
FFI	Freiflächenindex
g	Anteil an der Grundstücksfläche (S. 24)
g	Kurzform für BGF_{nv}/E (S. 135)
G	Kurzform für BGF_{ge} (S. 135)
GF	Geschoßfläche
GFF	Geschoßflächenfaktor
GFM	Geschoßflächenmaß
GFZ	Geschoßflächenzahl
GRF	Grundfläche
GRZ	Grundflächenzahl
GSF	Grundstücksfläche
GZ	Geschoßzahl
h	Geschoßhöhe
H	Gebäudehöhe

Indices:

as	Asymptote
asp	Abstellplatz
bl	Bordsteinlänge
bo	Boden
d	definierter Bereich
ef	Essentialfläche
er	Erschließung
erf	erforderlich
gb	Gemeinbedarf
ge	Gewerbe
geb	Gebäude
ges	gesamt
gf	Geschoßfläche
j	Jahrgänge
k	konstant
m	Mittelwert
nv	Nahversorgung
opt	optimal
p	Parken
ph	Parkhaus
rel	relativ
st	Straße
t	Tiefgarage
u	undefinierter Bereich
v	gewerblich verdichtete Zone
vorh	vorhanden
w	Wohnen
w'	Wohnzone im undefinierten Bereich
wep	Wageneinstellplatz
wfe	Wohnfolgeeinrichtung
wl	Wohnland

j	Zahl der Jahrgänge (S. 129)
k	Kosten pro Quadratmeter Grundstücksfläche
K	Kosten
K'_{geb}	Wohngebäudekosten ohne Bodenkosten
K'_{wfe}	Kosten der Wohnfolgeeinrichtungen ohne Bodenkosten
l	Länge
l_1, l_2	Arealabmessungen (S. 99)
l_w	Länge der Wege (S. 208)
n	Kurzform für WFL/E (S. 135)
n'	Wohnfolgeland pro Gesamteinwohner (S. 129)
n_o	Grundstücksfläche *einer* Wohnfolgeeinrichtung pro Gesamteinwohner (S. 129)
NF	Nutzfläche
NFF	Nutzflächenfaktor
NFI	Nutzflächenindex
NGF	Nettogeschoßfläche
NWBL	Nettowohnbauland

p	Anteil an einer Gesamtheit	t	Haustiefe
p_o	Anteil an der Gesamtbevölkerung (S. 129)	t_1, t_2	zwei Haustiefen (S. 41)
		TG	Tiefgarage
p_{st}	Anteil des Straßenlandes am Nettowohnbauland und Straßenland (S. 103)	UR	Umbauter Raum
		VF	Verkehrsfläche
		VFF	Verkehrsflächenfaktor
p'_{st}	Anteil des Straßenlandes am Nettowohnbauland (S. 102)	VOB	Verdingungsordnung für Bauleistungen
PF	Parkfläche	WE	Wohneinheit
PFF	Parkflächenfaktor	WEP	Wageneinstellplatz
PFI	Parkflächenindex	WF	Wohnfläche
PFZ	Parkflächenzahl	WFI	Wohnflächenindex
PH	Parkhaus	WFL	Wohnfolgeland
RFF	Raumflächenfaktor	z	Änderungsfaktor ($GFZ_2 : GFZ_1$)
s	Straßenbreite		
s_1, s_2	zwei Straßenbreiten (S. 99)	Z	Zahl der Beteiligten (S. 129)

Griechische Buchstaben

α	Parkflächenkoeffizient (S. 22)
α_{ef}	Essentialflächenkoeffizient (S. 196)
α_{gf}	Geschoßflächenkoeffizient (S. 188)
β	Bebauungskoeffizient (S. 38)
γ	Parksystemfaktor (S. 26)
δ	Straßensystemfaktor (S. 101)
ϵ_1 ϵ_2	Verhältnis Hauslänge zur Haustiefe (S. 41)
θ	Verhältnis zweier Haustiefen (S. 41)
κ_{bo}	Bodenkostenkoeffizient (S. 201)
κ_p	Parkkostenkoeffizient (S. 189)
λ	Verhältnis zweier Hauslängen (S. 41)
μ_e	Motorisierungsziffer (E/Wg) (S. 2)
μ_{we}	Motorisierungsziffer (WE/Wg) (S. 2)
ν	Straßennetzkoeffizient (S. 99)
σ	Verhältnis zweier Straßenbreiten (S. 99)
τ	Verhältnis Gebäudetiefe zur Gebäudehöhe (S. 41)
φ	Parkkoeffizient (S. 21)
φ_1	Parkkoeffizient (S. 30)
ψ	Parksystemkoeffizient (S. 26)
ω_{gfz}	Koeffizient für das Optimum (S. 41)
ω_{gz}	Koeffizient für das Optimum (S. 41)

0.2 Einleitung

Um Grundlagen systematisch zu erhalten, besteht einmal die Möglichkeit, Teilbereiche separat bis zu einem Maximum an Klärung zu bearbeiten oder komplexere Abschnitte zu überschauen und dabei zunächst elementare Stufen der wissenschaftlichen Durchdringung zu erreichen. Die Praxis der Arbeit wird dabei nicht klar zwischen diesen beiden Möglichkeiten trennen können. Die höchste Durchdringungsstufe in allen Teilgebieten zu erreichen muß jedoch das erstrebenswerte Ziel sein.

Bisher wurde für den Nachweis einer städtebaulichen Qualität der bereits in den wesentlichsten Punkten fixierte Plan analysiert und ermöglichte damit die für eine Bewertung notwendige Ermittlung von Vergleichswerten. Wünschenswert wäre es jedoch, die komplexen Zusammenhänge eines Siedlungsgefüges generell zu erkennen, um den Spielraum einer möglichen Bebauung einzuengen und so optimale Lösungen zu erzielen. Um zu Ergebnissen zu gelangen, die für vielseitige stadtplanerische Aufgaben anwendbar sind, wird die Methode der mathematischen Ableitung für sinnvoll erachtet. Dies wird schon deshalb erforderlich, da sich für eine interfakultative Zusammenarbeit die Mathematik als gemeinsame Sprache und Kommunikationsmittel von hoher Effizienz anbietet. Außerdem zwingt die mathematische Sprache zu eindeutigen und klaren Definitionen und Formulierungen.

Durch systematische Untersuchungen müssen die als wichtig erachteten Beziehungen und Abhängigkeiten geklärt werden. Die allgemein gültigen Relationen, formuliert durch mathematische Funktionen, führen ohne vorherige zeichnerische Lösung schon zum gedanklich fixierten Ergebnis. Es wird somit die Möglichkeit geschafften, Planungsaussagen als Ergebnis einer Berechnung zu erhalten, bevor mit der zeichnerischen Bearbeitung begonnen wurde. Im Verlauf der weiteren Planungsausarbeitung kann (und wird) dieses Ergebnis abgewandelt werden, um spezielle Forderungen und Detailprobleme zu berücksichtigen, doch zeigt das mathematisch gefundene Resultat das Ziel der planerischen Arbeit.

Die mathematisch formulierten Zusammenhänge ermöglichen auch erst den Einsatz elektronischer Rechenanlagen. Wird von der Möglichkeit der Datenspeicherung abgesehen, so werden für die Anwendbarkeit von Computern Zielfunktionen notwendig, die dann, durch die hohe Geschwindigkeit des Rechenprozesses bedingt, die vielfachen Variationen der „Variablen“ berücksichtigen und damit die gestellten Aufgaben lösen können. In der weiteren Bearbeitung sind dann optimale Kombinationen leicht zu ermitteln. Der Ruf nach dem Computer als Lösungshilfe wird jedoch zwecklos sein, wenn die Probleme nicht vorher erkannt, definiert und mathematisch formuliert werden. Erst dann läßt sich ein Problem mittels elektronischer Rechner lösen.

Unausbleiblich wird dabei die Quantifizierung der variablen Werte. Viele sind durch statistische Angaben und Auswertungen zu bestimmen. Hier findet die empirische Forschung ein weites Betätigungsfeld vor. Doch gibt es auch Bewertungen, die einer Quantifizierung im Wege stehen und die die Grenzen für den Anwendungsbereich der Rechenanlagen aufzeigen. Die bei einem Planungsprozeß auftretenden wichtigsten Imponderabilien, wie z. B. das Image einer Stadt, die schöne Aussicht, die landschaftliche Lage, das Wohlbefinden usw., lassen sich nicht numerisch festlegen, zumindest jetzt noch nicht. Wird es mitunter auch möglich sein, Bewertungen dieser nicht eindeutig faßbaren Kriterien zu quantifizieren, so bleibt dann immer noch die Aufgabe, diese numerisch ausgedrückten Qualitäten gegenseitig zu wichten. Sollte ein Katalog der einzelnen „Variablen" auch vorhanden sein, so wird die Feststellung der Wertigkeit dieser Teilaspekte auf erhebliche Schwierigkeiten stoßen. Hier spielen subjektive Wertvorstellungen eine große Rolle und das Problem ist keineswegs gelöst, sondern wird lediglich auf eine andere Ebene verlagert.

Nach der ersten Phase der Mathematisierung städtebaulicher Probleme wird es sicher möglich sein, durch die Programmierung komplexer Probleme zu Ergebnissen zu gelangen, die außerhalb menschlicher Rechenmöglichkeiten liegen. Aber begonnen wird beim Anfang. So trivial dieser Satz auch lautet, so möge er doch daran erinnern, daß für den Einsatz von Computern zunächst die theoretische Grundlage, nämlich die Mathematisierung städtebaulicher Problemstellungen, geschaffen werden muß. Die notwendig werdende mathematische Formulierung planerischer Probleme und die Einbeziehung weiterer Bereiche wird ein kontinuierlicher Prozeß sein, der durch die auftretenden detailierteren Fragestellungen bis zu einem gewissen Höchstmaß an Exaktheit und Allgemeingültigkeit getrieben werden kann.

Die wissenschaftliche Behandlung städtebaulicher Probleme erfordert die klare Trennung in Primärteil und Sekundärteil. Bei der Darstellung der Abhängigkeiten in mathematischer Form werden analog Primärfunktionen und Sekundärfunktionen unterschieden. Bei den Primärfunktionen handelt es sich um die Relationen von definierten Variablen, die ohne normative Wertung in ihrer gegenseitigen Abhängigkeit dargestellt werden. Die Interdependenzen der Variablen einer Wohnsiedlung liegen, als Primärfunktion durch Deduktion gefunden, a priori fest und bilden ein für planerische Operationen geeignetes Gerüst. Dagegen wird die numerische Fixierung der Variablen als eine Sekundärfunktion angesehen. Sie muß durch empirische Forschung, also induktiv, ermittelt oder untermauert werden. Sekundärfunktionen enthalten regionale und zeitliche Komponenten und resultieren aus empirisch-statistischen Daten. Marktwirtschaftliche, technologische und soziologische Aspekte beeinflussen die Sekundärfunktionen und erfordern eine ständige Überprüfung dieser *Norm- und Richtzahlen.* Durch eine die Entwicklung und Veränderung berücksichtigende Prognose bekommt sie einen normativen Gehalt und ermöglicht demzufolge durch Vergleich eine Wertung.

Der Schwerpunkt dieser Arbeit liegt in der Ermittlung von Primärfunktionen, in die die Sekundärfunktionen dann, aus Empirie und Prognose abgeleitet, als Norm- und Richtzahlen einfließen. Diese Primärfunktion, dargestellt durch Formeln, zeigen in expliziter Form eine der Variablen. Selbstverständlich lassen sich die anderen in der Formel enthaltenen Ausdrücke ebenfalls in expliziter Form darstellen. Dies bedeutet, daß von x Variablen, die als Primärfunktion in ihrer gegenseitigen Abhängigkeit dargestellt werden, x-1 Variable gegeben, vorhanden oder angenommen werden müssen, um die restliche Variable dann rechnerisch bestimmen zu können. Bei x Variablen gibt es dann x Formeln. Bei der grafischen Darstellung auf Tafeln entfällt die Vielzahl der mathematischen Formeln. Hier kann durch Ablesen jede Variable als Funktion der übrigen bestimmt werden. Außerdem ermöglicht eine grafische Darstellung überschaubar die Fixierung der Grenzen und Einflüsse einzelner Variabler auf das Gesamtproblem.

Bei der Erarbeitung der Sekundärfunktionen muß unterstellt werden, daß nur die durch die systemhafte Formulierung mögliche Vollkommenheit in der Aussage erreicht werden kann. Es muß in diesem Zusammenhang auf die Unvereinbarkeit allgemeingültiger, überschaubarer und gleichzeitig genauer Ergebnisse hingewiesen werden. Approximationskurven, für die Allgemeingültigkeit und Überschaubarkeit ein unersetzliches Hilfsmittel, können als Sekundärfunktionen generell nur Trends aufzeigen. Damit wird jedoch die Detailgenauigkeit eingebüßt, die für spezielle Untersuchungen des Einzelfalles notwendig und erforderlich wird. Sekundärfunktionen müssen also immer und an jedem Ort neu definiert werden, um die charakteristischen Eigenheiten einer Region, einer Stadt oder eines Stadtteiles zu berücksichtigen.

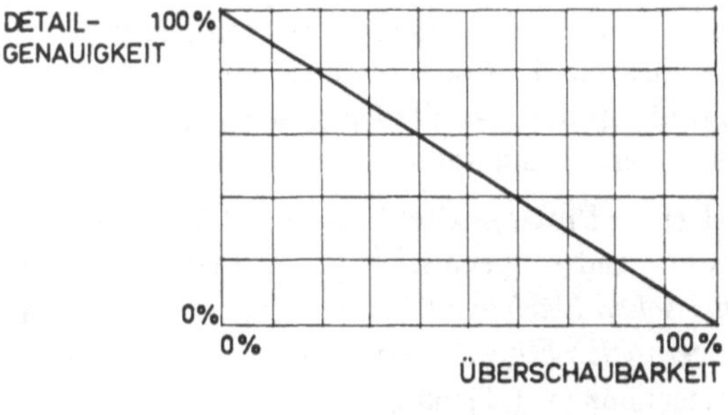

Heuristische These des Zusammenhanges von Überschaubarkeit und Genauigkeit.

0.3 Übersicht

Das System der *Theoretischen Bauleitplanung* enthält Determinanten, die in gegenseitiger Abhängigkeit zueinander stehen. Grundsätzlich sind grundstücksbezogene und arealbezogene Relationen zu unterscheiden.

Den Mittelpunkt der grundstücksbezogenen Relationen bildet der Komplex *Elementare Beziehungen,* der durch den § 17 BauNVO definiert wird.

Die hier vorkommenden Variablen werden jedoch überlagert und bestimmt durch den Komplex *Parksystem und Freiraum* und den Komplex *Bebauungssystem.* Diese beiden Bereiche sind gleichrangig den elementaren Beziehungen zugeordnet und beeinflussen durch ihre Detailentscheidungen über Parksystem und Bebauungssystem die Determinanten des § 17 BauNVO.

Parksystem und Freiraum enthält die Variablen der Essentialfläche pro Einwohner (der nutzbaren Freifläche), der Bruttogeschoßfläche pro Einwohner sowie des Parksystems (Abstellplatz, Parkhaus, Tiefgarage) verbunden mit der Motorisierungsziffer und der Parkfläche pro Wageneinstellplatz.

Das Bebauungssystem enthält die Variablen der Haustiefe, der Geschoßhöhe und der Bebauungsstruktur.

Beiden Bereichen zugeordnet werden *grundstücksbezogene Kostenrelationen,* die die Bodenkosten und die einzelnen Anlagekosten in ihren Abhängigkeiten zeigen und Hinweise geben für das Bebauungs- und Parksystem.

Den Übergang zu den arealbezogenen Relationen bildet die Geschoßflächenzahl, die einmal in das *Mathematische Modell* einfließt und zum anderen das Straßensystem beeinflußt. *Das Straßensystem* enthält die Variablen des Erschließungsgrades, der Straßenlänge pro Einwohner und der Bruttogeschoßfläche pro Einwohner. Da das Straßenparken Einfluß auf das gewählte Parksystem hat, ist auch die Verbindung Straßensystem–Parksystem und Freiraum zu beachten.

Das *Mathematische Modell* beinhaltet die Bruttogeschoßfläche pro Einwohner, das Wohnfolgeland pro Einwohner und andere spezifische Daten. Hierbei ist generell auszugehen von einer *Numerischen Flächenaufteilung,* einer *Prozentualen Flächenaufteilung* oder einer *Prozentualen Einwohneraufteilung.* Das mathematische Modell ermöglicht die Berechnung von Planungsalternativen, bevor mit der zeichnerischen Bearbeitung begonnen wird. *Die arealbezogenen Kostenrelationen* beschreiben die Zusammenhänge einer größeren Einheit mit ihren Erschließungskosten, Kosten der Wohnfolgeeinrichtungen und den Kosten des Wohnbaulandes. Mit Hilfe der *Gesamtkostenfunktion* können planerische Alternativen miteinander verglichen werden.

Zeichnerisch dargestellt werden die Ergebnisse dieser *Theoretischen Bauleitplanung* im Strukturplan.

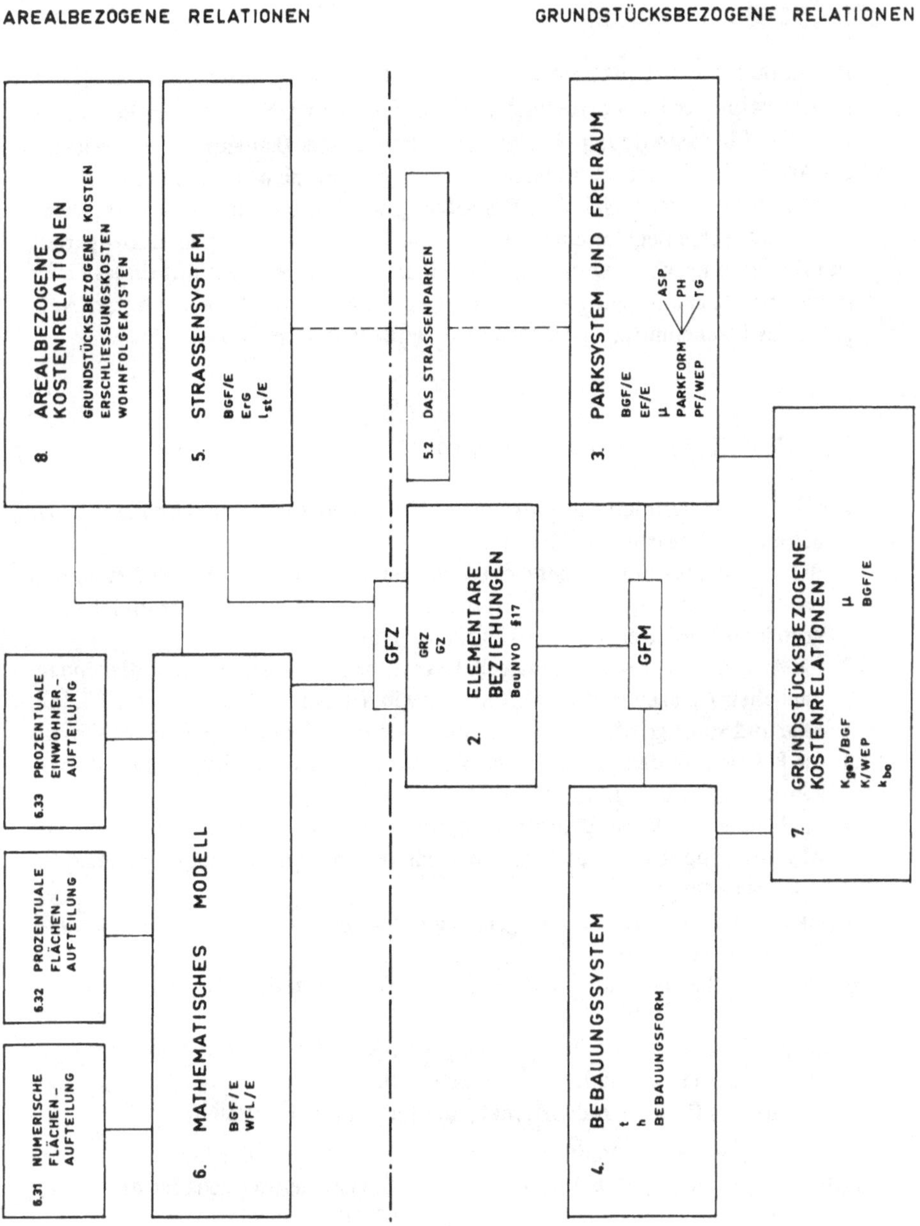
AREALBEZOGENE RELATIONEN
GRUNDSTÜCKSBEZOGENE RELATIONEN
8. AREALBEZOGENE KOSTENRELATIONEN
GRUNDSTÜCKSBEZOGENE KOSTEN
ERSCHLIESSUNGSKOSTEN
WOHNFOLGEKOSTEN
5. STRASSENSYSTEM
BGF/E
ErG
l_{st}/E
5.2 DAS STRASSENPARKEN
3. PARKSYSTEM UND FREIRAUM
BGF/E
EF/E
μ
PARKFORM
ASP
PH
TG
PF/WEP
GFZ
GRZ
GZ
2. ELEMENTARE BEZIEHUNGEN
BauNVO §17
GFM
7. GRUNDSTÜCKSBEZOGENE KOSTENRELATIONEN
K_{geb}/BGF
K/WEP
k_{bo}
μ
BGF/E
6.33 PROZENTUALE EINWOHNER-AUFTEILUNG
6.32 PROZENTUALE FLÄCHEN-AUFTEILUNG
6.31 NUMERISCHE FLÄCHEN-AUFTEILUNG
6. MATHEMATISCHES MODELL
BGF/E
WFL/E
4. BEBAUUNGSSYSTEM
t
h
BEBAUUNGSFORM

Tafel 1

1 Die Plandarstellung

Die im Bundesbaugesetz vom 23. Juni 1960 formulierte Bauleitplanung (§1) unterscheidet in der Plandarstellung den Flächennutzungsplan und den Bebauungsplan. Der Flächennutzungsplan gilt als vorbereitender Bauleitplan zur Festlegung der Art der Flächennutzung, während der Bebauungsplan als verbindlicher Bauleitplan der rechtsverbindlichen Festsetzung der städtebaulichen Ordnung dient. Der Strukturplan liegt als ein differenzierter Flächennutzungsplan in Bedeutung und Zielsetzung zwischen diesen beiden Plänen. Um die Bedeutung dieses differenzierten Flächennutzungsplanes zu zeigen, bedarf es der Erläuterung der Aufgaben des Flächennutzungsplanes sowie des Bebauungsplanes.

1.1 Der Flächennutzungsplan

Der §5 BBauG definiert die Aufgabe des Flächennutzungsplanes und zwar sind insbesondere darzustellen (Absatz 2):

1. die für die Bebauung vorgesehenen Flächen nach der allgemeinen Art ihrer baulichen Nutzung (Bauflächen) sowie nach der besonderen Art und dem allgemeinen Maß ihrer baulichen Nutzung (Baugebiete);
2. die Ausstattung des Gemeindegebietes mit den der Allgemeinheit dienenden baulichen Anlagen und Einrichtungen, wie Kirchen, Schulen, kirchliche, kulturelle und sonstige öffentliche Gebäude und Einrichtungen (Gemeinbedarf);
3. die Flächen für den überörtlichen Verkehr und für die örtlichen Hauptverkehrszüge; (Erschließungsflächen);
4. die Flächen für Versorgungsanlagen, für die Verwertung oder Beseitigung von Abwasser und festen Abfallstoffen sowie für Hauptversorgungs- und Hauptabwasserleitungen;
5. die Grünflächen, wie Parkanlagen, Dauerkleingärten, Sport-, Spiel-, Zelt- und Badeplätze, Friedhöfe;
6. die Wasserflächen, Häfen und die für die Wasserwirtschaft vorgesehenen Flächen;
7. die Flächen für Aufschüttungen, Abgrabungen oder für die Gewinnung von Steinen, Erden und anderen Bodenschätzen;
8. die Flächen für die Landwirtschaft und für die Forstwirtschaft.

Die in Nr. 1 genannten Bauflächen und Baugebiete sind in der Baunutzungsverordnung vom 26. Juni 1962 näher erläutert. Die Gliederung sieht für die Art der baulichen Nutzung wie folgt aus (§1 der BauNVO):

Bauflächen	*Baugebiete*	
Wohnbauflächen (W)	Kleinsiedlungsgebiete	(WS)
	reine Wohngebiete	(WR)
	allgemeine Wohngebiete	(WA)
gemischte Bauflächen (M)	Dorfgebiete	(MD)
	Mischgebiete	(MI)
	Kerngebiete	(MK)
gewerbliche Bauflächen (G)	Gewerbegebiete	(GE)
	Industriegebiete	(GI)
Sonderbauflächen (S)	Wochenendhausgebiete	(SW)
	Sondergebiete	(SO)

Die einzelnen Baugebiete werden in den §§ 2–11 BauNVO näher charakterisiert. Das allgemeine Maß der baulichen Nutzung wird durch die Geschoßflächenzahl oder die Baumassenzahl angegeben (§ 16,1 BauNVO).

1.2 Der Bebauungsplan

Der § 9 des BBauG definiert die Aufgabe des Bebauungsplanes und setzt im Absatz (1) fest:

1. das Bauland und zwar
   a) Art und Maß der baulichen Nutzung;
   b) Die Bauweise, die überbaubaren und nicht überbaubaren Grundstücksflächen sowie die Stellung der baulichen Anlagen;
   c) die Mindestgröße der Baugrundstücke;
   d) die Höhenlage der baulichen Anlagen;
   e) die Flächen für Stellplätze und Garagen sowie ihre Einfahrten auf den Baugrundstücken;
   f) die Baugrundstücke für den Gemeinbedarf;
   g) die überwiegend für die Bebauung mit Familienheimen vorgesehenen Flächen;
   h) Baugrundstücke für besondere bauliche Anlagen, die privatwirtschaftlichen Zwecken dienen und deren Lage durch zwingende städtebauliche Gründe, insbesondere solche des Verkehrs, bestimmt ist.
2. die Grundstücke, die von der Bebauung freizuhalten sind, und ihre Nutzung;
3. die Verkehrsflächen;
4. die Höhenlage der anbaufähigen Verkehrsflächen sowie den Anschluß der Grundstücke an die Verkehrsflächen;
5. die Versorgungsflächen;
6. die Führung oberirdischer Versorgungsanlagen und -leitungen;
7. die Flächen für die Verwertung oder Beseitigung von Abwasser und festen Abfallstoffen;

8. die Grünflächen, wie Parkanlagen, Dauerkleingärten, Sport-, Spiel-, Zelt- und Badeplätze, Friedhöfe;
9. die Flächen für Aufschüttungen, Abgrabungen oder für die Gewinnung von Steinen, Erden und anderen Bodenschätzen;
10. die Flächen für die Landwirtschaft und die Forstwirtschaft;
11. die mit Geh-, Fahr- und Leitungsrechten zugunsten der Allgemeinheit, eines Erschließungsträgers oder eines beschränkten Personenkreises zu belastenden Flächen;
12. die Flächen für Gemeinschaftsstellplätze und Gemeinschaftsgaragen;
13. die Flächen für Gemeinschaftsanlagen, die für Wohngebiete oder Betriebsstätten innerhalb eines engeren räumlichen Bereichs aus Gründen der Sicherheit oder Gesundheit erforderlich sind;
14. die bei einzelnen Anlagen, welche die Sicherheit oder die Gesundheit der Nachbarschaft gefährden oder erheblich beeinträchtigen, von der Bebauung freizuhaltende Schutzflächen und ihre Nutzung;
15. das Anpflanzen von Bäumen und Sträuchern;
16. die Bindungen für Bepflanzungen und für die Erhaltung von Bäumen, Sträuchern und Gewässern.

Im § 9, Absatz (2) heißt es weiter:

Die Landesregierungen können durch Rechtsverordnung bestimmen, daß auch Festsetzungen über die äußere Gestaltung baulicher Anlagen sowie über den Schutz und die Erhaltung von Bau- und Naturdenkmälern in den Bebauungsplan aufgenommen werden können.

Die Art der baulichen Nutzung wird, entsprechend der Bezeichnung im Flächennutzungsplan, in den §§ 1-11 BauNVO näher erläutert.

Über das Maß der baulichen Nutzung gibt § 16 und § 17 der BauNVO Auskunft. Es heißt u. a.:

Das Maß der baulichen Nutzung wird bestimmt durch die Festsetzung
1. der Geschoßflächenzahl oder der Baumassenzahl
2. der Grundflächenzahl oder der Grundflächen der baulichen Anlagen
3. der Zahl der Vollgeschosse

Auf die Festsetzung der Zahl der Vollgeschosse darf nicht verzichtet werden, wenn dadurch die Gestaltung des Orts- und Landschaftsbildes beeinträchtigt werden kann. § 17, (4) sagt weiter: Wird im Bebauungsplan die Zahl der Vollgeschosse festgesetzt, so ist sie entweder als zwingend oder als Höchstgrenze festzusetzen.

Nach § 22 ist die Bauweise als offene oder geschlossene Bauweise festzusetzen. Die überbaubaren Grundstücksflächen regelt der § 23. Darin heißt es:
(1) Die überbaubaren Grundstücksflächen können durch die Festsetzung von Baulinien, Baugrenzen oder Bebauungstiefen bestimmt werden.
(2) Ist eine Baulinie festgesetzt, so muß auf dieser Linie gebaut werden.

(3) Ist eine Baugrenze festgesetzt, so dürfen Gebäude und Gebäudeteile diese nicht überschreiten.
(4) Ist eine Bebauungstiefe festgesetzt, so gilt Absatz 3 entsprechend. Die Bebauungstiefe ist von der tatsächlichen Straßengrenze ab zu ermitteln, sofern im Bebauungsplan nichts anderes festgesetzt ist.

Die Festsetzungen im Bebauungsplan charakterisieren diesen vorrangig zu einem Durchführungsplan. Insbesondere sind anzuführen:

die Stellung der baulichen Anlagen,
die Mindestgröße der Baugrundstücke,
die Flächen für Stellplätze und Garagen sowie ihre Einfahrten auf den Baugrundstücken,
die mit Geh-, Fahr- und Leitungsrechten zu belastenden Flächen,
die Flächen für Gemeinschaftsstellplätze und Gemeinschaftsgaragen,
das Anpflanzen von Bäumen und Sträuchern,
die Bindungen für Bepflanzungen und für die Erhaltung von Bäumen, Sträuchern und Gewässern,
die möglichen Festsetzungen über die äußere Gestaltung baulicher Anlagen.

Der Bebauungsplan kann also kaum als ein Leitplan angesehen werden. Details werden rechtsverbindlich festgesetzt, die eine Variation planerischer Gesichtspunkte kaum zulassen. Bei einer Leitplanung sollte jedoch eine Interpretation möglich sein, da zwischen Leitplanung und Durchführung Jahre liegen können und demzufolge die zeitliche Komponente unbedingt berücksichtigt werden muß. Ein Leitbild oder eine Leitvorstellung erfordert bei der baulichen Realisierung immer eine genauere Plandarstellung, muß sie automatisch nach sich ziehen.

Der Flächennutzungsplan als nächsthöhere Einheit der Plandarstellung in der Bauleitplanung bietet eine zu geringe Differenzierung der Bauflächen.

1.3 Der Strukturplan

Diese Lücke in der Plandarstellung schließt der Strukturplan. Wesentlich für eine Bauleitplanung wird die Festlegung von Planungskriterien sein, die, im Rahmen des Leitbildes, genügend Spielraum für die Berücksichtigung detailierter Forderungen zum Zeitpunkt der Plandurchführung bieten. Solche Kriterien werden in folgenden Plänen dargestellt:

1. Festsetzungen von Kriterien, die Art und Maß der Nutzung beinhalten;
2. Festsetzungen von Kriterien, die räumliche Vorstellungen von Baukörpern beinhalten;
3. Festsetzungen über den zeitlichen Ablauf der Planungsdurchführung.

Diese Pläne zeigen planerische Vorstellungen in einer Form, die die Anpassung an während der Durchführung der baulichen Maßnahmen auftretende spezielle

Forderungen ermöglichen. Es werden also nur die Strukturen der endgültigen Lösung festgelegt, ohne auf die endgültigen Angaben Rücksicht nehmen zu müssen, die Bestandteil des Bauentwurfes sein müssen.[1]

Die Orientierung der planerischen Arbeit auf die Festlegung klar definierter Strukturkategorien und die maßstäbliche Begrenzung auf die Darstellung von Strukturelementen ermöglicht erst die mathematische Behandlung planerischer Probleme. Da nur Aussagen über Strukturen gemacht werden, bietet sich die Chance, mathematische Methoden für die Lösung von Planungsaufgaben mit heranzuziehen. Parksysteme, Bebauungssysteme und Straßensysteme lassen sich mathematisch definieren und ermöglichen damit eine Vielzahl mathematisch gefundener Alternativlösungen. Die Umsetzung der Alternativen, die dann auf der politischen Ebene der Entscheidung bedürfen, in den Strukturplan erfolgt erst nach der mathematischen Behandlung.

---

[1] Die Notwendigkeit einer Zwischenstufe der Plandarstellung wird auch unterstrichen in: Beratende Planung für kleine Städte, Stadtbauwelt 17, S. 1283. Planungsberatung bei der Stadterneuerung, Stadtbauwelt 18, S. 1356. Hier soll jedoch weniger auf die zeichnerische Notwendigkeit als auf die Möglichkeit der *Berechenbarkeit* hingewiesen werden.

2 Elementare Beziehungen

2.1 Vorgegebene Beziehungen elementarer Art

Die Grundflächenzahl ist nach § 19 der BauNVO[1] definiert als Quotient von Grundfläche und Grundstücksfläche:

$$GRZ = \frac{GRF}{GSF} \tag{1}$$

Werden die Flächen auf den Einwohner bezogen, so folgt:

$$GRZ = \frac{GRF/E}{GSF/E} \tag{1a}$$

Die Geschoßflächenzahl ist nach § 20 der BauNVO[1] definiert als Quotient von Bruttogeschoßfläche und Grundstücksfläche:

$$GFZ = \frac{BGF}{GSF} \tag{2}$$

Werden die Flächen auf den Einwohner bezogen, so folgt:

$$GFZ = \frac{BGF/E}{GSF/E} \tag{2a}$$

Setzt man voraus, daß die Bruttogeschoßfläche eines Grundstückes sich aus der geschoßweisen Addition der Grundfläche ergibt, so wird:

$$GFZ = GRZ \cdot GZ \tag{3}$$

Daraus folgt:

$$GRZ = \frac{GFZ}{GZ} \tag{3.1}$$

$$GZ = \frac{GFZ}{GRZ} \tag{3.2}$$

Für die Beurteilung städtebaulicher Qualitäten[2] kann der Freiflächenanteil einer Wohnung, auf die Geschoßfläche bezogen als Freiflächenindex bezeichnet, herangezogen werden. Dieser Freiflächenindex ist definiert als Quotient von Freifläche und Bruttogeschoßfläche[2]:

$$FFI = \frac{FF}{BGF} \tag{4}$$

---

[1] BauNVO vom 26. Juni 1962.
[2] G. Albers, Wohndichte und Geschoßflächenzahl, Stadtbauwelt 1, 1964, S. 44-48.

Werden die Flächen auf den Einwohner bezogen, so folgt:

$$FFI = \frac{FF/E}{BGF/E} \quad (4a)$$

Die auf das Nettowohnbauland[3] bezogene Einwohnerdichte[4] wird:

$$ED = \frac{10000 \cdot GFZ}{BGF/E} \quad (E/ha) \quad (5)$$

Daraus folgt:

$$GFZ = \frac{ED \cdot BGF/E}{10000} \quad (5.1)$$

$$BGF/E = \frac{10000 \cdot GFZ}{ED} \quad (5.2)$$

Daraus folgt unter Berücksichtigung der Formel 2a die Grundstücksfläche pro Einwohner:

$$GSF/E = \frac{10000}{ED} \quad (m^2/E) \quad (6)$$

$$ED = \frac{10000}{GSF/E} \quad (E/ha) \quad (6.1)$$

2.2 Ergänzende Beziehungen elementarer Art

Es wird erforderlich, einige Verhältniszahlen zu definieren, die bei der Behandlung städtebaulicher Probleme wichtig werden.

Der Wohnflächenindex wird definiert als Quotient von Wohnfläche und Bruttogeschoßfläche:

$$WFI = \frac{WF}{BGF} \quad (7)$$

Werden die Flächen auf den Einwohner bezogen, so folgt:

$$WFI = \frac{WF/E}{BGF/E} \quad (7a)$$

Der Essentialflächenindex wird definiert als Quotient von Essentialfläche und Bruttogeschoßfläche:

$$EFI = \frac{EF}{BGF} \quad (8)$$

---

[3] NWBL als Summe der einzelnen Wohnbaugrundstücke.

[4] Der Begriff Dichte wird als die auf die Flächeneinheit Hektar bezogene Zahl der Bewohner oder Einwohner verstanden.

Werden die Flächen auf den Einwohner bezogen, so folgt:

$$\mathrm{EFI} = \frac{\mathrm{EF/E}}{\mathrm{BGF/E}} \tag{8a}$$

Der Raumflächenfaktor wird definiert als Quotient von Umbautem Raum und Wohnfläche:

$$\mathrm{RFF} = \frac{\mathrm{UR}}{\mathrm{WF}} \tag{9}$$

Werden die Flächen auf den Einwohner bezogen, so folgt:

$$\mathrm{RFF} = \frac{\mathrm{UR/E}}{\mathrm{WF/E}} \tag{9a}$$

Der Geschoßflächenfaktor wird definiert als Quotient von Bruttogeschoßfläche und Wohnfläche:

$$\mathrm{GFF} = \frac{\mathrm{BGF}}{\mathrm{WF}} \tag{10}$$

Werden die Flächen auf den Einwohner bezogen, so folgt:

$$\mathrm{GFF} = \frac{\mathrm{BGF/E}}{\mathrm{WF/E}} \tag{10a}$$

In der weiteren Behandlung kommt dem Geschoßflächenmaß eine besondere Bedeutung zu. Dieses Geschoßflächenmaß wird definiert als Quotient von Bruttogeschoßfläche und Freifläche[5]:

$$\mathrm{GFM} = \frac{\mathrm{BGF}}{\mathrm{FF}} \tag{11}$$

Aus dieser Definition folgt nach Formel (4):

$$\mathrm{GFM} = \frac{1}{\mathrm{FFI}} \tag{4.1}$$

Werden die Flächen (Formel 11) auf den Einwohner bezogen, so folgt:

$$\mathrm{GFM} = \frac{\mathrm{BGF/E}}{\mathrm{FF/E}} \tag{11a}$$

Bei Berücksichtigung dieser Definition lautet die Grundformel für die Errechnung der Geschoßflächenzahl:

$$\mathrm{GFZ} = \frac{1}{\frac{1}{\mathrm{GZ}} + \frac{1}{\mathrm{GFM}}} \tag{12}$$

---

[5] Die Freifläche wird definiert als der Teil der Grundstücksfläche, der durch Subtraktion der von Wohngebäuden eingenommenen Grundfläche entsteht. Die Freifläche enthält also auch die für den ruhenden Verkehr erforderliche Grundstücksfläche.

oder

$$GFZ = \frac{GZ \cdot GFM}{GZ + GFM} \tag{12a}$$

weiter folgt:

$$GZ = \frac{GFM \cdot GFZ}{GFM - GFZ} \tag{12.1}$$

$$GFM = \frac{GZ \cdot GFZ}{GZ - GFZ} \tag{12.2}$$

Das Geschoßflächenmaß als reziproker Wert wird:

$$\frac{1}{GFM} = \frac{1}{GFZ} - \frac{1}{GZ} \tag{12.2a}$$

Wird die Grundflächenzahl berücksichtigt, so ergeben sich folgende Beziehungen:

$$GFZ = GFM\,(1 - GRZ) \tag{13}$$

$$GFM = \frac{GFZ}{1 - GRZ} \tag{13.1}$$

$$GRZ = \frac{GFM - GFZ}{GFM} \tag{13.2}$$

Die grafische Darstellung erfolgt in der Tafel 2 *Elementare Beziehungen.*

ELEMENTARE BEZIEHUNGEN

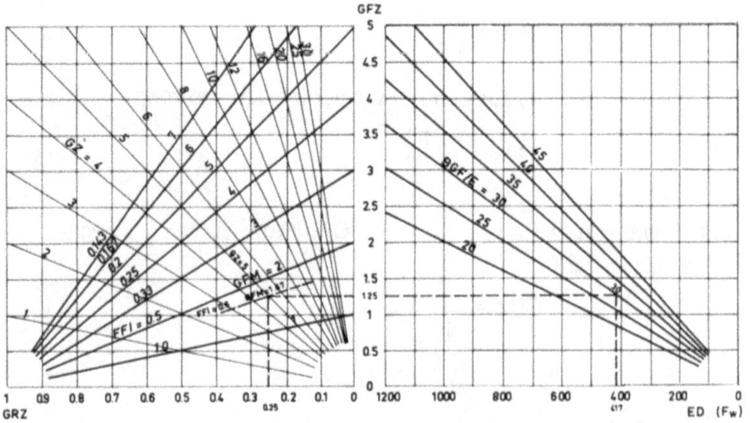

Tafel 2

Beispiel: Bei einer 5geschossigen Bebauung und einer GFZ von 1,25 ergeben sich folgende Werte:

nach (3.1) $$\mathrm{GRZ} = \frac{1{,}25}{5} = 0{,}25$$

nach (12.2) $$\mathrm{GFM} = \frac{5 \cdot 1{,}25}{5 - 1{,}25} = 1{,}67$$

nach (4.1) $$\mathrm{FFI} = \frac{1}{1{,}67} = 0{,}6$$

Bei einer BGF/E von 30 m^2 wird die Einwohnerdichte:

nach (5) $$\mathrm{ED} = \frac{10000 \cdot 1{,}25}{30} = 417\ \mathrm{E/ha}\ (F_w)$$

3 Parksystem und Freiraum

Die steigende Motorisierung im Individualverkehr zwingt zu Überlegungen, wie der ruhende Verkehr auf dem Grundstück untergebracht werden kann. Pauschalierte Urteile über die Schwierigkeiten, das Parken auf dem Grundstück über eine bestimmte Geschoßflächenzahl hinaus ohne Beeinträchtigung der notwendigen nutzbaren Freifläche unterzubringen, führen nicht zu den erforderlich werdenden detailierten Angaben über die wirklichen Grenzen in der Parkierung.

Eine Vorausschau des künftigen Verkehrs kann durch Extrapolierung der Verkehrsentwicklung vergangener Jahre gewonnen werden. Imponderabilien wie die wirtschaftliche Entwicklung, der Trend zum Individualverkehr oder zum öffentlichen Nahverkehrsmittel etc. machen es schwierig, Aussagen für die Zukunft zu machen. Es kann jedoch mit Sicherheit gesagt werden, daß dem Parkproblem des ruhenden Verkehrs auf dem Grundstück vermehrte Bedeutung bei der städtebaulichen Planung zukommt.

Aus praktischen Gründen sollten überwiegend drei Typen als Parksystem Verwendung finden:

1. *Der Abstellplatz* (mit der Möglichkeit der Garagierung). Bislang ist dies die gebräuchlichste Form der Unterbringung des ruhenden Verkehrs. Durch Beanspruchung größerer Grundstückflächen ist der Abstellplatz sehr bodenintensiv und deshalb bei höheren Motorisierungsgraden und Bodenkosten weniger als Parksystem geeignet.
2. *Das zweigeschossige Parkdeck.* Die Bodenintensität wird halbiert. Durch Einsenken der Anlage um ein halbes Geschoß entsteht keine wesentliche optische Beeinträchtigung, zumal die Seiten noch zusätzlich durch angeschüttetes Erdreich verdeckt und damit schallgünstig verkleidet werden können.

2a. In besonderen Ausnahmefällen käme das dreigeschossige Parkhaus in Frage. Alle mehrgeschossigen Parkhäuser bilden einen separaten Baukörper und sind demzufolge als solche durch die notwendigen Abstandflächen in den Komplex der Wohngebäude einzugliedern.

3. *Die Tiefgarage.* Dies ist die bodensparendste, aber bisher nicht sehr verbreitete Parklösung, da nutzbare Grundstücksfläche nicht beansprucht wird. Bei Erdüberschüttung sind die Flächen als Rasen, der mit flachwurzelnden Bäumen bepflanzt werden kann, zu nutzen.

In der folgenden theoretischen Behandlung erfolgt jedoch eine Beschränkung auf diese drei ausgewählten Parkierungstypen nicht.

Die Grundstücksfläche wird für die Beurteilung von Parksystem und Freiraum unterteilt in:

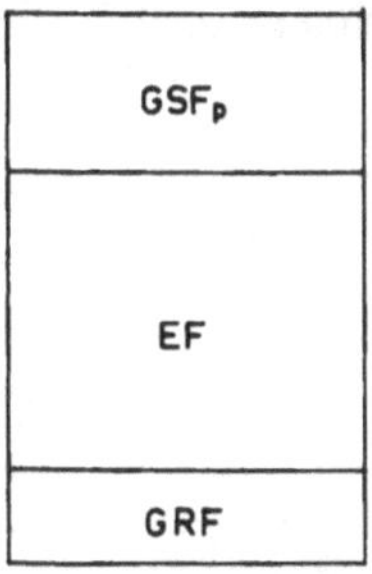

1. Die Grundfläche, d. i. die von Wohngebäuden beanspruchte Grundstücksfläche (GRF)
2. Die Parkfläche, d. i. die vom ruhenden Verkehr beanspruchte Grundstücksfläche (GSF_p)
3. Die Essentialfläche, d. i. die für Kinderspielplätze, Rasenflächen, Arbeitsflächen (Teppichklopfstange, Müllkästen), Hof- und Wegeflächen zur Verfügung stehende Grundstücksfläche (EF).

Die *Freifläche* (in Formel 11) setzt sich also aus der vom ruhenden Verkehr beanspruchten Grundstücksfläche und der Essentialfläche zusammen:

$$FF = GSF_p + EF$$

Werden die Flächen auf den Einwohner bezogen, so folgt:

$$FF/E = GSF_p/E + EF/E$$

Das Geschoßflächenmaß wird dann nach Formel 11a:

$$GFM = \frac{BGF/E}{GSF_p/E + EF/E} \tag{14}$$

Die für den ruhenden Verkehr erforderliche Grundstücksfläche pro Einwohner (GSF_p/E) ergibt sich bei Berücksichtigung der Motorisierungsziffer μ_e zu:

$$GSF_p/E = \frac{GSF_p/WEP}{\mu_e} \tag{15}$$

Die erforderliche Grundstücksfläche pro Wageneinstellplatz (GSF_p/WEP) wird als Anteil der für einen Abstellplatz erforderlichen Grundstücksfläche definiert:

$$GSF_p/WEP = PF_{asp}/WEP \cdot \varphi \tag{16}$$

φ wird als Parkkoeffizient bezeichnet und ist ein vom gewählten Parksystem abhängiger Wert.

Dies wären die theoretischen Ansätze für die Formulierung der Zusammenhänge von Parksystem und Freiraum.

3.1 Beliebige Kombination von Parksystemen

Es gelten die Formeln des Abschnittes 3.2 *Kombination zweier Parksysteme,* lediglich für die Errechnung des Parkkoeffizienten φ gilt:

$$\varphi = \Sigma\, p_{asp\,1} \cdot \alpha_{asp\,1} + \Sigma\, p_{ph} \cdot \frac{\alpha_{ph}}{GZ_{ph}} \tag{17}$$

Der Parkflächenkoeffizient α gibt das Verhältnis zweier Parkflächen pro Wageneinstellplatz an:

$$\alpha_t = \frac{PF_t/WEP}{PF_{asp}/WEP}$$

$$\alpha_{ph} = \frac{PF_{ph}/WEP}{PF_{asp}/WEP}$$

$$\alpha_{asp1} = \frac{PF_{asp1}/WEP}{PF_{asp}/WEP}$$

Für die grafische Darstellung ist $\alpha \geqq 1$ gewählt worden.

Außerdem ist:

p_{asp1} = Anteil von Abstellplatzständen eines Typs an den gesamten Stellplätzen.
p_{ph} = Anteil der Parkhausstände an den gesamten Stellplätzen.

Wird dagegen die Grundstücksfläche pro Wageneinstellplatz erforderlich, so folgt:

$$GSF_p/WEP = \Sigma\, PF_{asp}/WEP \cdot p_{asp} + \sum \frac{PF_{ph}/WEP}{GZ_{ph}} \cdot p_{ph} \qquad (18)$$

Beispiel: *Zu Abschnitt 3.1 Beliebige Kombination von Parksystemen.*

Notwendig wird die Berechnung der durch das Parken erforderlichen Grundstücksfläche.

Folgende Kombination sei gegeben:

30 %	Abstellplätze	$PF_{asp}/WEP = 12{,}5\ m^2$
10 %	Abstellplätze	$PF_{asp}/WEP = 25\ m^2$
20 %	zweigeschossiges Parkdeck	$PF_{ph}/WEP = 27{,}5\ m^2$
40 %	Tiefgarage	$PF_t/WEP = 30\ m^2$

Die Grundstücksfläche pro Wagen wird nach Formel 18 errechnet:

$$\begin{aligned} GSF_p/WEP = \ & 0{,}3 \cdot 12{,}5 = 3{,}75 \\ & + 0{,}1 \cdot 25 = 2{,}5 \\ & + 0{,}2 \cdot \frac{27{,}5}{2} = 2{,}75 \\ \hline & GSF_p/WEP = 9{,}0\ m^2 \end{aligned}$$

mit den Sekundärdaten:

$$BGF/E = 30\ m^2$$
$$EF/E = 15\ m^2$$
$$\mu_e = 3{,}5$$
$$GZ = 6$$

wird dann mit Formel 15 weitergerechnet:

$$(15) \qquad GSF_p/E = \frac{9}{3{,}5} = 2{,}57\ m^2$$

(14) $$\mathrm{GFM} = \frac{30}{2{,}57 + 15} = 1{,}71$$

(12a) $$\mathrm{GFZ} = \frac{6 \cdot 1{,}71}{6 + 1{,}71} = 1{,}33$$

3.2 Kombination zweier Parksysteme

Wird für das Parken eine Kombination von Tiefgarage und Abstellplatz, Parkhaus und Abstellplatz oder Abstellplatz$_1$ und Abstellplatz gewählt, so werden Formel 16 in 15 und Formel 15 in 14 eingesetzt und es folgt für das Geschoßflächenmaß:

$$\mathrm{GFM} = \frac{\mathrm{BGF/E}}{\frac{\mathrm{PF_{asp}/WEP}}{\mu_e} \cdot \varphi + \mathrm{EF/E}} \tag{19}$$

Wird die Formel 19 in die Formel 12 eingesetzt, so gilt für die Geschoßflächenzahl:

$$\mathrm{GFZ} = \frac{1}{\frac{1}{\mathrm{GZ}} + \frac{\frac{\mathrm{PF_{asp}/WEP}}{\mu_e} \cdot \varphi + \mathrm{EF/E}}{\mathrm{BGF/E}}} \tag{20}$$

Diese Primärfunktion zeigt, daß die Ausnutzungsgrenze (GFZ) nicht ohne Nebenbedingungen benannt werden kann. Vielmehr hängt sie von der Geschoßzahl, der Bruttogeschoßfläche pro Einwohner, der Motorisierungsziffer, der Essentialfläche pro Einwohner und vom gewählten Parksystem ab.

Werden die anderen Variablen explizit dargestellt, so folgt aus Formel 19:

$$\mathrm{BGF/E} = \mathrm{GFM}\left(\frac{\mathrm{PF_{asp}/WEP}}{\mu_e} \cdot \varphi + \mathrm{EF/E}\right) \tag{19.1}$$

$$\mathrm{EF/E} = \frac{\mathrm{BGF/E}}{\mathrm{GFM}} - \frac{\mathrm{PF_{asp}/WEP}}{\mu_e} \cdot \varphi \tag{19.2}$$

$$\mu_e = \frac{\mathrm{PF_{asp}/WEP} \cdot \varphi}{\frac{\mathrm{BGF/E}}{\mathrm{GFM}} - \mathrm{EF/E}} \tag{19.3}$$

Wird nach dem erforderlichen Parksystem gefragt, so wird:

$$\varphi = \frac{\mu_e \left(\frac{\mathrm{BGF/E}}{\mathrm{GFM}} - \mathrm{EF/E}\right)}{\mathrm{PF_{asp}/WEP}} \tag{19.4}$$

oder bei Berücksichtigung der Formel 16:

$$GSF_p/WEP = \mu_e \left(\frac{BGF/E}{GFM} - EF/E\right) \qquad (19.5)$$

Die grafische Darstellung der Formel 20 erfolgt in der Tafel 3 *Kombination zweier Parksysteme.*

Wird der Anteil der Tiefgaragenfläche an der Grundstücksfläche (g_t) bei der Definition der Geschoßflächenzahl mit berücksichtigt, so lautet die Formel für die Geschoßflächenzahl:

$$GFZ_t = \frac{1 + g_t}{\frac{1}{GZ} + \frac{\frac{PF_{asp}/WEP}{\mu_e}\left[1 + p_t(\alpha_t - 1)\right] + EF/E}{BGF/E}} \qquad (21)$$

Durch Vergleich der Formeln 20 und 21, wobei für φ der Wert für das Parksystem *Abstellplatz*$_1$ *und Abstellplatz* eingesetzt wird (s. Zusammenstellung der Koeffizienten auf Seite 26), folgt:

$$GFZ_t = GFZ_{asp}(1 + g_t) \qquad (22)$$

Werden also Abstellplätze der Parklösung *Abstellplatz*$_1$ *und Abstellplatz* in Tiefgaragen umgewandelt, so erhöht sich die Geschoßflächenzahl um den Prozentsatz, der für die Garagierung, bezogen auf die Grundstücksfläche, erforderlich wird. Dabei ist zu beachten, daß die Ermittlung der Geschoßflächenzahl für das Parksystem *Abstellplatz*$_1$ *und Abstellplatz* sowie für das Parksystem *Tiefgarage und Abstellplatz* jeweils mit den gleichen Sekundärdaten (PF/WEP, μ_e etc.) zu erfolgen hat, um die Beziehungen der Formel 22 zu erfüllen.

Es genügt nicht, durch die Wahl des Parksystems die mögliche Ausnutzung des Grundstückes zu kennen. Wichtig wird ebenso die Kenntnis der Ausdehnung des Parkens auf dem Grundstück. Der prozentuale Anteil der Grundstücksfläche für das Parken an der Gesamtgrundstücksfläche (g) gibt eine Vorstellung von den baulichen (und städtebaulichen) Notwendigkeiten, den ruhenden Verkehr auf dem Grundstück (oder dem Nettowohnbauland als die Summe der einzelnen Grundstücke) unterzubringen.

Für die Bestimmung der Ausdehnung der Tiefgarage, des Parkhauses oder der größeren Abstellplätze$_1$ auf dem Grundstück gilt die Formel:

$$g = \frac{\alpha \cdot p \cdot \gamma}{\frac{\mu_e}{PF_{asp}/WEP}\left(\frac{BGF/E}{GZ} + EF/E\right) + \varphi} \qquad (23)$$ [1]

[1] siehe Fußnote auf Seite 26, für α s. S. 22

KOMBINATION
ZWEIER PARKSYSTEME

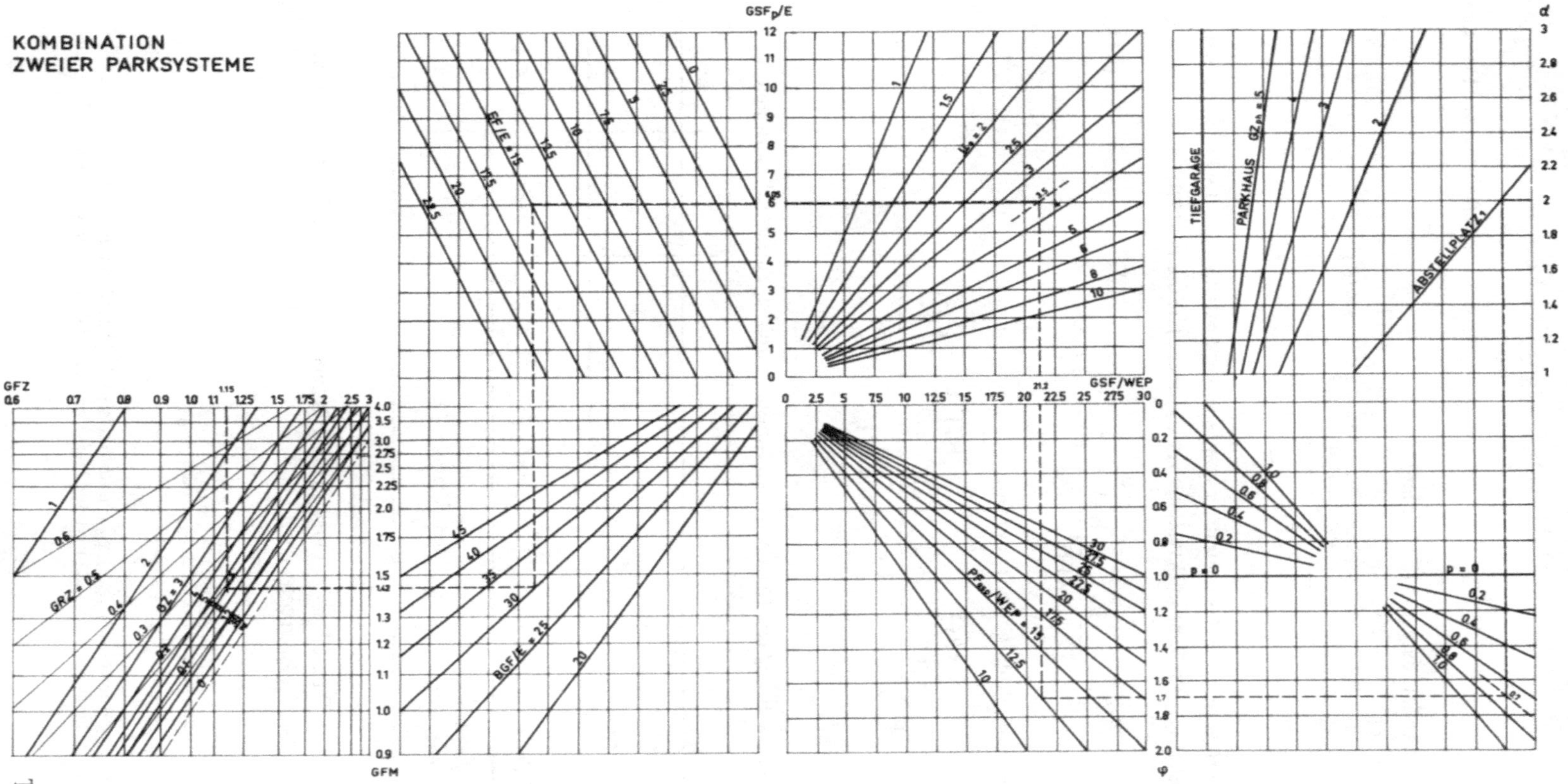

Tafel 3

Wird p explizit dargestellt, so folgt:

$$p = \frac{1 + \frac{\mu_e}{PF_{asp}/WEP}\left(\frac{BGF/E}{GZ} + EF/E\right)}{1 + \frac{\alpha}{g} \cdot \psi} \quad {}^{1} \qquad (24)$$

Für die Bestimmung des Grundstücksanteils der Abstellplätze, die jeweils in den Kombinationen zweier Parksysteme vorkommen, gilt die Formel:

$$g_{asp} := \frac{1 - p}{\frac{\mu_e}{PF_{asp}/WEP}\left(\frac{BGF/E}{GZ} + EF/E\right) + \varphi} \quad {}^{2} \qquad (25)$$

Wird p explizit dargestellt, so folgt:

$$p = \frac{\frac{1 - g_{asp}}{g_{asp}} - \frac{\mu_e}{PF_{asp}/WEP}\left(\frac{BGF/E}{GZ} + EF/E\right)}{\frac{1 - g_{asp}}{g_{asp}} + \alpha \cdot \varphi_1} \quad {}^{2} \qquad (26)$$

Zusammenstellung der Koeffizienten für die einzelnen Parkkombinationen:

	φ	φ_1	γ	ψ
Tiefgarage und Abstellplatz	$1 - p_t$	0	1	1
Parkhaus und Abstellplatz	$1 - p_{ph}\left(1 - \frac{\alpha_{ph}}{GZ_{ph}}\right)$	$\frac{1}{GZ_{ph}}$	$\frac{1}{GZ_{ph}}$	$\frac{1 - g_{ph}}{GZ_{ph}}$
Abstellplatz$_1$ und Abstellplatz	$1 + p_{asp1}(\alpha_{asp1} - 1)$	1	1	$1 - g_{asp1}$

Die grafische Darstellung der Grundstücksanteile erfolgt in der Tafel 4: *Kombination zweier Parksysteme g – p.*

[1] für g und p gilt jeweils g_{asp1} und p_{asp1}
g_{ph} und p_{ph}
g_t und p_t.

[2] für p gilt jeweils: p_{asp1}, p_{ph} und p_t. also der Anteil der größeren Abstellplatzstände$_1$, der Parkhausstände und der Tiefgaragenstände an den gesamten Stellplätzen.

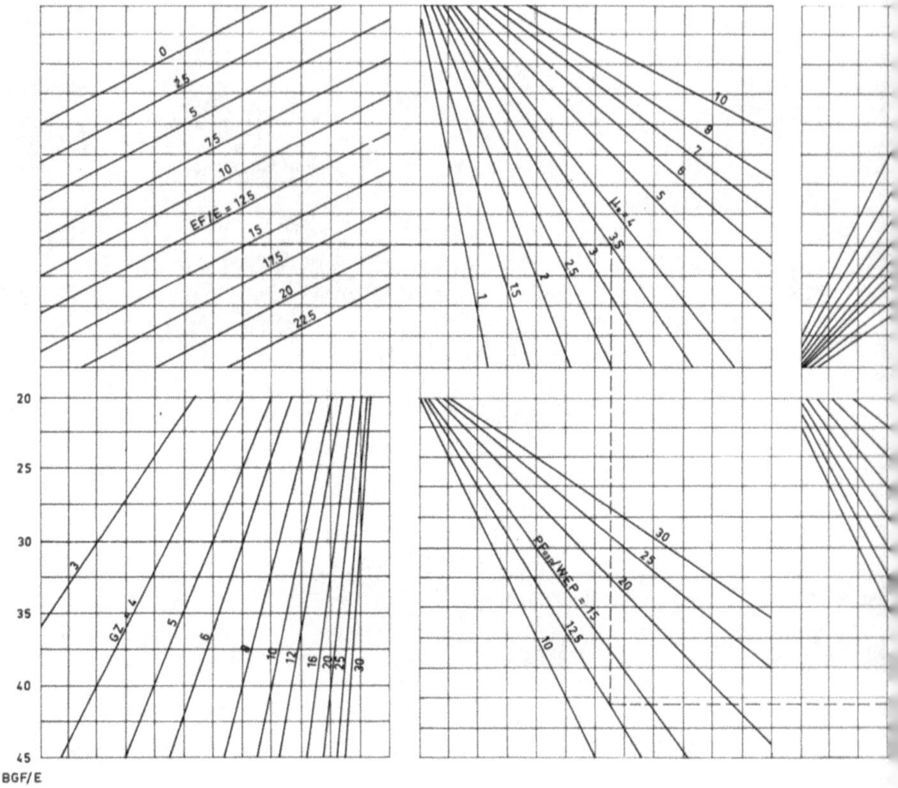

g – p
KOMBINATION ZWEIER PARKSYSTEME

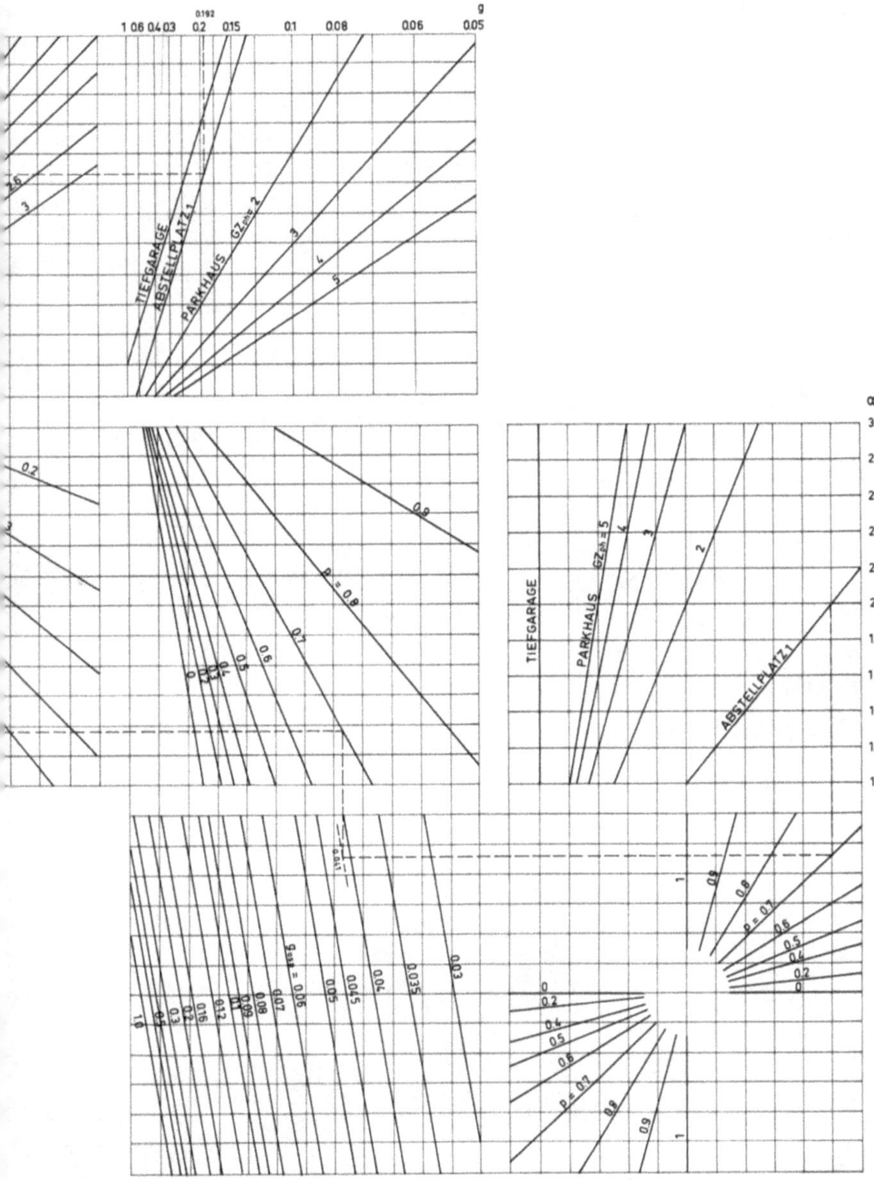
g
1 0.6 0.4 0.3 0.2 0.15 0.1 0.08 0.06 0.05
0.192
TIEFGARAGE
ABSTELLPLATZ 1
PARKHAUS GZ_{ph} = 2
3
4
5
α
3 2.8 2.6 2.4 2.2 2 1.8 1.6 1.4 1.2 1
p = 0.8
0.9
0.7
0.6
0.5
0.4
0.3
0.2
0
TIEFGARAGE
PARKHAUS GZ_{ph} = 5
4
3
2
ABSTELLPLATZ 1
g_{ER} = 0.06
1.0 0.5 0.3 0.2 0.16 0.12 0.1 0.09 0.08 0.07 0.05 0.045 0.04 0.035 0.03
0.047
p = 0.7
0.8
0.9
1

Tafel 4

Der nutzbare Freiraum, der durch Abzug der Parkflächen und der Grundflächen (durch Wohngebäude bebaute Flächen) von der Grundstücksfläche bestimmt wird, ist die Essentialfläche. Wird nun an Stelle des Freiflächenindexes, der ja auch die Flächen des Parkens enthält und somit das Parksystem unberücksichtigt läßt, der Parkflächenindex und der Essentialflächenindex verwendet, so wird nach der Definition in Kapitel 0.1:

$$PFI = \frac{PF/E}{BGF/E} \tag{27}$$

Formel 15 und 16 werden entsprechend eingesetzt und es folgt:

$$PFI = \frac{PF_{asp}/WEP \cdot \varphi}{\mu_e \cdot BGF/E} \tag{28}$$

Es ist außerdem:

$$FFI = PFI + EFI \tag{29}$$

Der Freiflächenindex wird dann nach Formel 4.1 und 12.2a:

$$FFI = \frac{GZ - GFZ}{GZ \cdot GFZ} \tag{30}$$

Bei Berücksichtigung der Formel 30 folgt dann aus Formel 29:

$$EFI = \frac{GZ - GFZ}{GZ \cdot GFZ} - PFI \tag{31}$$

oder

$$EFI = \frac{1}{GFZ} - \frac{1}{GZ} - PFI \tag{31a}$$

Diese Beziehungen sind in der Tafel 5 *Essentialflächenindex* grafisch dargestellt.

Beispiele: *Zu Abschnitt 3.2 Kombination zweier Parksysteme*

1. Bei diesen Beispielen werden wegen der Möglichkeit des Vergleiches die Grunddaten aus den Beispielen „Einzelparksystem" übernommen; Es werden lediglich jeweils 30 % Abstellplätze als zweites Parksystem dem Parken zugeordnet (p = 0,7) (s. S. 34).

a) *Tiefgarage und Abstellplatz* $PF_t/WEP = 28\ m^2$ (70 %)
$PF_{asp}/WEP = 25\ m^2$ (30 %)

Die mögliche Ausnutzung des Grundstückes wird wie folgt errechnet:

$$\alpha_t = \frac{28}{25} = 1{,}12$$

$$\varphi = 1 - 0{,}7 = 0{,}3$$

nach 19 wird:

$$GFM = \frac{30}{\frac{25}{3{,}5} \cdot 0{,}3 + 15} = 1{,}75$$

nach 12a wird: $$GFZ = \frac{6 \cdot 1{,}75}{6 + 1{,}75} = 1{,}355$$

Welcher Grundstücksflächenanteil muß für die Tiefgaragen vorgesehen werden?

nach 23 wird: $$g_t = \frac{1{,}12 \cdot 0{,}7 \cdot 1}{\frac{3{,}5}{25}(\frac{30}{6} + 15) + 0{,}3} = 0{,}253$$

Welcher Grundstücksflächenanteil muß für die Abstellplätze vorgesehen werden?

nach 25 wird: $$g_{asp} = \frac{1 - 0{,}7}{\frac{3{,}5}{25}(\frac{30}{6} + 15) + 0{,}3} = 0{,}097$$

b) *Parkdeck und Abstellplatz* $PF_{ph}/WEP = 26\ m^2$; $GZ_{ph} = 2$
$PF_{asp}/WEP = 25\ m^2$

Die mögliche Ausnutzung des Grundstückes wird wie folgt errechnet:

$$\alpha_{ph} = \frac{26}{25} = 1{,}04$$

$$\varphi = 1 - 0{,}7\,(1 - \frac{1{,}04}{2}) = 0{,}664$$

nach 19 wird: $$GFM = \frac{30}{\frac{25}{3{,}5} \cdot 0{,}664 + 15} = 1{,}52$$

nach 12a wird: $$GFZ = \frac{6 \cdot 1{,}52}{6 + 1{,}52} = 1{,}215$$

Welcher Grundstücksflächenanteil muß für das Parkdeck vorgesehen werden?

nach 23 wird: $$g_{ph} = \frac{1{,}04 \cdot 0{,}7 \cdot \frac{1}{2}}{\frac{3{,}5}{25}(\frac{30}{6} + 15) + 0{,}664} = 0.105$$

Welcher Grundstücksflächenanteil muß für die Abstellplätze vorgesehen werden?

nach 25 wird: $$g_{asp} = \frac{1 - 0{,}7}{\frac{3{,}5}{25}(\frac{30}{6} + 15) + 0{,}664} = 0{,}0865$$

c) *Abstellplatz*$_1$ *und Abstellplatz*

$PF_{asp1}/WEP = 25\ m^2$ (70 %)
$PF_{asp}/WEP = 12{,}5\ m^2$ (30 %)

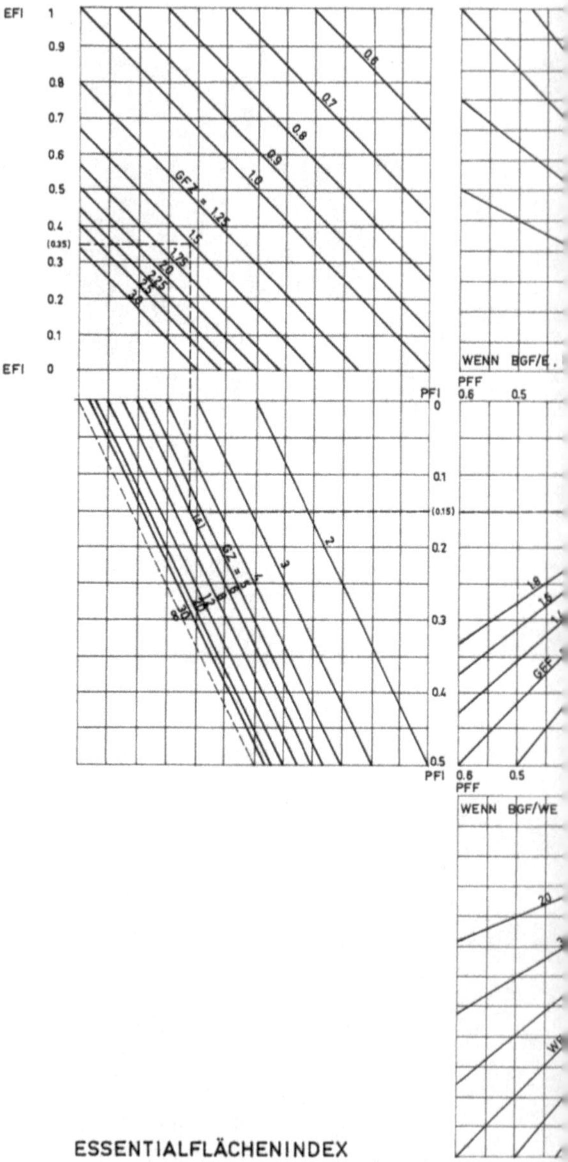

ESSENTIALFLÄCHENINDEX

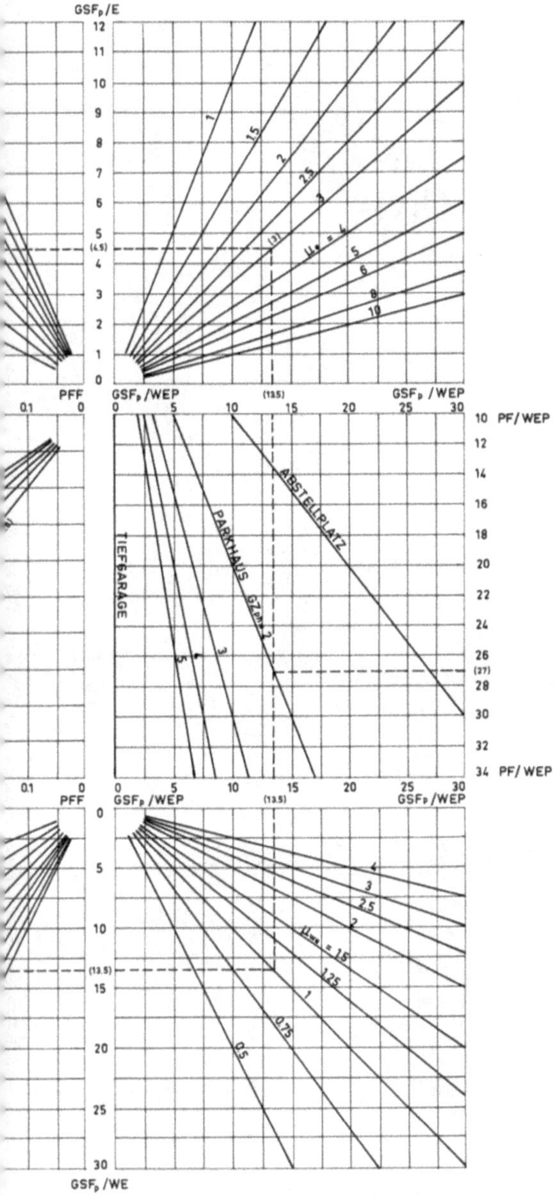

GSFp/E
PFF
GSFp/WEP
GSFp/WEP
PF/WEP
ABSTELLPLATZ
PARKHAUS
TIEFGARAGE
GSFp/WE

Tafel 5

30 % der Stellplätze liegen an der Straße.

Die mögliche Ausnutzung des Grundstückes wird wie folgt errechnet:

$$\alpha_{asp1} = \frac{25}{12{,}5} = 2$$

$$\varphi = 1 + 0{,}7\,(2 - 1) = 1{,}7$$

nach 19 wird: $$\text{GFM} = \frac{30}{\frac{12{,}5}{3{,}5} \cdot 1{,}7 + 15} = 1{,}42$$

nach 12a wird: $$\text{GFZ} = \frac{6 \cdot 1{,}42}{6 + 1{,}42} = 1{,}15$$

Welcher Grundstücksflächenanteil muß für die größeren Abstellplätze vorgesehen werden?

nach 23 wird: $$g_{asp1} = \frac{2 \cdot 0{,}7 \cdot 1}{\frac{3{,}5}{12{,}5}\left(\frac{30}{6} + 15\right) + 1{,}7} = 0{,}192$$

Welcher Grundstücksflächenanteil muß für die kleineren Abstellplätze (Straßenparken) vorgesehen werden?

nach 25 wird: $$g_{asp} = \frac{1 - 0{,}7}{\frac{3{,}5}{12{,}5}\left(\frac{30}{6} + 15\right) + 1{,}7} = 0{,}041$$

Die Ergebnisse des Beispieles 1c sind in den Tafeln 3 *Kombination zweier Parksysteme* und 4 *Kombination zweier Parksysteme* $g - p$ eingetragen.

2. Werden in der Aufgabe 1c die größeren Abstellplätze als Tiefgaragen (PF_t/WEP $= 25\ m^2$) ausgebildet, so folgt

nach 23: $$g_t = \frac{2 \cdot 0{,}7 \cdot 1}{\frac{3{,}5}{12{,}5}\left(\frac{30}{6} + 15\right) + 0{,}3} = 0{,}237$$

Die mögliche Ausnutzung errechnet sich dann nach Formel 22:

$$\text{GFZ}_t = 1{,}15\,(1 + 0{,}237) = 1{,}42$$

Zur Probe:

(19) $$\text{GFM} = \frac{30}{\frac{12{,}5}{3{,}5}\, 0{,}3 + 15} = 1{,}87$$

(12a) $$\text{GFZ} = \frac{6 \cdot 1{,}87}{6 + 1{,}87} = 1{,}42$$

3.3 Einzelparksystem

Die Formeln für das Einzelparksystem werden ermittelt, indem in den Ausdrükken des Abschnittes 3.2 jeweils p den Wert 1 annimmt. Daraus folgt:

$$GFM = \frac{BGF/E}{\frac{PF/WEP}{\mu_e} \cdot \varphi_1 + EF/E} \tag{19a}$$

$$GFZ = \frac{1}{\frac{1}{GZ} + \frac{\frac{PF/WEP}{\mu_e} \cdot \varphi_1 + EF/E}{BGF/E}} \tag{20a}$$

Werden von der Formel 19a die anderen Variablen explizit dargestellt, so folgt:

$$BGF/E = GFM \left(\frac{PF/WEP}{\mu_e} \cdot \varphi_1 + EF/E\right) \tag{19a.1}$$

$$EF/E = \frac{BGF/E}{GFM} - \frac{PF/WEP}{\mu_e} \cdot \varphi_1 \tag{19a.2}$$

$$\mu_e. = \frac{PF/WEP \cdot \varphi_1}{\frac{BGF/E}{GFM} - EF/E} \tag{19a.3}$$

Wird nach dem erforderlichen Parksystem gefragt, so wird:

$$GSF_p/WEP = \mu_e \left(\frac{BGF/E}{GFM} - EF/E\right) \tag{19a.5}$$

Tabelle der Koeffizienten:

	φ_1	γ
Tiefgarage	0	1
Parkhaus	$\frac{1}{GZ_{ph}}$	$\frac{1}{GZ_{ph}}$
Abstellplatz	1	1

Formel 20a wird in Tafel 6 *Einzelparksystem* grafisch dargestellt.

Durch die Wahl einer Tiefgarage kann bei gleichbleibend definierten Postulaten eine Erhöhung der Grundstücksausnutzung erreicht werden. Wird der Anteil der Tiefgaragenfläche (g_t) bei der Ableitung der Geschoßflächenzahl mit berücksichtigt, so folgt:

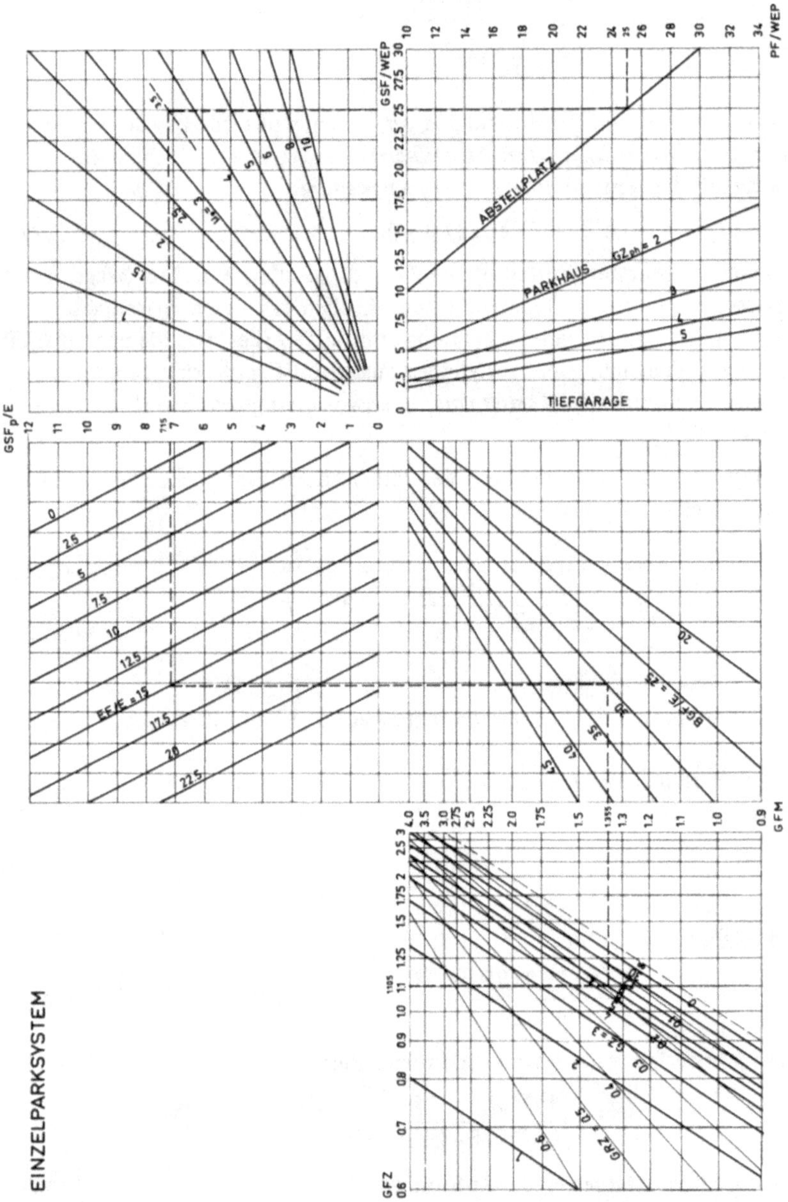
EINZELPARKSYSTEM
GSF/WEP
PF/WEP
GSF_p/E
ABSTELLPLATZ
PARKHAUS
$GZ_{ph} = 2$
TIEFGARAGE
EF/E = 15
BGF/E = 25
GFM
GFZ
GRZ

Tafel 6

$$GFZ_t = \frac{1 + g_t}{\frac{1}{GZ} + \frac{\frac{PF/WEP}{\mu_e} + EF/E}{BGF/E}} \quad (21a)$$

Wird die Formel 21a mit der Formel 20a verglichen, wobei für φ_1 der Wert für das Parksystem *Abstellplatz (mit Abstellplatz* $_1$*)* eingesetzt wird, so ist die Gleichartigkeit des Nenners zu erkennen, und es folgt:

$$GFZ_t = GFZ_{asp} (1 + g_t) \quad (22)$$

Wird also ein bestimmter Prozentsatz der Grundstücksfläche für Tiefgaragen vorgesehen, so erhöht sich die Geschoßflächenzahl eben um diesen Prozentsatz. Dabei muß durch eine weitere Berechnung ermittelt werden, wie die prozentuale Verteilung von Tiefgarage und Abstellplatz aussieht. Es ergibt sich damit das Parksystem *Tiefgarage und Abstellplatz,* die Errechnung von p_t erfolgt dann mit Formel 24.

Für die Bestimmung der Ausdehnung des Parkens eines Einzelparksystems auf dem Grundstück gilt die Formel:

$$g = \frac{\gamma}{\frac{\mu_e}{PF/WEP}\left(\frac{BGF/E}{GZ} + EF/E\right) + \varphi_1} \quad (23a)$$

Für g gilt: g_{asp}, g_{ph} und g_t

Die Koeffizienten sind der Zusammenstellung auf S. 30 zu entnehmen.

Formel 23a wird in Tafel 7 *Einzelparksystem* $g - p$ grafisch dargestellt.

Der Parkflächenindex (Formel 28) wird:

$$PFI = \frac{PF/WEP \cdot \varphi_1}{\mu_e \cdot BGF/E} \quad (28a)$$

Unter Berücksichtigung der Formel 10a wird dann:

$$PFI = \frac{PF/WEP \cdot \varphi_1}{\mu_e \cdot WF/E \cdot GFF} \quad (28a.1)$$

Weiter wird durch entsprechende Umformung:

$$PFI = \frac{PF/WEP \cdot \varphi_1}{\mu_{we} \cdot WF/WE \cdot GFF} \quad (28a.2)$$

Hierfür gilt die Tafel 5 *Essentialflächenindex* auf Seite 28.

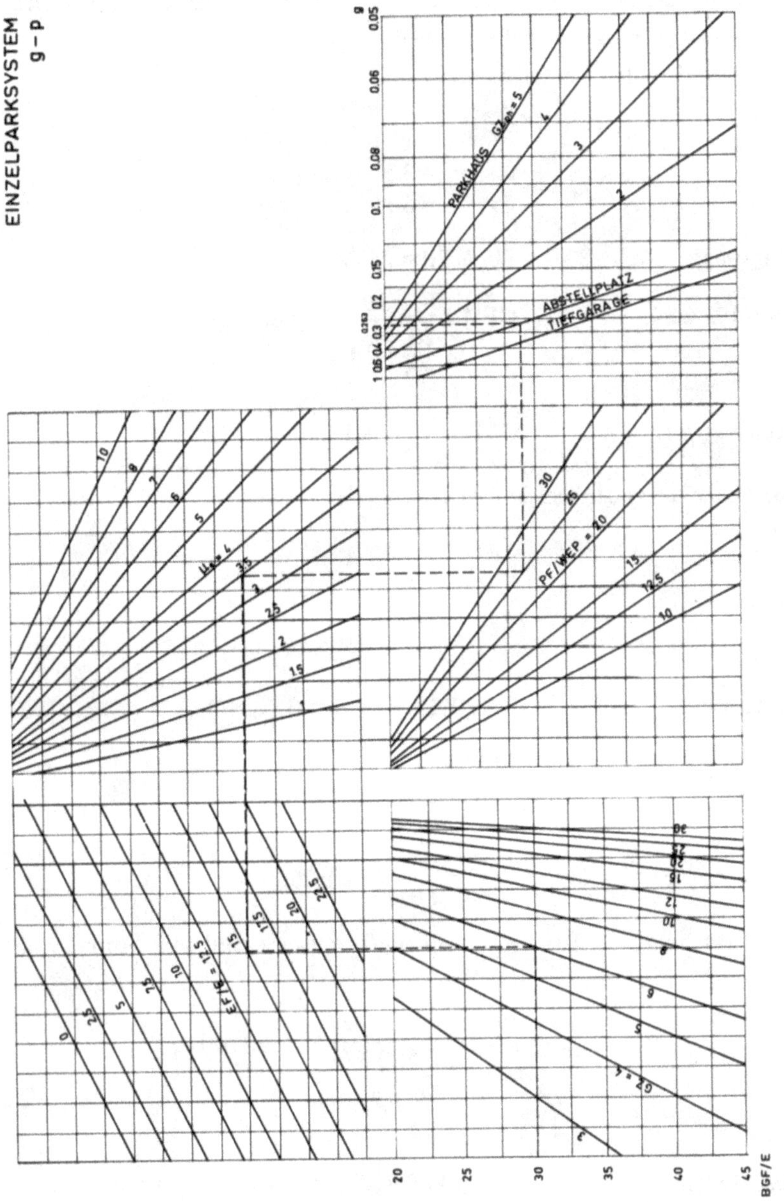
EINZELPARKSYSTEM
g – p
PARKHAUS
ABSTELLPLATZ
TIEFGARAGE
PF/WEP = 20
EF/E = 12,5
BGF/E

Tafel 7

Beispiele: *Zu Abschnitt 3.3 Einzelparksystem:*

1. Es sollen Beispiele für die Parksysteme Abstellplatz, zweigeschossiges Parkdeck und Tiefgarage berechnet werden.

   Als Sekundärdaten werden gewählt:

$$BGF/E = 30\ m^2$$
$$EF/E = 15\ m^2$$
$$\mu_e = 3{,}5$$
$$GZ = 6$$

a) *Tiefgarage* $PF_t/WEP = 28\ m^2$

nach 19a wird: $$GFM = \frac{30}{\frac{28}{3{,}5} \cdot 0 + 15} = 2{,}0$$

nach 12a wird: $$GFZ = \frac{6 \cdot 2}{6 + 2} = 1{,}5$$

Die Ausdehnung der Tiefgaragen auf dem Grundstück wird nach Formel 23a errechnet:

$$g_t = \frac{1}{\frac{3{,}5}{28}(\frac{30}{6} + 15) + 0} = 0{,}4$$

b) *Parkdeck* $PF_{ph}/WEP = 26\ m^2; GZ_{ph} = 2$

nach 19a wird: $$GFM = \frac{30}{\frac{26}{3{,}5 \cdot 2} + 15} = 1{,}6$$

nach 12a wird: $$GFZ = \frac{6 \cdot 1{,}6}{6 + 1{,}6} = 1{,}265$$

Die Ausdehnung des Parkdecks auf dem Grundstück wird nach Formel 23a errechnet:

$$g_{ph} = \frac{\frac{1}{2}}{\frac{3{,}5}{26}(\frac{30}{6} + 15) + \frac{1}{2}} = 0{,}157$$

c) *Abstellplatz* $PF_{asp}/WEP = 25\ m^2$

nach 19a wird: $$GFM = \frac{30}{\frac{25}{3{,}5} + 15} = 1{,}355$$

nach 12a wird: $$GFZ = \frac{6 \cdot 1{,}355}{6 + 1{,}355} = 1{,}105$$

Die Ausdehnung der Abstellplätze auf dem Grundstück wird nach Formel 23a errechnet:

$$g_{asp} = \frac{1}{\frac{3{,}5}{25}\left(\frac{30}{6} + 15\right) + 1} = 0{,}263$$

In den Tafeln „Einzelparksystem" und „Einzelparksystem g - p" sind die Ergebnisse der Aufgabe 1c eingetragen. (Tafel 6 und 7)

2. Wenn in der Aufgabe 1c die Abstellplätze sämtlich als Tiefgaragen ausgeführt werden ($PF_t/WEP = 25\ m^2$), so wird nach Formel 23a:

$$g_t = \frac{1}{\frac{3{,}5}{25}\left(\frac{30}{6} + 15\right) + 0} = 0{,}357$$

Die mögliche Ausnutzung des Grundstückes errechnet sich dann nach Formel 22:

$$GFZ_t = 1{,}105\,(1 + 0{,}357) = 1{,}5$$

zur Probe:
nach 19a wird: $$GFM = \frac{30}{\frac{25}{3{,}5} \cdot 0 + 15} = 2{,}0$$

nach 12a wird: $$GFZ = \frac{6 \cdot 2}{6 + 2} = 1{,}5$$

siehe auch Aufgabe 1a auf Seite 34.

3. Wird durch die BauNVO § 17 die Grundstücksausnutzung als Nebenbedingung zwingend, so wird zunächst das zulässige Geschoßflächenmaß errechnet:

gegeben sei: GFZ = 1,0; GRZ = 0,3

nach 13.1 wird: $$GFM = \frac{1{,}0}{1{,}0 - 0{,}3} = 1{,}43$$

Wird weiterhin angenommen:

$$BGF/E = 30\ m^2$$
$$EF/E = 15\ m^2$$
$$\mu_e = 3$$

so folgt nach 19a.5: $$GSF_p/WEP = 3\left(\frac{30}{1{,}43} - 15\right) = 18\ m^2$$

Es muß ein Parksystem Verwendung finden, das nicht mehr als 18 m^2 Grundstücksfläche pro Wageneinstellplatz beansprucht. Durch die Kombination zweier Parksysteme läßt sich diese Forderung leicht realisieren. (s. a. grafische Darstellung „Kombination zweier Parksysteme")

Die Geschoßzahl wird nach Formel 3.2 errechnet:

$$GZ = \frac{1,0}{0,3} = 3,33$$

das bedeutet: 1/3 der Bebauung viergeschossig
2/3 der Bebauung dreigeschossig

4. Es ist der Essentialflächenindex zu errechnen:
Gegeben sind folgende Sekundärdaten:

Parkdeck, $GZ_{ph} = 2$; $PF/WEP = 27\ m^2$

$\mu_e = 3$; $BGF/E = 30\ m^2$; $GZ = 6$; $GFZ = 1,5$

nach der Tabelle wird: $\varphi_1 = \frac{1}{2} = 0,5$

nach 28a wird: $PFI = \frac{27 \cdot 0,5}{3 \cdot 30} = 0,15$

nach 31 wird: $EFI = \frac{6 - 1,5}{6 \cdot 1,5} - 0,15 = 0,35$

daraus folgt: $EF/E = 0,35 \cdot 30 = 10,5\ m^2$ (s. a. Tafel 5)

4 Das Bebauungssystem

Die im Kapitel *Parksystem und Freiraum* gefundenen Maße baulicher Nutzung müssen realisierbar sein. In den Landesbauordnungen werden die Mindestabstände zweier Gebäudefronten festgelegt. Diese Bestimmungen schaffen damit bei der Bebauung eines Areals obere Grenzen der Ausnutzung.

Realisierte Planungen zeigen die unterschiedlichsten Bebauungsformen. Diese sind zu systematisieren, um einmal die mathematische Ableitung und darüber hinaus Vergleiche zwischen den einzelnen Bebauungssystemen zu ermöglichen. Es werden dabei grundsätzlich orthogonale, hexagonale und Kreisstrukturen unterschieden. Für alle drei Gebäudestrukturen werden für die Definition des dem Wohngebäude zugeordneten Grundstückes die in Abschnitt 4.1 genannten Regelungen herangezogen.

4.1 Definition des Grundstückes

Die Musterbauordnung[1] gibt im § 8 verallgemeinerte Richtlinien über Abstände und Abstandflächen an. Die für die Definition des Grundstückes in Frage kommenden Formulierungen lauten sinngemäß:

(1) Vor notwendigen Fenstern von Aufenthaltsräumen sind Abstandflächen freizuhalten.

(2) Die Abstandflächen müssen auf dem Grundstück selbst liegen.

(3) Die Abstandflächen müssen eine Mindesttiefe von in der Regel 1H haben.

(8) Die Wandhöhe H ist vom Erdgeschoßfußboden bis zur Deckenoberkante des obersten Geschosses zu rechnen ($H = GZ \cdot h$).

Zusätzlich wurden ihres programmatischen Inhaltes wegen folgende Bestimmungen der Berliner Bauordnung[2] sinngemäß mit berücksichtigt:

§ 8

(3) Die Abstandflächen dürfen sich nicht überdecken. Dies gilt nicht, wenn Außenwände in einem Winkel von mehr als 75° zueinander stehen (also orthogonale Strukturen mit 90° und hexagonale Strukturen mit 120°).

(4) Die Abstandflächen bestehen aus Streifen gleichbleibender Tiefe vor den Außenwänden der Gebäude (Hauptflächen) sowie aus Zusatzflächen, die durch geradlinige Verbindung der äußeren Ecken der Hauptflächen begrenzt werden.

---

[1] Musterbauordnung, Schriftenreihe des Bundesministers für Wohnungsbau, Bd. 16/17, Kommunal Verlag Recklinghausen.

[2] Berliner Bauordnung vom 29. Juli 1966.

(6) Vor Wänden von nicht mehr als 15 m Breite ohne notwendige Fenster von Aufenthaltsräumen verringern sich die Mindesttiefen auf die Hälfte (für vorliegende Zwecke also in der Regel auf 0,5 H).

Diese verallgemeinernd formulierten Richtlinien ermöglichen die Definition der dem Gebäude zugeordneten Grundstücksfläche. Diese kann jeweils der Skizze des entsprechenden Bebauungssystems entnommen werden.

4.2 Die Grundstücksausnutzung

Für die Bestimmung des möglichen Nutzungsmaßes wird das Geschoßflächenmaß errechnet mit der Formel:

$$\mathrm{GFM} = \frac{t_1 \cdot \beta}{2 \cdot h} \qquad (32)$$

β wird als Bebauungskoeffizient bezeichnet und ist ein vom gewählten Bebauungssystem abhängiger Wert. Er kann der grafischen Darstellung *Bebauungssystem* (Tafeln 8 und 9) und der tabellarischen Zusammenstellung der einzelnen Bebauungssysteme entnommen werden.

Werden die übrigen Variablen der Formel 32 explizit dargestellt, so folgt:

$$t_1 = \frac{2 \cdot h \cdot \mathrm{GFM}}{\beta} \qquad (32.1)$$

$$\beta = \frac{2 \cdot h \cdot \mathrm{GFM}}{t_1} \qquad (32.2)$$

$$h = \frac{t_1 \cdot \beta}{2 \cdot \mathrm{GFM}} \qquad (32.3)$$

Wird Formel 32 in die Formel 12 eingesetzt, so folgt:

$$\mathrm{GFZ} = \frac{1}{\frac{1}{\mathrm{GZ}} + \frac{2 \cdot h}{t_1 \cdot \beta}} \qquad (33)$$

Formel 33 ist in den Tafeln 8 und 9 *Bebauungssystem* grafisch dargestellt.

Um für die einzelnen Bebauungssysteme bei gegebenem Parksystem Aussagen über den Freiraum machen zu können, wird Formel 19a entsprechend umgeformt Bei expliziter Darstellung der Essentialfläche pro Einwohner lautet die Beziehung dann:

$$\mathrm{EF/E} = \frac{\mathrm{BGF/E}}{\mathrm{GFM}} - \frac{\mathrm{PF/WEP}}{\mu_e} \cdot \varphi_1 \qquad (34)$$

Tafel 8

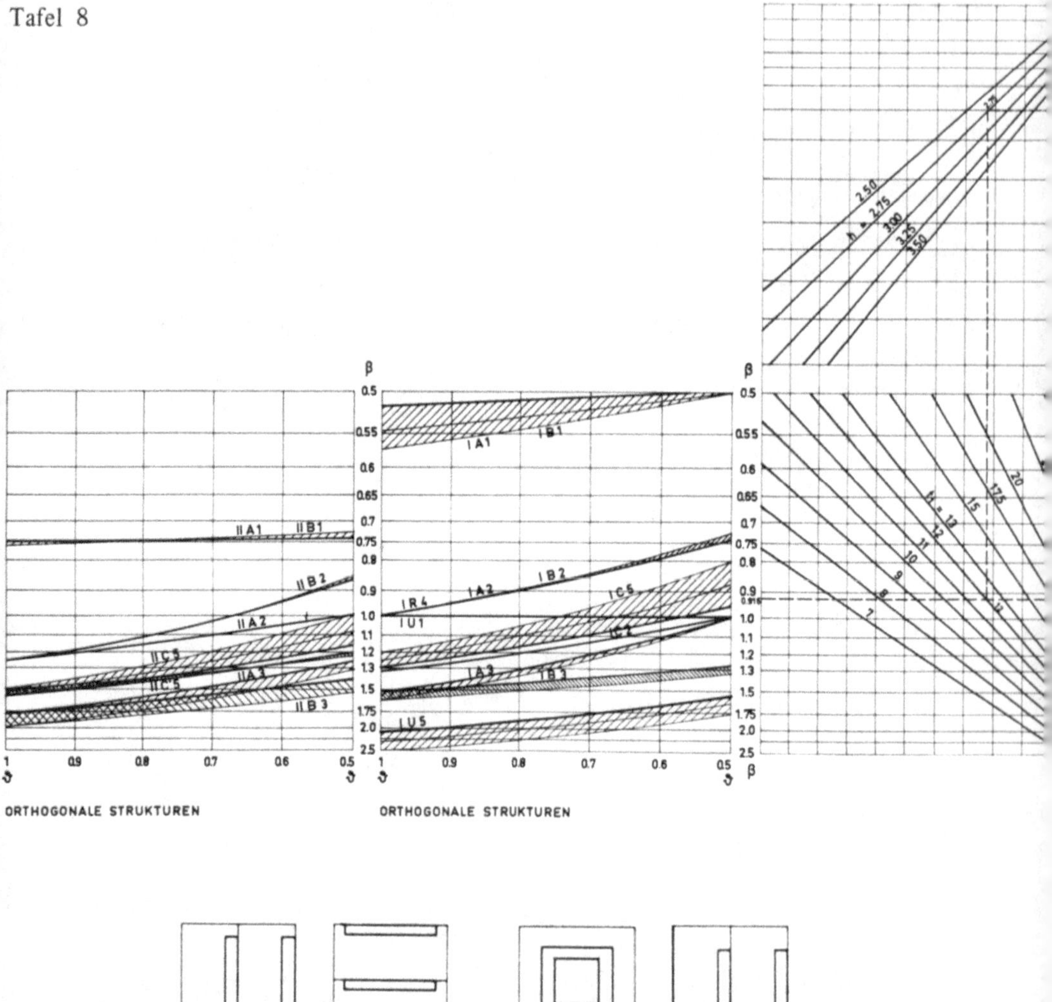

ORTHOGONALE STRUKTUREN

ORTHOGONALE STRUKTUREN

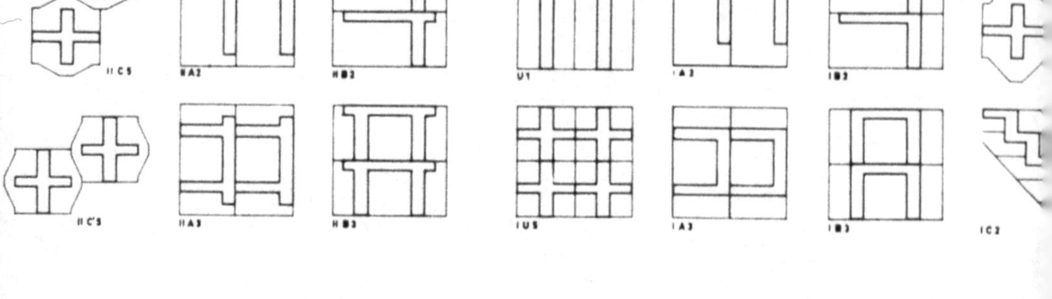

BEBAUUNGSSYSTEM

ORTHOGONALE STRUKTUREN
HEXAGONALE STRUKTUREN
KREISSTRUKTUREN

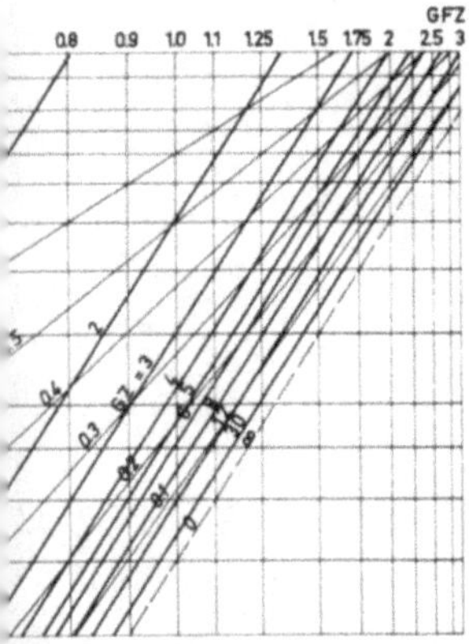

$\tau = \frac{t_1}{H}$

$\vartheta = \frac{t_2}{t_1}$

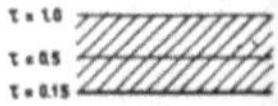

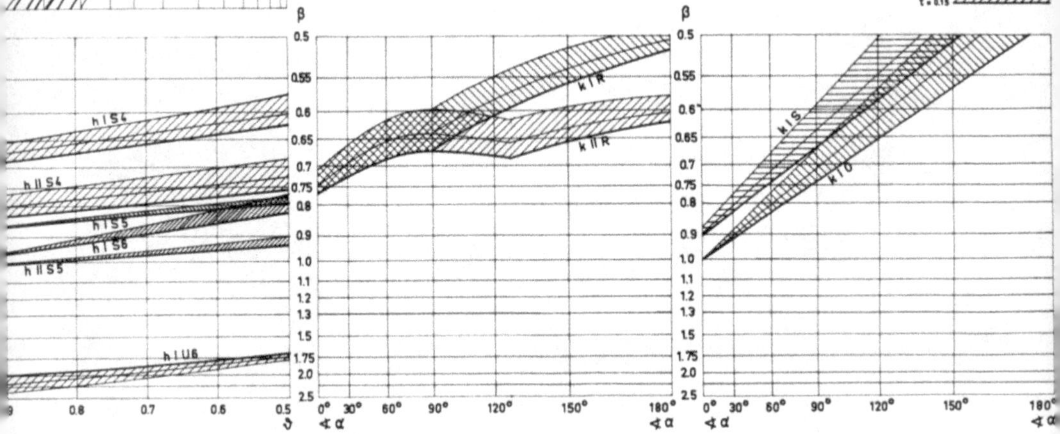

ALE STRUKTUREN

KREISSTRUKTUREN

KREISSTRUKTUREN

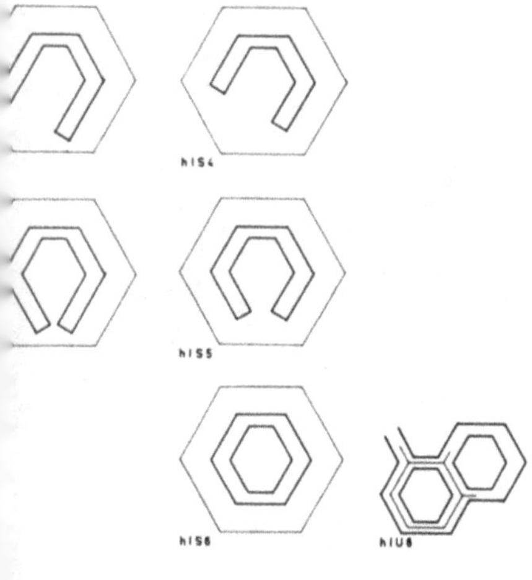

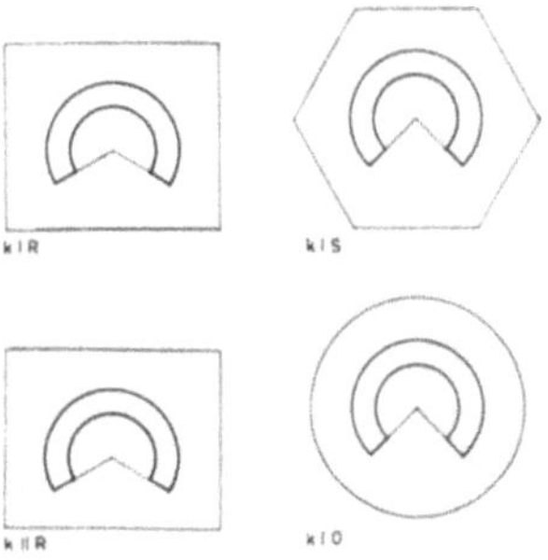

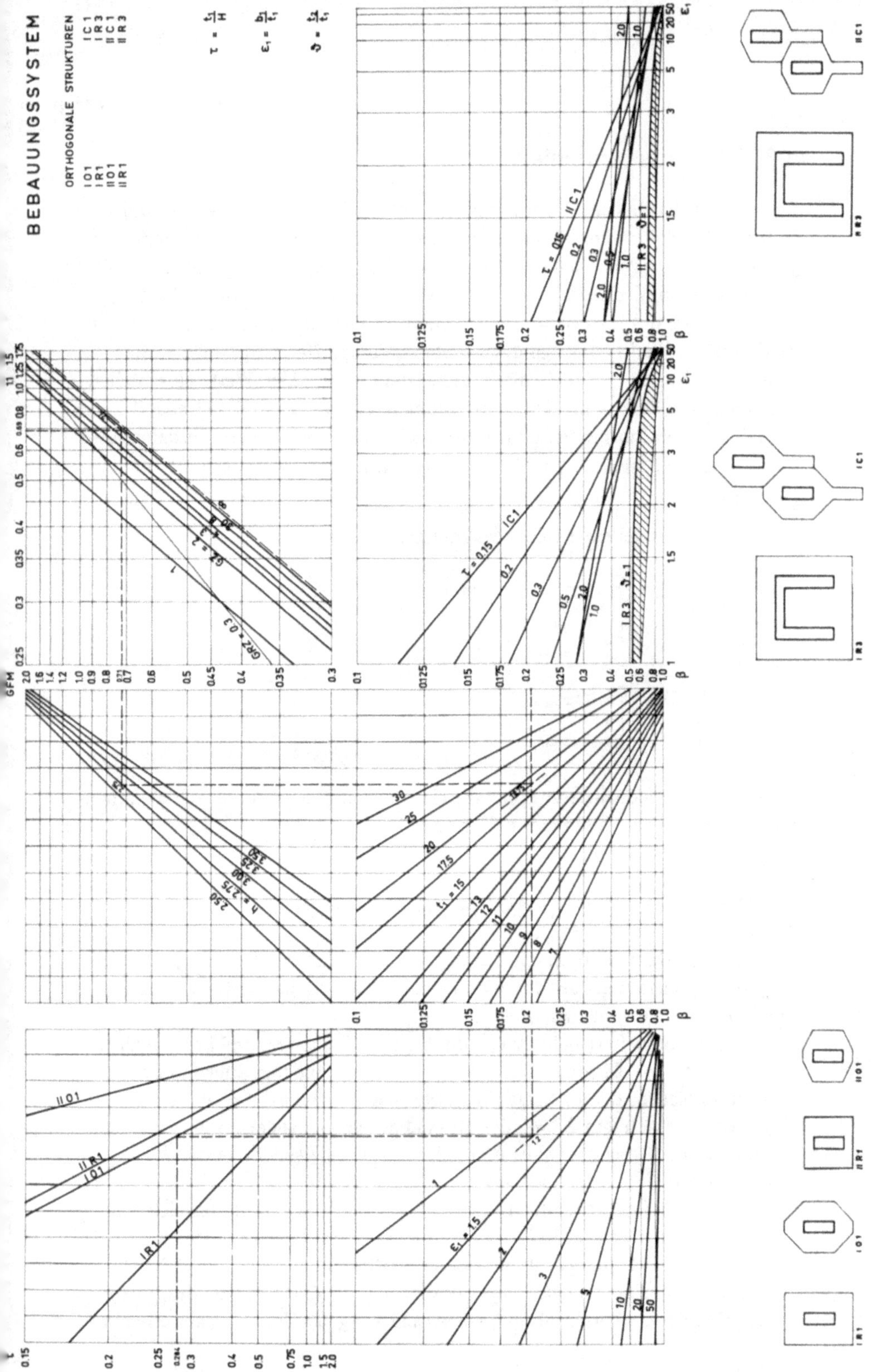
BEBAUUNGSSYSTEM
ORTHOGONALE STRUKTUREN
I O1
I R1
II O1
II R1
I C1
I R3
II C1
II R3
τ = t1/H
ε1 = b1/t1
ϑ = t2/t1

Tafel 9

4.3 Gebäudekennlinien

Die Geschoßflächenzahl (Formel 33) läßt sich als Funktion der Geschoßzahl grafisch darstellen, wenn für einzelne Bebauungssysteme die Gebäudeabmessungen festgelegt werden. Da nach Formel 12.2 das Geschoßflächenmaß als Funktion der Geschoßflächenzahl und der Geschoßzahl und nach Formel 34 die Essentialfläche pro Einwohner als Funktion des Geschoßflächenmaßes, bei Festlegung des Parksystems und der Motorisierungsziffer, dargestellt werden können, ergibt sich die Möglichkeit, diese charakteristischen Werte eines Bebauungssystems in Form von *Gebäudekennlinien* aufzutragen. Diese Gebäudekennlinien lassen den Einfluß der Geschoßzahl auf die Maße baulicher Nutzung sowie den *nutzbaren Freiraum* bei Wahl eines Parksystems für definierte Bebauungssysteme erkennen.

Allgemeines Beispiel einer Gebäudekennlinie.

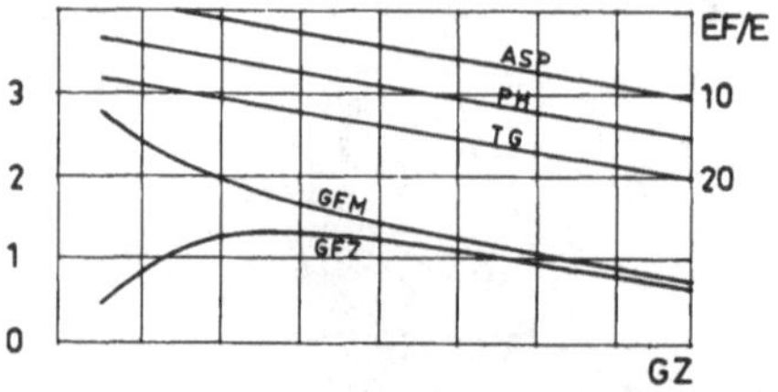

Für gewählte Abmessungen werden die Gebäudekennlinien der einzelnen Bebauungssysteme bei der Zusammenstellung gezeigt.

4.4 Die optimale Grundstücksausnutzung

Die grafischen Darstellungen der Gebäudekennlinien zeigen deutlich die Stellen der größten Ausnutzung des durch den Mindestabstand definierten Grundstückes. Dabei sind zwei Gruppen zu unterscheiden:

1. Das Optimum nähert sich asymptotisch einem Grenzwert und liegt im Unendlichen (GZ = ∞). Eine Erhöhung der Geschoßzahl hat eine Steigerung der Geschoßflächenzahl zur Folge. Charakteristisch dabei ist, daß die Gebäudeabmessung durch den 2H Mindestabstand zweier Gebäudefronten selbst eine Funktion der Geschoßzahl ist und sich somit bei steigender Geschoßzahl selbst ändert.
2. Das Optimum liegt im realen Bereich. Hier handelt es sich um feste Gebäudeabmessungen, die bei allen Geschoßzahlen konstant bleiben. Ausnahmen bilden einige Bebauungssysteme, bei denen durch die spezifische Gebäudeform Gebäudeabmessungen selbst, infolge des 2H Mindestabstandes, eine Funktion der Geschoßzahl sind. Die Ausnutzung des Grundstückes erreicht

einen Höchstwert, um dann bei weiterer Steigerung der Geschoßzahl wieder abzufallen.

Handelt es sich also um Bebauungssysteme, die durch höhere Geschoßzahlen auch höhere Ausnutzungen erzielen, so bedarf es keiner besonderen Erörterung. Die Grenzen der Geschoßzahl werden durch andere Kriterien bestimmt. Jedoch bei Bebauungssystemen, die die optimale Ausnutzung bei einer realen Geschoßzahl erreichen, bei weiterer Erhöhung der Geschoßzahl also eine Verringerung der Ausnutzung eintritt, ergibt sich die Notwendigkeit, diese Stelle genau zu kennen. Ein Überschreiten des Maximums würde neben der Kostenverteuerung durch die Vielgeschossigkeit noch eine verminderte Ausnutzung nach sich ziehen.

Zunächst wäre die Geschoßzahl, bei der die maximale Ausnutzung erreicht wird, festzustellen. Die allgemeine Formel lautet:

$$GZ_{opt} = \frac{t_1}{2 \cdot h} \cdot \omega_{gz} \qquad (35)$$

Darüber hinaus wird die Kenntnis der erreichbaren Geschoßflächenzahl, also die größtmögliche Ausnutzung, bei optimaler Geschoßzahl (Formel 35) wichtig.

Die Formel lautet:

$$GFZ_{opt} = \frac{t_1}{2 \cdot h} \cdot \omega_{gfz} \qquad (36)$$

Die Koeffizienten ω_{gz} und ω_{gfz} werden in den Zusammenstellungen der einzelnen Bebauungssysteme aufgeführt. Dabei finden folgende Verhältniszahlen Verwendung:

$$\tau = \frac{t_1}{H} \qquad (37)$$

$$\theta = \frac{t_2}{t_1} \qquad (38)$$

$$\lambda = \frac{b_2}{b_1} \qquad (39)$$

$$\epsilon_1 = \frac{b_1}{t_1} \qquad (40)$$

$$\epsilon_2 = \frac{b_2}{t_2} \qquad (41)$$

(siehe Tafel 10 *Optimale Ausnutzung* auf Seite 46)

4.5 Die Bebauungsstrukturen

Es ergeben sich Bebauungsvarianten vielfältiger Art, die nach folgender Systematik geordnet werden:

1. nach der Gebäudeform
   - o orthogonale Strukturen[3]
   - h hexagonale Strukturen
   - k Kreisstrukturen (ringförmige Strukturen)
2. nach den Abstandsregeln
   - I Mindestabstand des Gebäudes von der Grundstücksgrenze: 1H (t_1 >15 m, t_2 <15 m)
   - II Mindestabstand des Gebäudes von der Grundstücksgrenze: 0,5H (t_1 <15 m, t_2 <15 m)
3. nach der Grundstücksform
   - U Urtyp
   - R Rechteck
   - S Sechseck
   - O Einzelelement (nicht addierbar) und Kreis
   - A Rechteck Ost - West Reihung
   - B Rechteck Nord - Süd Reihung
   - C Diagonalreihung
4. Als zusätzliche Klassifizierung werden noch Zahlen verwendet. Diese bedeuten:

	orthogonale Strukturen	hexagonale Strukturen	Kreisstrukturen		
1	Zeile (Punkt)			Vollkreis	360°
2	Winkel (T Form)	Zahl	es	Halbkreis	180°
3	Kamm	der	fehlt	Drittelkreis	240°
4	Block	Gebäude-	der	Viertelkreis	270°
5	Kreuz	arme			

Die Bezeichnungen der einzelnen Bebauungssysteme setzen sich aus diesen vier Merkmalen zusammen, (Ausnahme: bei den orthogonalen Strukturen fehlt das o).

[3] für die orthogonalen Bebauungsstrukturen entfällt die Bezeichnung o. (wenn die Struktur nicht mit h oder k gekennzeichnet ist, so handelt es sich um eine orthogonale Struktur)

Beispiel:

h I S4 hexagonale Gebäudestruktur
Gebäudeabstand 1H
Sechseckiges Grundstück
4 Gebäudearme

k I R3 Kreis (ring)förmige Gebäudestruktur
Gebäudeabstand 1H
Rechteckiges Grundstück
der Drittelkreis fehlt am Gebäude (240°)

4.51 Orthogonale Strukturen

Diese sind gekennzeichnet durch Eingliederung der Gebäudeformen in einen orthogonalen Raster, der zu rechtwinkligen Bebauungsformen führt. Diese reichen von den Punkthäusern (Sonderform der Zeilenbebauung), Zeilen und Winkeln bis zur Blockbebauung.

Für orthogonale Strukturen läßt sich die Berechnung der Geschoßzahl, bei der die optimale Ausnutzung des Grundstückes erzielt wird, auch folgendermaßen durchführen:

Die Formel 35 wird entsprechend umgeformt und es wird:

a) Für die Punkthäuser und die Zeilenbebauung, also für die Bebauungssysteme
IO1 und IIO1
IC1 und IIC1
IR1 und IIR1:

$$GZ_{opt} = \frac{\sqrt{b_1 \cdot t_1}}{a \cdot h} \tag{42}$$

b) Für die Winkeltypen IR2 und IIR2:

$$GZ_{opt} = \frac{\sqrt{b_1 \cdot b_2}}{a \cdot h} \tag{43}$$

Der Koeffizient a ist der tabellarischen Zusammenstellung der Bebauungssysteme zu entnehmen (Optimierungskoeffizient).

Setzt man für vergleichende Betrachtungen die Werte a und h konstant, so folgt aus den Formeln 42 und 43, daß die Geschoßzahl, bei der die optimale Ausnutzung des Grundstückes erreicht wird, von dem geometrischen Mittel der Gebäudeabmessungen, also b_1 und t_1 sowie b_1 und b_2, abhängt.

Die Formeln 35 und 36 bzw. 42 und 43 werden in Tafel 10 *Optimale Ausnutzung* grafisch dargestellt (S. 46).

4.51 **Orthogonale Strukturen** (Seite 48–75)

4.511 Bebauungsformen mit optimaler Ausnutzung im realen Bereich (Seite 48–57)

4.5.12 Sonstige orthogonale Bebauungsformen (Seite 58–75)

4.52 **Hexagonale Strukturen** (Seite 76–81)

Diese sind gekennzeichnet durch Eingliederung der Gebäudeformen in ein Sechseckraster, der zu im Winkel von 120° zueinander stehenden Bebauungsformen führt. Diese reichen von vier- und fünfarmigen Gebäudegruppen bis zum geschlossenen Sechseckraster.

4.53 **Kreisstrukturen** (Seite 82–97)

Diese sind gekennzeichnet durch eine ringförmige Gebäudeform, die vom Halbkreis bis zum Vollkreis reicht.

Beispiele:

1. Im Beispiel *Einzelparksystem* wird in der Aufgabe 1a (S. 34) ein Geschoßflächenmaß von 2,0 errechnet. Welche bauliche Struktur kann gewählt werden, wenn folgende Sekundärdaten angenommen werden:

$$t_1 = 12 \text{ m}$$
$$h = 2{,}75 \text{ m}$$

Nach Formel 32.2 wird:

$$\beta = \frac{2 \cdot 2{,}75 \cdot 2{,}0}{12} = 0{,}916$$

In der grafischen Darstellung *Bebauungssystem* (Tafel 8) sind die in Frage kommenden Bebauungsformen abzulesen, die jeweils, mit einer gewissen Toleranz, den erforderlichen Bebauungskoeffizienten $\beta = 0{,}916$ erbringen.

2. Für ein Punkthaus soll die mögliche Ausnutzung ermittelt werden. Die Abmessungen sind:

$$t_1 = 18{,}75 \text{ m}$$
$$b_1 = 22{,}5 \text{ m}$$
$$h = 2{,}75 \text{ m}$$
$$GZ = 24$$

nach (40) wird:

$$\epsilon_1 = \frac{22{,}5}{18{,}75} = 1{,}2$$

$$H = 24 \cdot 2{,}75 = 66 \text{ m}$$

nach (37) wird:

$$\tau = \frac{18{,}75}{66} = 0{,}284$$

Für die Definition der erforderlichen Grundstücksfläche wird das flächengünstigste System mit dem geringsten Grundstücksaufwand gewählt (I 01). (Bei jeder anderen Flächenzuordnung werden geringere Werte der Ausnutzung erzielt).

Aus der Zusammenstellung auf Seite 48 folgt für β:

$$\beta = \frac{1{,}2}{1{,}2 + 1 + \frac{1}{0{,}284}} = 0{,}208$$

nach (32) wird: $$\mathrm{GFM} = \frac{18{,}75 \cdot 0{,}208}{2 \cdot 2{,}75} = 0{,}71$$

nach (12a) wird: $$\mathrm{GFZ} = \frac{24 \cdot 0{,}71}{24 + 0{,}71} = 0{,}69 \quad \text{(s. a. Tafel 9)}$$

3. Bei welcher Geschoßzahl liegt die optimale Ausnutzung (der Aufgabe 2) und welche Geschoßflächenzahl ist möglich?

   Aus der Zusammenstellung auf Seite 48 folgt:

$$\omega_{gz} = \frac{\sqrt{1{,}2}}{0{,}702} = 1{,}55$$

$$\omega_{gfz} = \frac{1{,}2}{1{,}2 + 1 + \sqrt{2 \cdot 1{,}2}} = 0{,}32$$

nach (35) wird: $$\mathrm{GZ}_{opt} = \frac{18{,}75}{2 \cdot 2{,}75} \cdot 1{,}55 = 5{,}3$$

nach (36) wird: $$\mathrm{GFZ}_{opt} = \frac{18{,}75}{2 \cdot 2{,}75} \cdot 0{,}32 = 1{,}09$$

Die Stelle der optimalen Ausnutzung kann ebenso nach Formel 42 errechnet werden:

$$\mathrm{GZ}_{opt} = \frac{\sqrt{22{,}5 \cdot 18{,}75}}{1{,}414 \cdot 2{,}75} = 5{,}3$$

Der Faktor a ist der Zusammenstellung zu entnehmen.

In der Tafel 10 *Optimale Ausnutzung* werden folgende Aufgaben dargestellt:

1. Von einer Zeilenbebauung sind folgende Daten gegeben:

b_1 = 70 m
t_1 = 12 m
h = 3 m

a) Die optimale Ausnutzung wird erreicht bei folgenden Geschoßzahlen:

für das Bebauungssystem IIC1 (s. Seite 54):

nach Formel (42) $$GZ_{opt} = \frac{\sqrt{70 \cdot 12}}{0{,}707 \cdot 3} = 13{,}65$$

für die Bebauungssysteme IIO1 (s. Seite 53) und IC1 (s. Seite 49):

(42) $$GZ_{opt} = \frac{\sqrt{70 \cdot 12}}{1{,}0 \cdot 3} = 9{,}65$$

für die Bebauungssysteme IIR1 (s. Seite 55) und IO1 (s. Seite 48):

(42) $$GZ_{opt} = \frac{\sqrt{70 \cdot 12}}{1{,}414 \cdot 3} = 6{,}8$$

b) Die entsprechenden Geschoßflächenzahlen werden wie folgt errechnet:

(40) $$\epsilon_1 = \frac{70}{12} = 5{,}84$$

für die Bebauungssysteme IIC1 (s. S. 54) und IIR1 (s. Seite 55) wird nach Formel 36:

(36) $$GFZ_{opt} = \frac{12}{2 \cdot 3}\left(\frac{5{,}84}{5{,}84 + 0{,}5 + \sqrt{2 \cdot 5{,}84}}\right) = 1{,}19$$

für das Bebauungssystem IIO1 (s. Seite 53) wird:

(36) $$GFZ_{opt} = \frac{12}{2 \cdot 3}\left(\frac{5{,}84}{5{,}84 + 0{,}5 + \sqrt{5{,}84}}\right) = 1{,}335$$

2. Für Winkeltypen werden folgende Daten gegeben:

$b_1 = 70$ m
$t_1 = 12$ m
$h = 3$ m
$b_2 = 40$ m
$t_2 = 9$ m

a) Die optimale Ausnutzung wird erreicht bei folgenden Geschoßzahlen:

für das Bebauungssystem IIR2 (s. Seite 56):

nach Formel (43) $$GZ_{opt} = \frac{\sqrt{70 \cdot 40}}{1{,}5 \cdot 3} = 11{,}75$$

für das Bebauungssystem IR2 (s. Seite 51):

(43) $$GZ_{opt} = \frac{\sqrt{70 \cdot 40}}{1{,}732 \cdot 3} = 10{,}2$$

b) Die entsprechenden Geschoßflächenzahlen werden wie folgt errechnet:

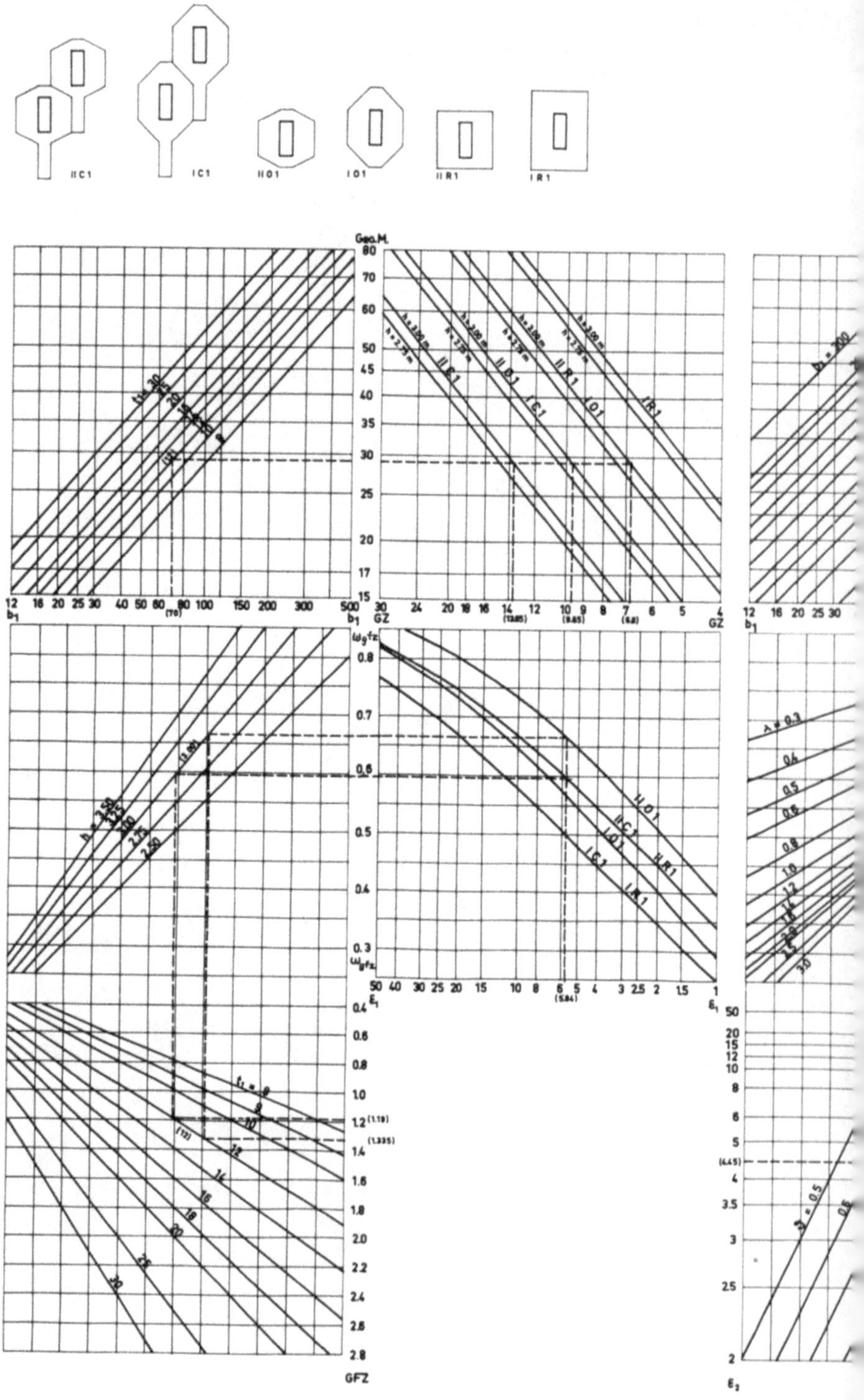

Tafel 10

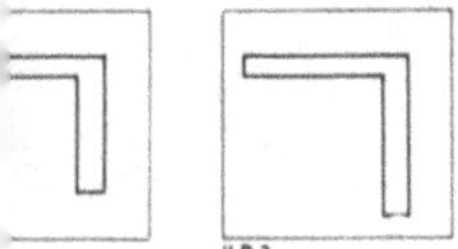

II R 2

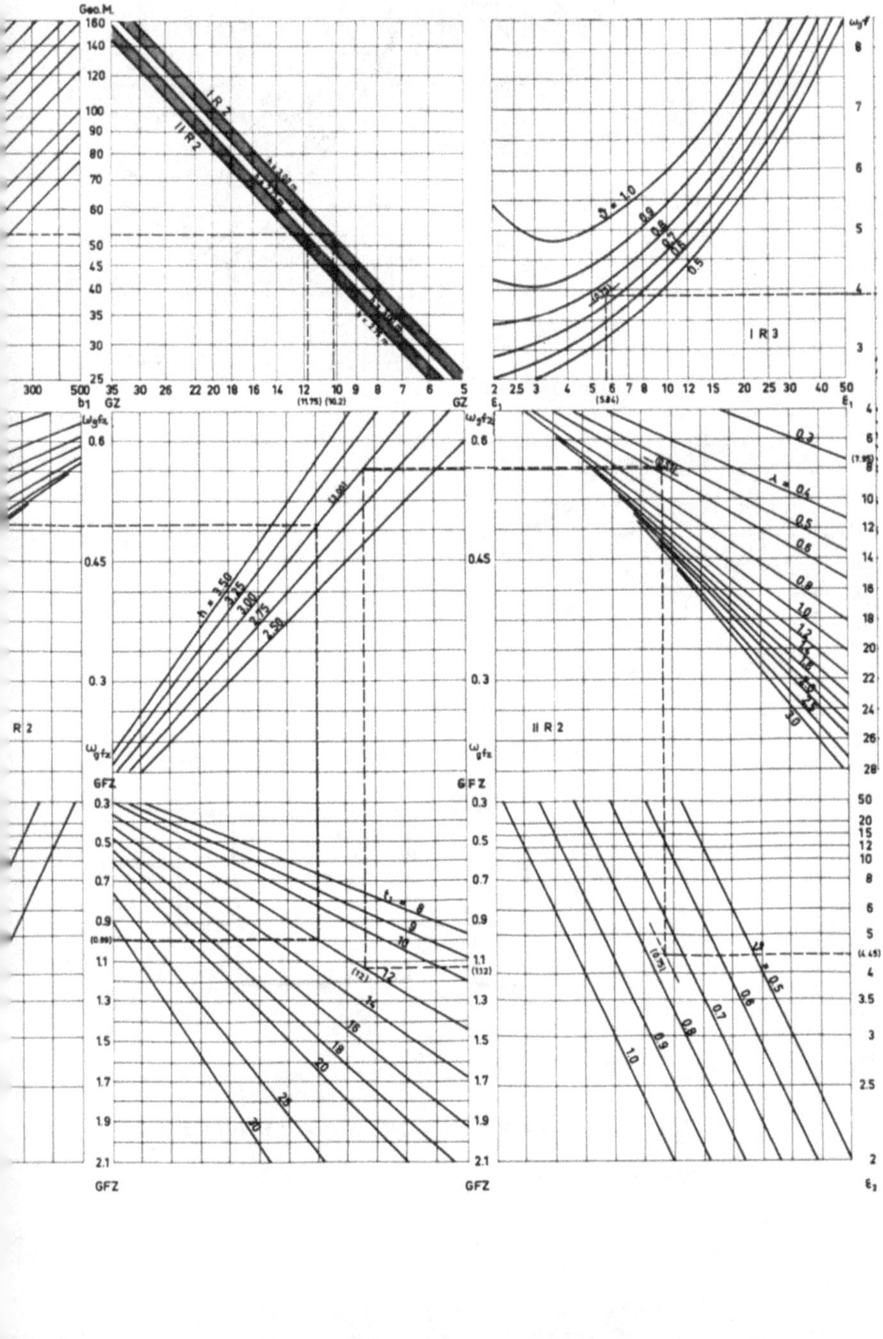

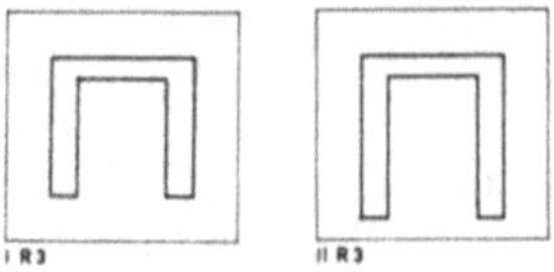

I R 3 II R 3

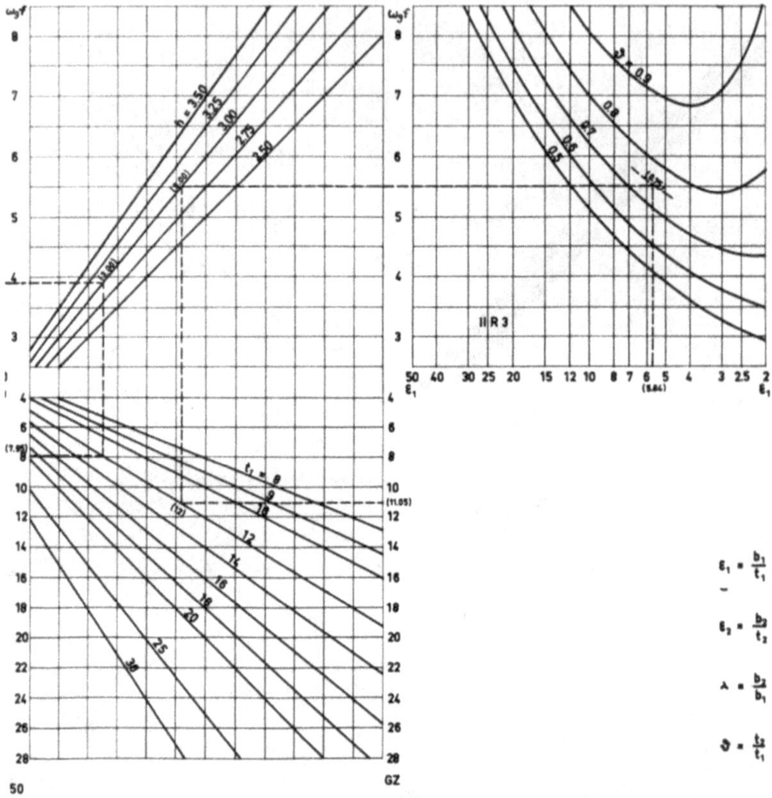

$\varepsilon_1 = \frac{b_1}{t_1}$

$\varepsilon_2 = \frac{b_2}{t_2}$

$\lambda = \frac{b_2}{b_1}$

$\vartheta = \frac{t_2}{t_1}$

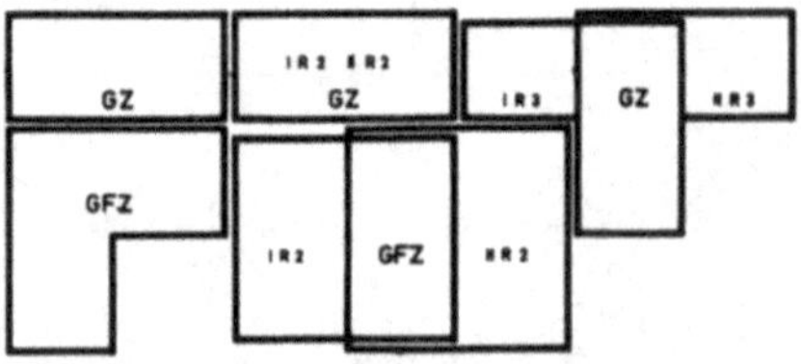

OPTIMALE AUSNUTZUNG

(38) $\theta = \frac{9}{12} = 0{,}75$

(39) $\lambda = \frac{40}{70} = 0{,}57$

(41) $\epsilon_2 = \frac{40}{9} = 4{,}45$

für das Bebauungssystem IIR2 (s. Seite 56):

nach Formel (36) $GFZ_{opt} = \frac{12}{2 \cdot 3} [\frac{1 + 0{,}57\,(0{,}75 - \frac{1}{4{,}45})}{0{,}75\,(1 + 0{,}57) + 1{,}5\sqrt{0{,}57}}] = 1{,}12$

für das Bebauungssystem IR2 (s. Seite 51):

(36) $GFZ_{opt} = \frac{12}{2 \cdot 3} [\frac{1 + 0{,}57\,(0{,}75 - \frac{1}{4{,}45})}{0{,}75 + 0{,}57 + 1{,}73\sqrt{0{,}57}}] = 0{,}99$

3. Für Kammtypen werden folgende Aufgaben gezeigt:

$b_1 = 70$ m
$t_1 = 12$ m
$h = 3$ m
$b_2 = 40$ m
$t_2 = 9$ m

Die Geschoßzahlen, bei denen optimale Ausnutzungen erreicht werden, errechnen sich wie folgt:

(38) $\theta = \frac{9}{12} = 0{,}75$

(40) $\epsilon_1 = \frac{70}{12} = 5{,}84$

für das Bebauungssystem IR3 (s. Seite 52):

(35) $GZ_{opt} = \frac{12}{2 \cdot 3} [\frac{1 + \sqrt{1 + \frac{2 \cdot 5{,}84}{0{,}75} (\frac{2}{0{,}75} - 1 - \frac{1}{5{,}84})}}{\frac{2}{0{,}75} - 1 - \frac{1}{5{,}84}}] = 7{,}95$

für das Bebauungssystem IIR3 (s. Seite 57):

(35) $GZ_{opt} = \frac{12}{2 \cdot 3} [\frac{1 + \sqrt{1 + \frac{2 \cdot 5{,}84}{0{,}75} (\frac{1{,}5}{0{,}75} - 1 - \frac{0{,}75}{5{,}84})}}{\frac{1{,}5}{0{,}75} - 1 - \frac{0{,}75}{5{,}84}}] = 11{,}05$

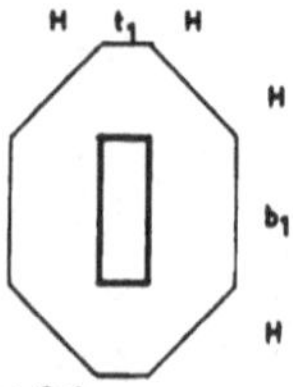

I 01

Definition des Grundstückes

Verhältniszahlen:

$\tau = \frac{t_1}{H}$ $\quad \epsilon_1 = \frac{b_1}{t_1}$

$\lambda = \frac{b_2}{b_1}$ $\quad \epsilon_2 = \frac{b_2}{t_2}$

$\theta = \frac{t_2}{t_1}$

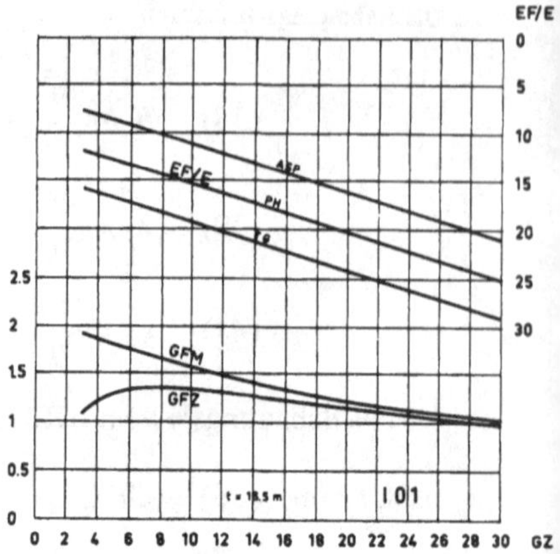

Gebäudekennlinien

Gewählte Werte:

a) Gebäudeabmessungen $h = 3$ m, $t_1 = 15{,}5$ m, $b_1 = 70$ m

b) Für die Essentialfläche pro Einwohner:
BGF/E = 30m²
μ_e = 3
PF/WEP = 24m²

Mathematische Ansätze	
für GFZ	$\frac{b_1 \cdot t_1 \cdot GZ}{2 \cdot h^2 \cdot GZ^2 + 2 \cdot h\,(b_1 + t_1)\,GZ + b_1 \cdot t_1}$
für GFM	$\frac{b_1 \cdot t_1}{2 \cdot h^2 \cdot GZ + 2 \cdot h\,(b_1 \cdot t_1)}$

Koeffizienten		
β	$\frac{\epsilon_1}{\epsilon_1 + 1 + \frac{1}{\tau}}$	
	für $\epsilon_1 = 1$	$\frac{1}{2 + \frac{1}{\tau}}$
für die optimale Ausnutzung		
ω_{gz}	$\frac{\sqrt{\epsilon_1}}{0{,}707}$	
ω_{gfz}	$\frac{\epsilon_1}{\epsilon_1 + 1 + \sqrt{2 \cdot \epsilon_1}}$	
a	1,414	

Bebauungssystem: IC1

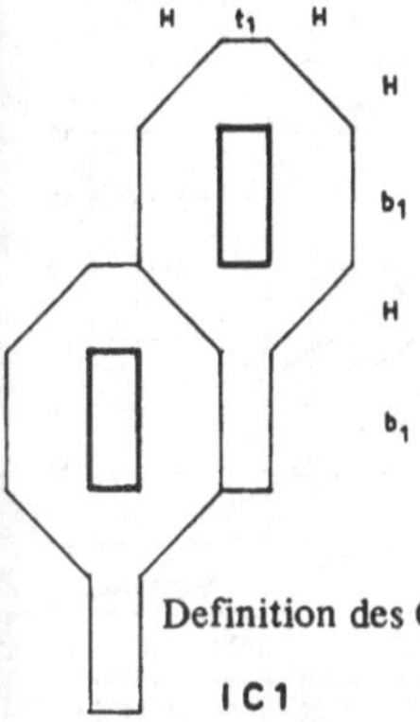

Definition des Grundstückes

I C 1

Verhältniszahlen:

$\tau = \frac{t_1}{H}$ $\qquad \epsilon_1 = \frac{b_1}{t_1}$

$\lambda = \frac{b_2}{b_1}$ $\qquad \epsilon_2 = \frac{b_2}{t_2}$

$\theta = \frac{t_2}{t_1}$

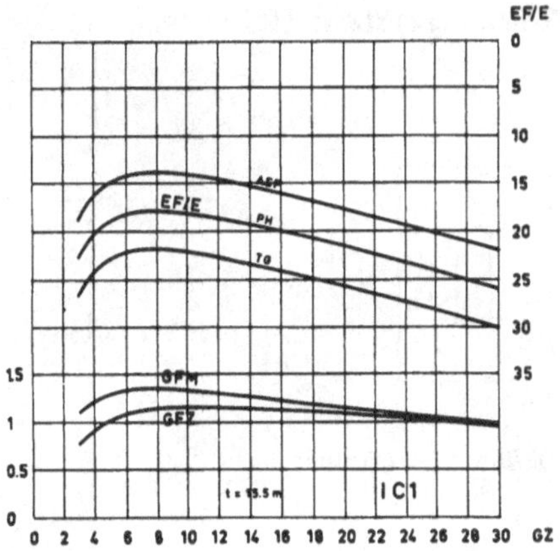

Gebäudekennlinien

Gewählte Werte:

a) Gebäudeabmessungen $h = 3\ m_1$; $t_1 = 15{,}5\ m_1$; $b_1 = 70\ m_1$

b) Für die Essentialfläche pro Einwohner:

BGF/E $= 30m^2$

$\mu_e = 3$

PF/WEP $= 24m^2$

Mathematische Ansätze	
für GFZ	$\frac{b_1 \cdot t_1 \cdot GZ}{2 \cdot h^2 \cdot GZ^2 + 2 \cdot h\,(b_1 + t_1)\,GZ + 2 \cdot b_1 \cdot t_1}$
für GFM	$\frac{b_1 \cdot t_1 \cdot GZ}{2 \cdot h^2 \cdot GZ^2 + 2 \cdot h\,(b_1 + t_1)\,GZ + b_1 \cdot t_1}$

Koeffizienten		
β	$\frac{\epsilon_1}{\epsilon_1\,(1 + \frac{\tau}{2}) + 1 + \frac{1}{\tau}}$	
	für $\epsilon_1 = 1$	$\frac{1}{2 + \frac{1}{\tau} + \frac{\tau}{2}}$
für die optimale Ausnutzung		
ω_{gz}	$\frac{\sqrt{\epsilon_1}}{0{,}5}$	
ω_{gfz}	$\frac{\epsilon_1}{\epsilon_1 + 1 + 2\sqrt{\epsilon_1}}$	
a	1,0	

Bebauungssystem: IR1

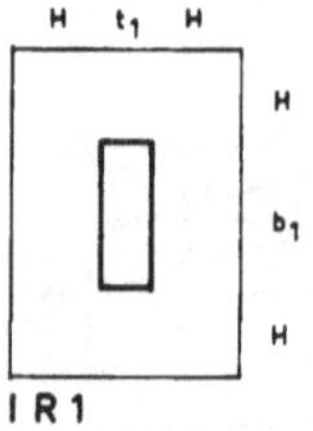

Definition des Grundstückes

Verhältniszahlen:

$$\tau = \frac{t_1}{H} \qquad \epsilon_1 = \frac{b_1}{t_1}$$

$$\lambda = \frac{b_2}{b_1} \qquad \epsilon_2 = \frac{b_2}{t_2}$$

$$\theta = \frac{t_2}{t_1}$$

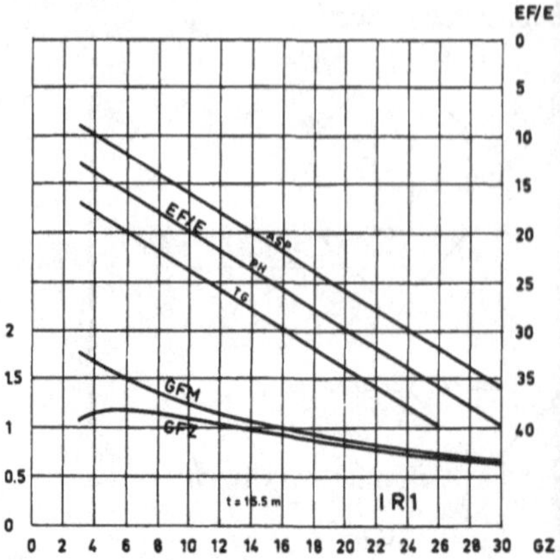

Gebäudekennlinien

Gewählte Werte:

a) Gebäudeabmessungen $h = 3$ m, $t_1 = 15{,}5$ m, $b_1 = 70$ m

b) Für die Essentialfläche pro Einwohner:
BGF/E $= 30\text{m}^2$
$\mu_e = 3$
PF/WEP $= 24\text{m}^2$

Mathematische Ansätze	
für GFZ	$\dfrac{b_1 \cdot t_1 \cdot GZ}{4 \cdot h^2 \cdot GZ^2 + 2 \cdot h\,(b_1 + t_1)\,GZ + t_1 \cdot b_1}$
für GFM	$\dfrac{b_1 \cdot t_1}{4 \cdot h^2 \cdot GZ + 2 \cdot h\,(b_1 + t_1)}$

Koeffizienten		
β	$\dfrac{\epsilon_1}{\epsilon_1 + 1 + \frac{2}{\tau}}$	
	für $\epsilon_1 = 1$	$\dfrac{1}{2\,(1 + \frac{1}{\tau})}$
	für die optimale Ausnutzung	
ω_{gz}	$\sqrt{\epsilon_1}$	
ω_{gfz}	$\dfrac{\epsilon_1}{\epsilon_1 + 1 + 2\sqrt{\epsilon_1}}$	
a	2,0	

Bebauungssystem: IR2

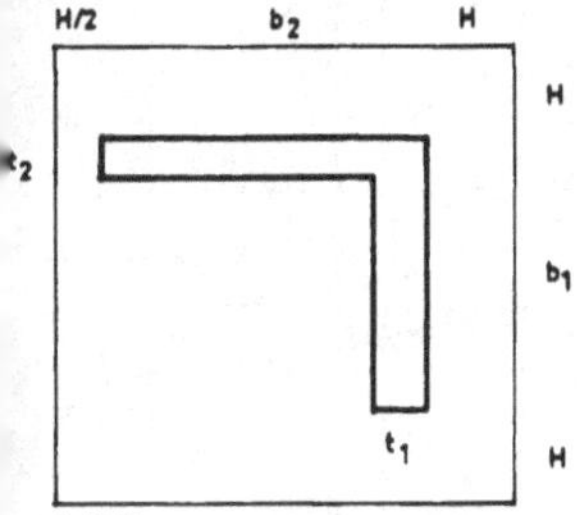

I R 2

Definition des Grundstückes

Verhältniszahlen:

$\tau = \frac{t_1}{H}$ $\quad \epsilon_1 = \frac{b_1}{t_1}$

$\lambda = \frac{b_2}{b_1}$ $\quad \epsilon_2 = \frac{b_2}{t_2}$

$\theta = \frac{t_2}{t_1}$

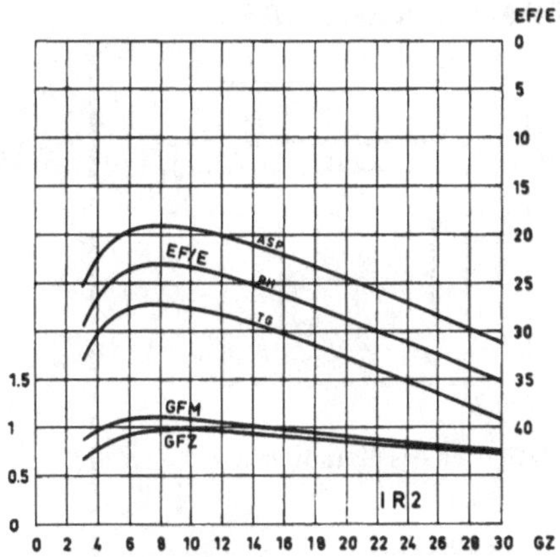

Gebäudekennlinien

Gewählte Werte:

a) Gebäudeabmessungen $h = 3$ m
$t_2 = 9$ m $\quad t_1 = 12$ m
$b_2 = 40$ m $\quad b_1 = 70$ m

b) Für die Essentialfläche pro Einwohner:
BGF/E $= 30m^2$
$\mu_e = 3$
PF/WEP $= 24m^2$

Mathematische Ansätze	
für GFZ	$\frac{(b_1 \cdot t_1 + b_2 \cdot t_2 - t_1 \cdot t_2)\,GZ}{3 \cdot h^2 \cdot GZ^2 + h\,(2 \cdot b_2 + 1{,}5 \cdot b_1)\,GZ + b_1 \cdot b_2}$
für GFM	$\frac{(b_1 \cdot t_1 + b_2 \cdot t_2 - t_1 \cdot t_2)\,GZ}{3 \cdot h^2 \cdot GZ^2 + h\,(2 \cdot b_2 + 1{,}5 \cdot b_1)\,GZ + (b_1 - t_2)(b_2 - t_1)}$

Koeffizienten		
β	$\frac{\frac{1}{\lambda} + \theta - \frac{1}{\epsilon_2}}{1 + \frac{1}{\lambda}(0{,}75 + \frac{1{,}5}{\epsilon_1 \tau}) + \frac{\tau}{2}\,[\epsilon_1 - (\frac{1}{\lambda} + \theta - \frac{1}{\epsilon_2})]}$	
	für $\theta = 1$	
	für die optimale Ausnutzung	
ω_{gz}	$\frac{\sqrt{\epsilon_1^2 \cdot \lambda}}{0{,}866}$	
ω_{gfz}	$\frac{1 + \lambda\,(\theta - \frac{1}{\epsilon_2})}{0{,}75 + \lambda + 1{,}73\sqrt{\lambda}}$	
a	1,732	

Bebauungssystem: IR3

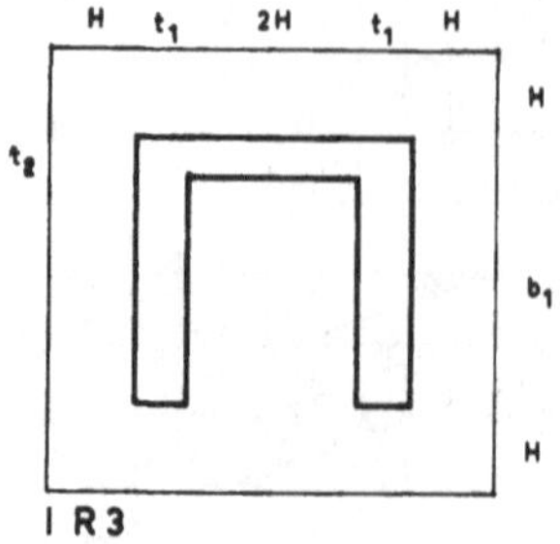

Definition des Grundstückes

Verhältniszahlen:

$$\tau = \frac{t_1}{H} \qquad \epsilon_1 = \frac{b_1}{t_1}$$

$$\lambda = \frac{b_2}{b_1} \qquad \epsilon_2 = \frac{b_2}{t_2}$$

$$\theta = \frac{t_2}{t_1}$$

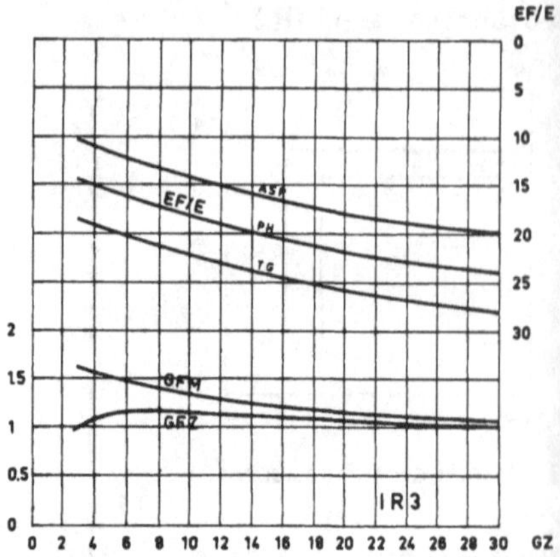

Gebäudekennlinien

Gewählte Werte:

a) Gebäudeabmessungen $h = 3$ m, $t_2 = 9$ m, $t_1 = 12$ m, $b_1 = 70$ m

b) Für die Essentialfläche pro Einwohner:
BGF/E $= 30 m^2$
$\mu_e = 3$
PF/WEP $= 24 m^2$

Mathematische Ansätze	
für GFZ	$$\frac{(h \cdot t_2 \cdot GZ + t_1 \cdot b_1)\, GZ}{4 \cdot h^2\ GZ^2 + 2 \cdot h\,(b_1 + t_1)\, GZ + t_1\, b_1}$$
für GFM	$$\frac{h \cdot t_2 \cdot GZ + t_1 \cdot b_1}{4 \cdot h^2 \cdot GZ + 2 \cdot h\,(b_1 + t_1) - h \cdot t_2}$$

Koeffizienten		
β	$$\frac{\theta + \tau \cdot \epsilon_1}{2 + \tau\,(1 + \epsilon_1 - \frac{\theta}{2})}$$	
	für $\theta = 1$	$$\frac{1 + \tau \cdot \epsilon_1}{2 + \tau\,(0{,}5 + \epsilon_1)}$$
für die optimale Ausnutzung		
ω_{gz}	$$\frac{1 + \sqrt{1 + \frac{2 \cdot \epsilon_1}{\theta}\,(\frac{2}{\theta} - 1 - \frac{1}{\epsilon_1})}}{\frac{2}{\theta} - 1 - \frac{1}{\epsilon_1}}$$	
ω_{gfz}		
a	–	

Bebauungssystem: II01

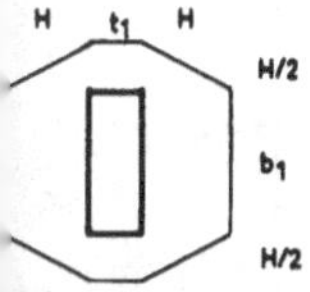

I 0 1

Definition des Grundstückes

Verhältniszahlen:

$\cdot = \frac{t_1}{H}$ $\qquad \epsilon_1 = \frac{b_1}{t_1}$

$= \frac{b_2}{b_1}$ $\qquad \epsilon_2 = \frac{b_2}{t_2}$

$= \frac{t_2}{t_1}$

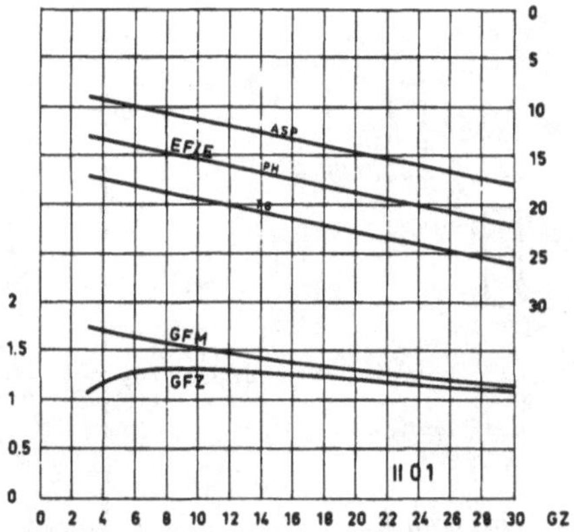

Gebäudekennlinien

Gewählte Werte:

a) Gebäudeabmessungen $h = 3$ m
$t_1 = 12$ m
$b_1 = 70$ m

b) Für die Essentialfläche pro Einwohner:
BGF/E $= 30 m^2$
$\mu_e = 3$
PF/WEP $= 24 m^2$

Mathematische Ansätze	
für GFZ	$\frac{b_1 \cdot t_1 \cdot GZ}{h^2 \cdot GZ^2 + h(2 \cdot b_1 + t_1) GZ + b_1 \cdot t_1}$
für GFM	$\frac{b_1 \cdot t_1}{h^2 \cdot GZ + h(2 \cdot b_1 + t_1)}$

Koeffizienten		
β	$\frac{\epsilon_1}{\epsilon_1 + 0{,}5 + \frac{1}{2 \cdot \tau}}$	
	für $\epsilon_1 = 1$	$\frac{1}{1{,}5 + \frac{1}{2 \cdot \tau}}$
	für die optimale Ausnutzung	
ω_{gz}	$\frac{\sqrt{\epsilon_1}}{0{,}5}$	
ω_{gfz}	$\frac{\epsilon_1}{\epsilon_1 + 0{,}5 + \sqrt{\epsilon_1}}$	
a	1,0	

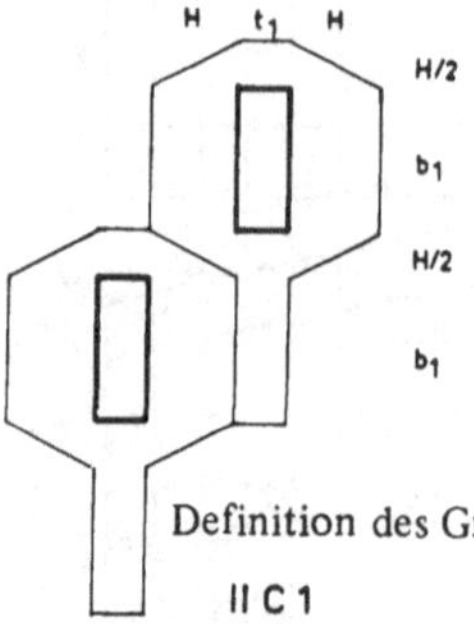

Definition des Grundstückes

IIC1

Verhältniszahlen:

$\tau = \frac{t_1}{H}$ $\quad \epsilon_1 = \frac{b_1}{t_1}$

$\lambda = \frac{b_2}{b_1}$ $\quad \epsilon_2 = \frac{b_2}{t_2}$

$\theta = \frac{t_2}{t_1}$

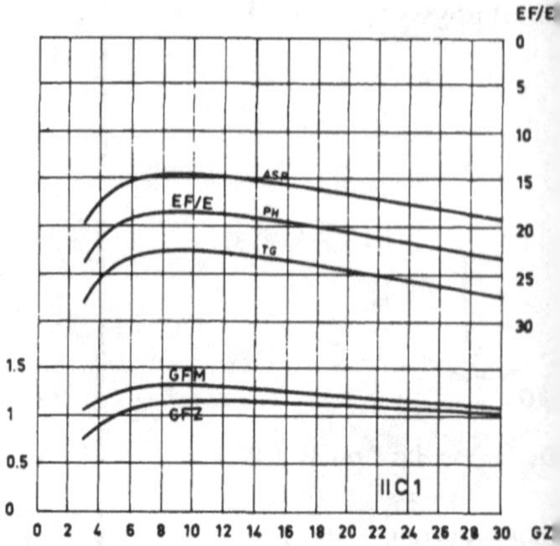

Gebäudekennlinien

Gewählte Werte:

a) Gebäudeabmessungen $h = 3$ m
$t_1 = 12$ m
$b_1 = 70$ m

b) Für die Essentialfläche pro Einwohner:
BGF/E $= 30\text{m}^2$
$\mu_e = 3$
PF/WEP $= 24\text{m}^2$

Mathematische Ansätze	
für GFZ	$\frac{b_1 \cdot t_1 \cdot GZ}{h^2 \cdot GZ^2 + h(2 \cdot b_1 + t_1) GZ + 2 \cdot b_1 \cdot t_1}$
für GFM	$\frac{b_1 \cdot t_1 \cdot GZ}{h^2 \cdot GZ^2 + h(2 \cdot b_1 + t_1) GZ + b_1 \cdot t_1}$

Koeffizienten		
β	$\frac{\epsilon_1}{\epsilon_1 (1 + \frac{\tau}{2}) + 0{,}5 + \frac{1}{2 \cdot \tau}}$	
	für $\epsilon_1 = 1$	$\frac{1}{1{,}5 + \frac{\tau}{2} + \frac{1}{2 \cdot \tau}}$
	für die optimale Ausnutzung	
ω_{gz}	$\frac{\sqrt{\epsilon_1}}{0{,}3535}$	
ω_{gfz}	$\frac{\epsilon_1}{\epsilon_1 + 0{,}5 + \sqrt{2 \cdot \epsilon_1}}$	
a	0,707	

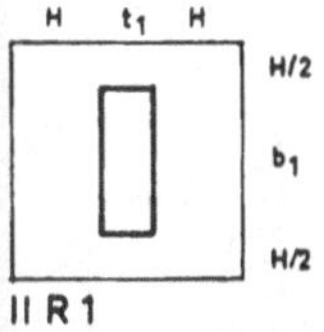

Definition des Grundstückes

Verhältniszahlen:

$\tau = \frac{t_1}{H}$ $\epsilon_1 = \frac{b_1}{t_1}$

$\lambda = \frac{b_2}{b_1}$ $\epsilon_2 = \frac{b_2}{t_2}$

$\theta = \frac{t_2}{t_1}$

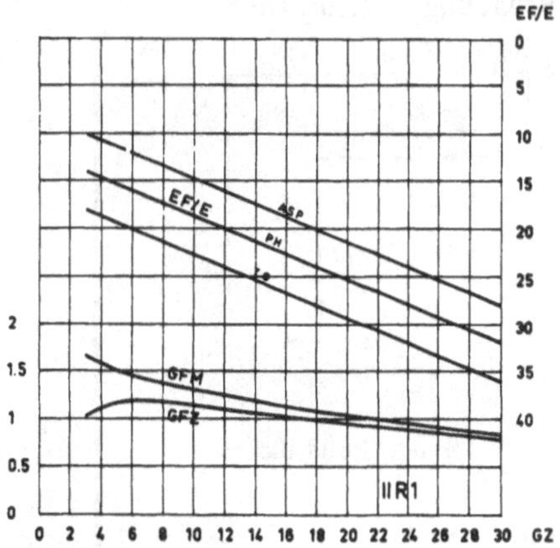

Gebäudekennlinien

Gewählte Werte:

a) Gebäudeabmessungen $h = 3$ m, $t_1 = 12$ m, $b_1 = 70$ m

b) Für die Essentialfläche pro Einwohner:
BGF/E $= 30m^2$
$\mu_e = 3$
PF/WEP $= 24m^2$

Mathematische Ansätze	
für GFZ	$\frac{b_1 \cdot t_1 \cdot GZ}{2 \cdot h^2 \cdot GZ^2 + h\,(2 \cdot b_1 + t_1)\,GZ + b_1 \cdot t_1}$
für GFM	$\frac{b_1 \cdot t_1}{2 \cdot h^2 \cdot GZ + h\,(2 \cdot b_1 + t_1)}$

Koeffizienten		
β	$\frac{\epsilon_1}{\epsilon_1 + 0{,}5 + \frac{1}{\tau}}$	
	für $\epsilon_1 = 1$	$\frac{1}{1{,}5 + \frac{1}{\tau}}$
für die optimale Ausnutzung		
ω_{gz}	$\frac{\sqrt{\epsilon_1}}{0{,}707}$	
ω_{gfz}	$\frac{\epsilon_1}{\epsilon_1 + 0{,}5 + \sqrt{2 \cdot \epsilon_1}}$	
a	1,414	

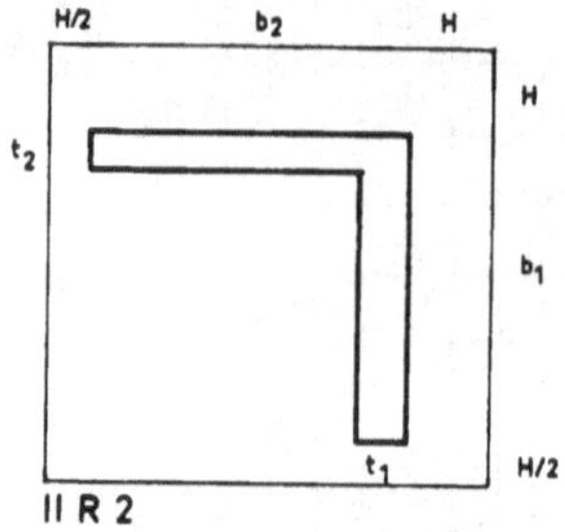

Definition des Grundstückes

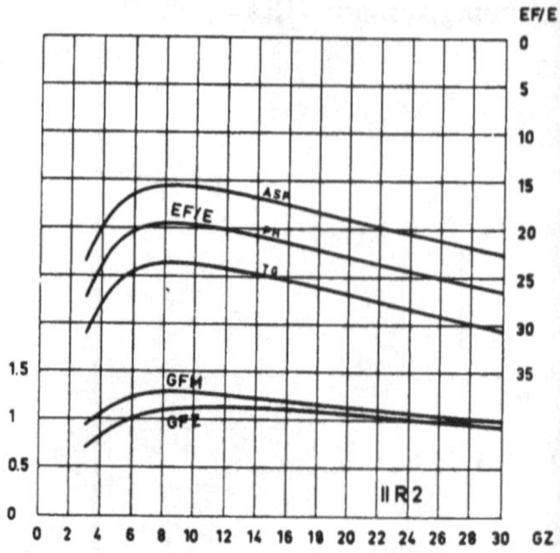

Gebäudekennlinien

Verhältniszahlen:

$\tau = \frac{t_1}{H}$ $\qquad \epsilon_1 = \frac{b_1}{t_1}$

$\lambda = \frac{b_2}{b_1}$ $\qquad \epsilon_2 = \frac{b_2}{t_2}$

$\theta = \frac{t_2}{t_1}$

Gewählte Werte:

a) Gebäudeabmessungen $h = 3\,m_1$; $t_2 = 9\,m$; $t_1 = 12\,m_1$; $b_2 = 40\,m$; $b_1 = 70\,m$

b) Für die Essentialfläche pro Einwohner:
BGF/E $= 30m^2$
$\mu_e = 3$
PF/WEP $= 24m^2$

Mathematische Ansätze	
für GFZ	$\dfrac{(b_1 \cdot t_1 + b_2 \cdot t_2 - t_1 \cdot t_2)\,GZ}{2{,}25 \cdot h^2 \cdot GZ^2 + 1{,}5 \cdot h\,(b_1 + b_2)\,GZ + b_1 \cdot b_2}$
für GFM	$\dfrac{(b_1 \cdot t_1 + b_2 \cdot t_2 - t_1 \cdot t_2)\,GZ}{2{,}25 \cdot h^2 \cdot GZ^2 + 1{,}5 \cdot h\,(b_1 + b_2)\,GZ + (b_1 - t_2)(b_2 - t_1)}$

Koeffizienten		
β	$\dfrac{\frac{1}{\lambda} + \theta\,\frac{1}{\epsilon_2}}{0{,}75 + \frac{1}{\lambda}\left(0{,}75 + \frac{1{,}125}{\epsilon_1 \cdot \tau}\right) + \frac{\tau}{2}\left[\epsilon_1 - \left(\frac{1}{\lambda} + \theta - \frac{1}{\epsilon_2}\right)\right]}$	
	für $\theta = 1$	
	für die optimale Ausnutzung	
ω_{gz}	$\dfrac{\sqrt{\epsilon_1^2 \cdot \lambda}}{0{,}75}$	
ω_{gfz}	$\dfrac{1 + \lambda\left(\theta - \frac{1}{\epsilon_2}\right)}{0{,}75\,(1 + \lambda) + 1{,}5\sqrt{\lambda}}$	
a	1,5	

Bebauungssystem: IIR3

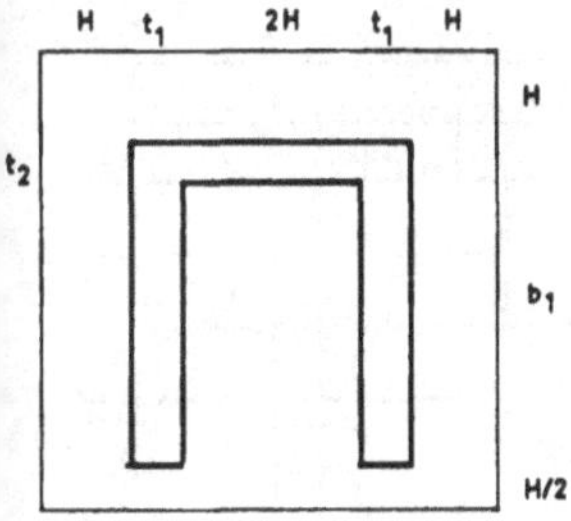

II R 3

Definition des Grundstückes

Verhältniszahlen:

$\tau = \frac{t_1}{H}$ $\epsilon_1 = \frac{b_1}{t_1}$

$\lambda = \frac{b_2}{b_1}$ $\epsilon_2 = \frac{b_2}{t_2}$

$\theta = \frac{t_2}{t_1}$

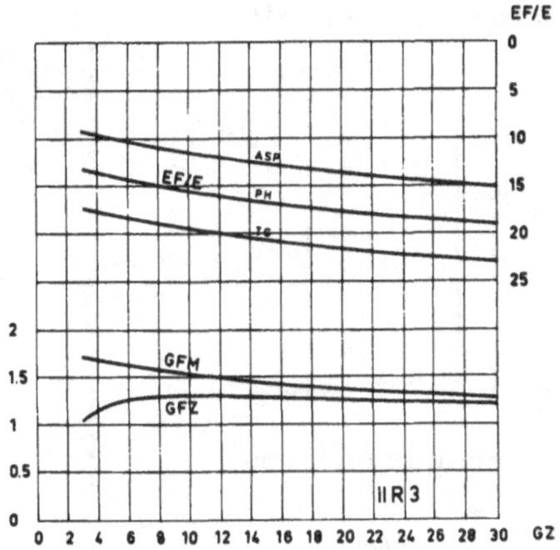

Gebäudekennlinien

Gewählte Werte:

a) Gebäudeabmessungen $h = 3$ m, $t_2 = 9$ m, $t_1 = 12$ m, $b_1 = 70$ m

b) Für die Essentialfläche pro Einwohner:
BGF/E = 30m²
μ_e = 3
PF/WEP = 24m²

Mathematische Ansätze	
für GFZ	$$\frac{(h \cdot t_2 \cdot GZ + t_1 \cdot b_1)\, GZ}{3 \cdot h^2 \cdot GZ^2 + h\,(2 \cdot b_1 + 1{,}5 \cdot t_1)\, GZ + t_1 \cdot b_1}$$
für GFM	$$\frac{h \cdot t_2 \cdot GZ + t_1 \cdot b_1}{3 \cdot h^2 \cdot GZ + h\,(2 \cdot b_1 + 1{,}5 \cdot t_1) - h \cdot t_2}$$

Koeffizienten		
β	$$\frac{\theta + \tau \cdot \epsilon_1}{1{,}5 + \tau\,(0{,}75 + \epsilon_1 - \frac{\theta}{2})}$$	
	für $\theta = 1$	$$\frac{1 + \tau \cdot \epsilon_1}{1{,}5 + \tau\,(0{,}25 + \epsilon_1)}$$
	für die optimale Ausnutzung	
ω_{gz}	$$\frac{1 + \sqrt{1 + \frac{2 \cdot \epsilon_1}{\theta}\,(\frac{1{,}5}{\theta} - 1 - \frac{0{,}75}{\epsilon_1})}}{\frac{1{,}5}{\theta} - 1 - \frac{0{,}75}{\epsilon_1}}$$	
ω_{gfz}		
a	–	

Bebauungssystem: U1

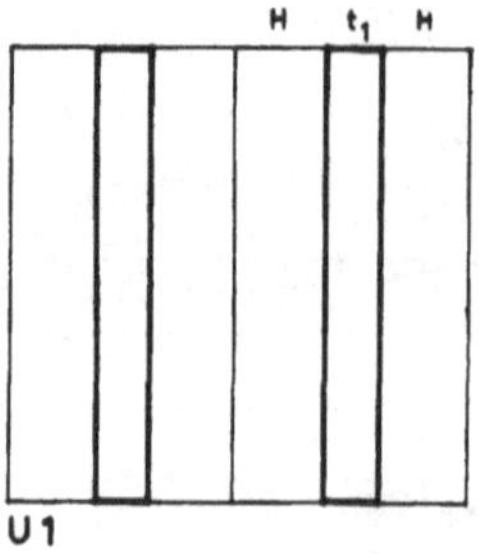

Definition des Grundstückes

Verhältniszahlen:

$\tau = \frac{t_1}{H}$ $\quad \epsilon_1 = \frac{b_1}{t_1}$

$\lambda = \frac{b_2}{b_1}$ $\quad \epsilon_2 = \frac{b_2}{t_2}$

$\theta = \frac{t_2}{t_1}$

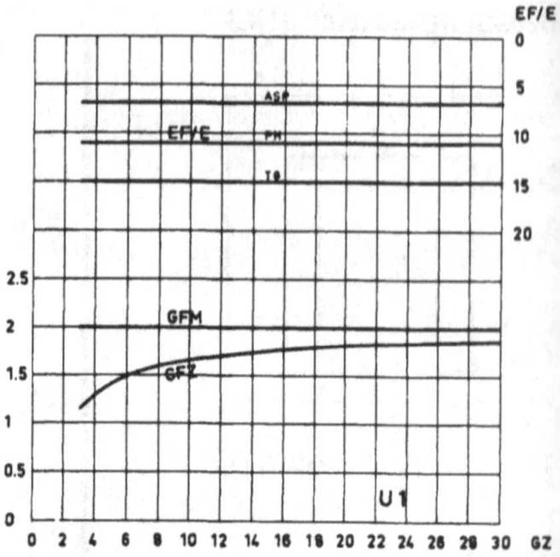

Gebäudekennlinien

Gewählte Werte:

a) Gebäudeabmessungen $h = 3$ m
$t_1 = 12$ m

b) Für die Essentialfläche pro Einwohner:
BGF/E $= 30\text{m}^2$
$\mu_e = 3$
PF/WEP $= 24\text{m}^2$

Mathematische Ansätze	
für GFZ	$\frac{t_1 \cdot GZ}{2 \cdot h \cdot GZ + t_1}$
für GFM	$\frac{t_1}{2 \cdot h}$

Koeffizienten		
β	1	
	für $\theta = 1$	–
für die optimale Ausnutzung		
ω_{gz}	∞	
ω_{gfz}	1	$GFZ_{as} = \frac{t_1}{2 \cdot h}$
a	–	

ebauungssystem: IU5

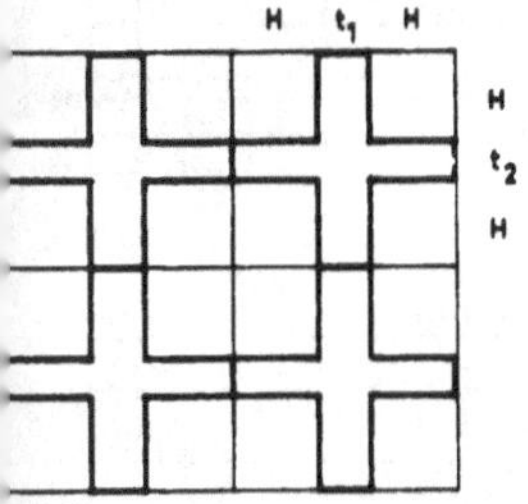

U 5

Definition des Grundstückes

Verhältniszahlen:

$= \frac{t_1}{H}$ $\qquad \epsilon_1 = \frac{b_1}{t_1}$

$= \frac{b_2}{b_1}$ $\qquad \epsilon_2 = \frac{b_2}{t_2}$

$= \frac{t_2}{t_1}$

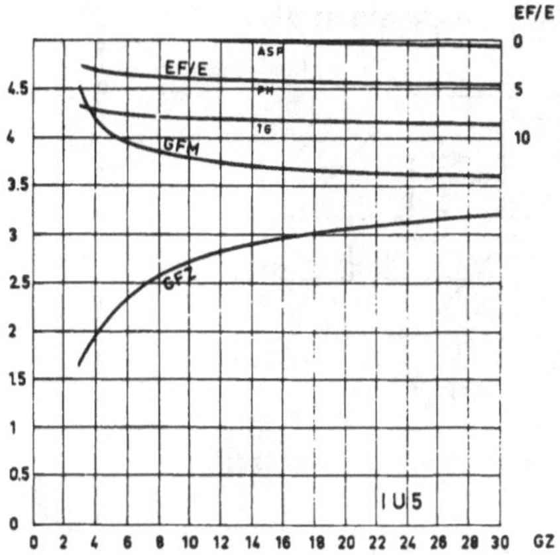

Gebäudekennlinien

Gewählte Werte:

a) Gebäudeabmessungen $h = 3$ m
$t_2 = 9$ m $t_1 = 12$ m

b) Für die Essentialfläche pro Einwohner:
BGF/E $= 30m^2$
$\mu_e = 3$
PF/WEP $= 24m^2$

Mathematische Ansätze	
für GFZ	$\frac{2 \cdot h\,(t_1 + t_2)\,GZ^2 + t_1 \cdot t_2 \cdot GZ}{4 \cdot h^2 \cdot GZ^2 + 2 \cdot h\,(t_1 + t_2)\,GZ + t_1 \cdot t_2}$
für GFM	$\frac{2 \cdot h\,(t_1 + t_2)\,GZ + t_1 \cdot t_2}{4 \cdot h^2 \cdot GZ}$

Koeffizienten		
β	$1 + \theta\ (1 + \frac{\tau}{2})$	
	für $\theta = 1$	$2 + \frac{\tau}{2}$
	für die optimale Ausnutzung	
ω_{gz}	∞	
ω_{gfz}	$1 + \theta$	$GFZ_{as} = \frac{t_1 + t_2}{2 \cdot h}$
a	–	

Bebauungssystem: IC2

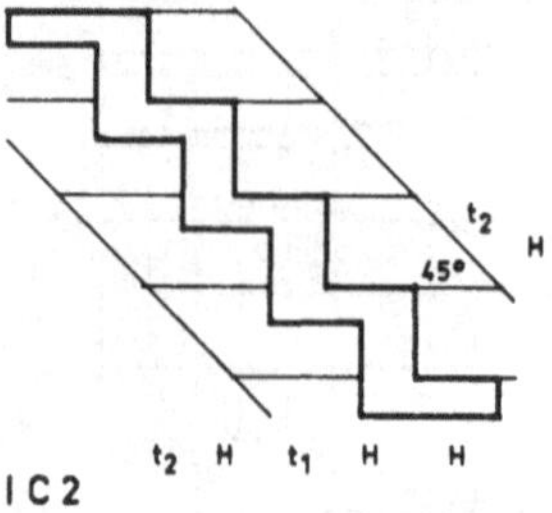

I C 2

Definition des Grundstückes

Verhältniszahlen:

$\tau = \frac{t_1}{H}$ $\epsilon_1 = \frac{b_1}{t_1}$

$\lambda = \frac{b_2}{b_1}$ $\epsilon_2 = \frac{b_2}{t_2}$

$\theta = \frac{t_2}{t_1}$

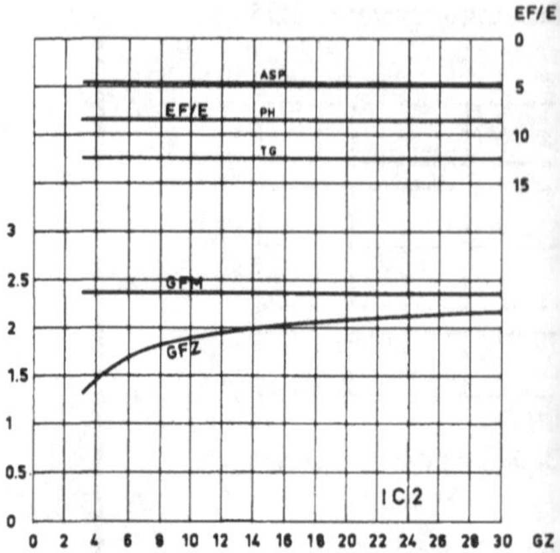

Gebäudekennlinien

Gewählte Werte:

a) Gebäudeabmessungen $h = 3$ m
$t_2 = 9$ m $t_1 = 12$ m

b) Für die Essentialfläche pro Einwohner:
BGF/E $= 30m^2$
$\mu_e = 3$
PF/WEP $= 24m^2$

Mathematische Ansätze	
für GFZ	$\frac{(t_1 + t_2)\,GZ}{3 \cdot h \cdot GZ + (t_1 + t_2)}$
für GFM	$\frac{t_1 + t_2}{3 \cdot h}$

Koeffizienten		
β	$\frac{2}{3}(1 + \theta)$	
	für $\theta = 1$	$\frac{4}{3}$
	für die optimale Ausnutzung	
ω_{gz}	∞	
ω_{gfz}	$\frac{1 + \theta}{1{,}5}$	$GFZ_{as} = \frac{t_1 + t_2}{3 \cdot h}$
a	–	

Bebauungssystem: IC5

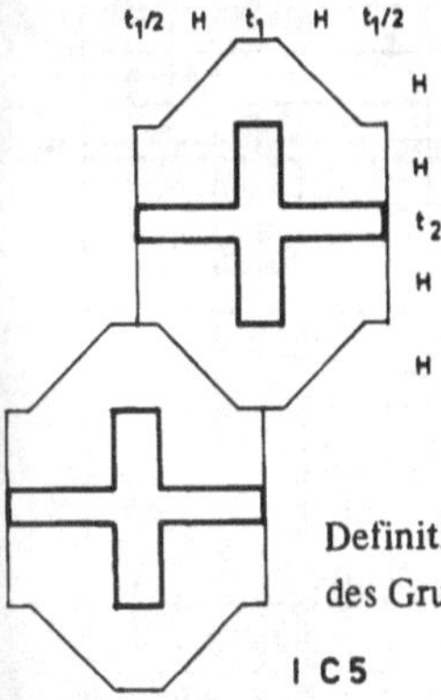

Definition des Grundstückes

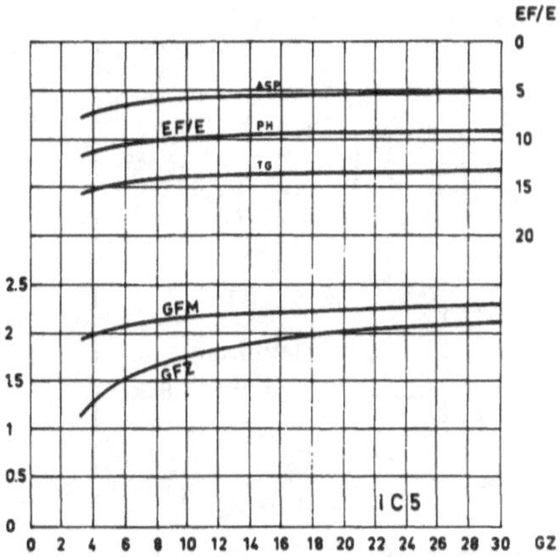

Gebäudekennlinien

Verhältniszahlen:

$\tau = \frac{t_1}{H}$ $\quad \epsilon_1 = \frac{b_1}{t_1}$

$\lambda = \frac{b_2}{b_1}$ $\quad \epsilon_2 = \frac{b_2}{t_2}$

$\theta = \frac{t_2}{t_1}$

Gewählte Werte:

a) Gebäudeabmessungen $h = 3$ m, $t_2 = 9$ m, $t_1 = 12$ m

b) Für die Essentialfläche pro Einwohner:
BGF/E = 30m²
μ_e = 3
PF/WEP = 24m²

Mathematische Ansätze	
für GFZ	$\frac{h(t_1 + t_2)GZ^2 + t_1 \cdot t_2 \cdot GZ}{3 \cdot h^2 \cdot GZ^2 + h(3 \cdot t_1 + t_2)GZ + t_1 \cdot t_2}$
für GFM	$\frac{h(t_1 + t_2)GZ + t_1 \cdot t_2}{3 \cdot h^2 GZ + 2 \cdot h \cdot t_1}$

Koeffizienten		
β	$\frac{1 + \theta(1 + \tau)}{1{,}5 + \tau}$	
	für $\theta = 1$	$\frac{2 + \tau}{1{,}5 + \tau}$
	für die optimale Ausnutzung	
ω_{gz}	∞	
ω_{gfz}	$\frac{1 + \theta}{1{,}5}$	$GFZ_{as} = \frac{t_1 + t_2}{3 \cdot h}$
a	–	

Bebauungssystem: IIC5

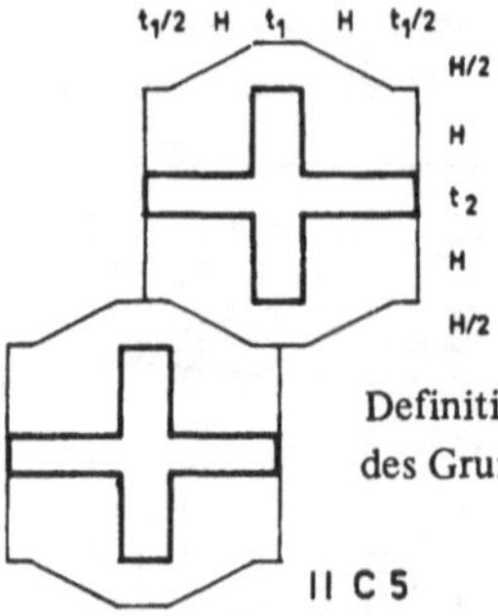

Definition des Grundstückes

Verhältniszahlen:

$\tau = \frac{t_1}{H}$ $\qquad \epsilon_1 = \frac{b_1}{t_1}$

$\lambda = \frac{b_2}{b_1}$ $\qquad \epsilon_2 = \frac{b_2}{t_2}$

$\theta = \frac{t_2}{t_1}$

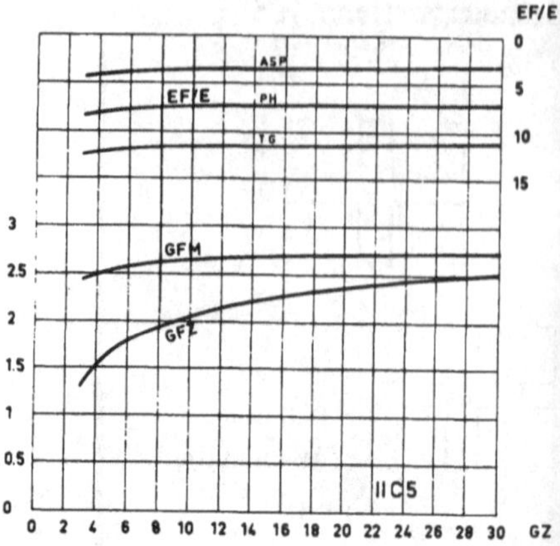

Gebäudekennlinien

Gewählte Werte:

a) Gebäudeabmessungen $h = 3$ m
$t_2 = 9$ m $\quad t_1 = 12$ m

b) Für die Essentialfläche pro Einwohner:
BGF/E $= 30\,m^2$
$\mu_e = 3$
PF/WEP $= 24\,m^2$

Mathematische Ansätze	
für GFZ	$\frac{h\,(t_1 + t_2)\,GZ^2 + t_1 \cdot t_2 \cdot GZ}{2{,}5 \cdot h^2 \cdot GZ^2 + h\,(2{,}5 \cdot t_1 + t_2)\,GZ + t_1 \cdot t_2}$
für GFM	$\frac{h\,(t_1 + t_2)\,GZ + t_1 \cdot t_2}{2{,}5 \cdot h^2 \cdot GZ + 1{,}5 \cdot h \cdot t_1}$

Koeffizienten		
β	$\frac{1 + \theta\,(1 + \tau)}{1{,}25 + 0{,}75 \cdot \tau}$	
	für $\theta = 1$	$\frac{2 + \tau}{1{,}25 + 0{,}75 \cdot \tau}$
	für die optimale Ausnutzung	
ω_{gz}	∞	
ω_{gfz}	$\frac{1 + \theta}{1{,}25}$	$GFZ_{as} = \frac{t_1 + t_2}{2{,}5 \cdot h}$
a	–	

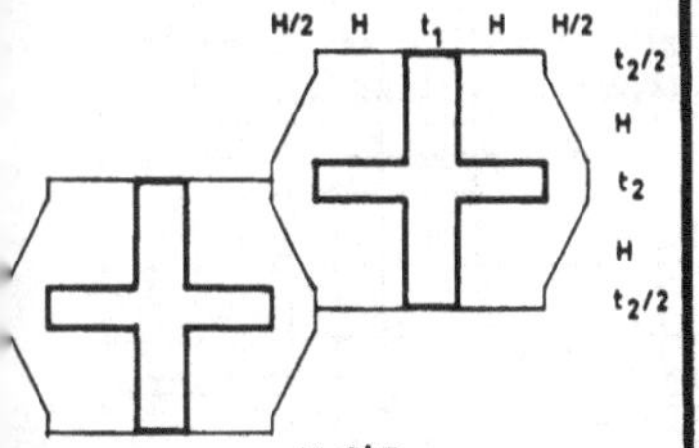

II C'5

Definition des Grundstückes

Verhältniszahlen:

$= \frac{t_1}{H}$ $\epsilon_1 = \frac{b_1}{t_1}$

$= \frac{b_2}{b_1}$ $\epsilon_2 = \frac{b_2}{t_2}$

$= \frac{t_2}{t_1}$

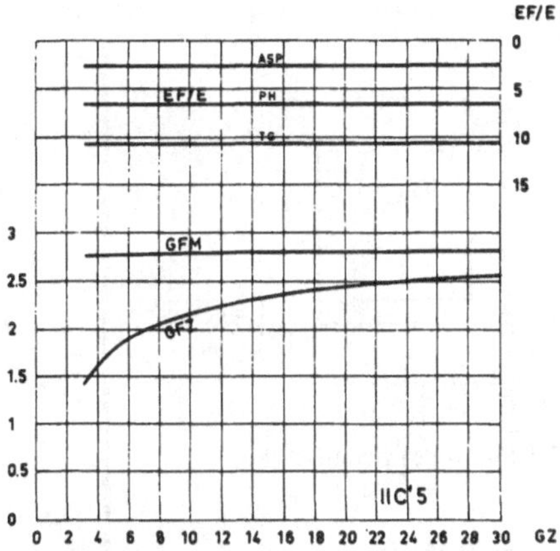

Gebäudekennlinien

Gewählte Werte:

a) Gebäudeabmessungen $h = 3$ m, $t_2 = 9$ m, $t_1 = 12$ m

b) Für die Essentialfläche pro Einwohner:
BGF/E = 30m²
μ_e = 3
PF/WEP = 24m²

Mathematische Ansätze		
für GFZ	$\frac{h(t_1+t_2)GZ^2 + t_1 \cdot t_2 \cdot GZ}{2{,}5 \cdot h^2 \cdot GZ^2 + h(t_1 + 2{,}5 \cdot t_2)GZ + t_1 \cdot t_2}$	
für GFM	$\frac{h(t_1+t_2)GZ + t_1 \cdot t_2}{2{,}5 \cdot h^2 \cdot GZ + 1{,}5 \cdot h \cdot t_2}$	

Koeffizienten		
β	$\frac{4[1+\theta(1+\tau)]}{5+3 \cdot \theta \cdot \tau}$	
	für $\theta = 1$	$\frac{4(2+\tau)}{5+3 \cdot \tau}$
	für die optimale Ausnutzung	
ω_{gz}	∞	
ω_{gfz}	$\frac{1+\theta}{1{,}25}$	$GFZ_{as} = \frac{t_1 + t_2}{2{,}5 \cdot h}$
a	–	

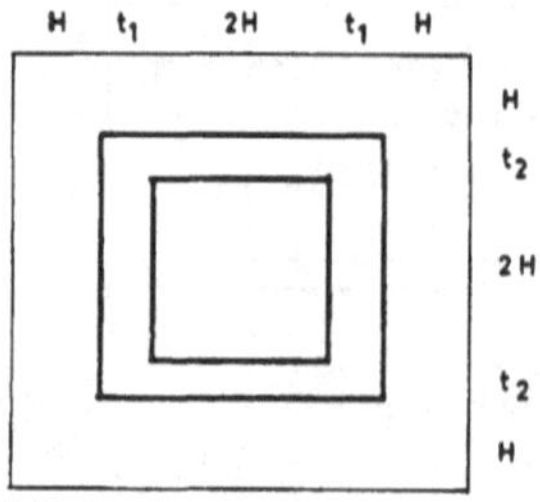

I R 4

Definition des Grundstückes

Verhältniszahlen:

$\tau = \frac{t_1}{H}$ $\quad \epsilon_1 = \frac{b_1}{t_1}$

$\lambda = \frac{b_2}{b_1}$ $\quad \epsilon_2 = \frac{b_2}{t_2}$

$\theta = \frac{t_2}{t_1}$

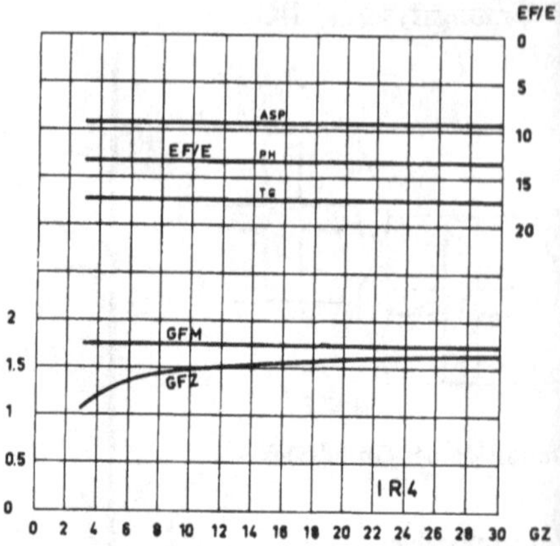

Gebäudekennlinien

Gewählte Werte:

a) Gebäudeabmessungen $h = 3$ m, $t_2 = 9$ m, $t_1 = 12$ m

b) Für die Essentialfläche pro Einwohner:
BGF/E $= 30 m^2$
$\mu_e = 3$
PF/WEP $= 24 m^2$

Mathematische Ansätze	
für GFZ	$\frac{h(t_1+t_2)GZ^2 + t_1 \cdot t_2 \cdot GZ}{4 \cdot h^2 \cdot GZ^2 + 2 \cdot h(t_1+t_2)GZ + t_1 \cdot t_2}$
für GFM	$\frac{h(t_1+t_2)GZ + t_1 \cdot t_2}{4 \cdot h^2 \cdot GZ + h(t_1+t_2)}$

Koeffizienten		
β	$\frac{1+\theta\ (1+\tau)}{2+\frac{\tau}{2}(1+\theta)}$	
	für $\theta = 1$	1
für die optimale Ausnutzung		
ω_{gz}	∞	
ω_{gfz}	$\frac{1+\theta}{2}$	$GFZ_{as} = \frac{t_1 + t_2}{4 \cdot h}$
a	–	

ebauungssystem: IA1

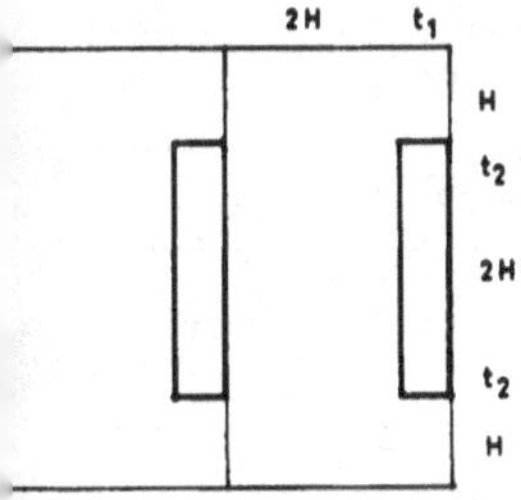

A1

efinition des Grundstückes

erhältniszahlen:

$= \frac{t_1}{H}$ $\qquad \epsilon_1 = \frac{b_1}{t_1}$

$= \frac{b_2}{b_1}$ $\qquad \epsilon_2 = \frac{b_2}{t_2}$

$= \frac{t_2}{t_1}$

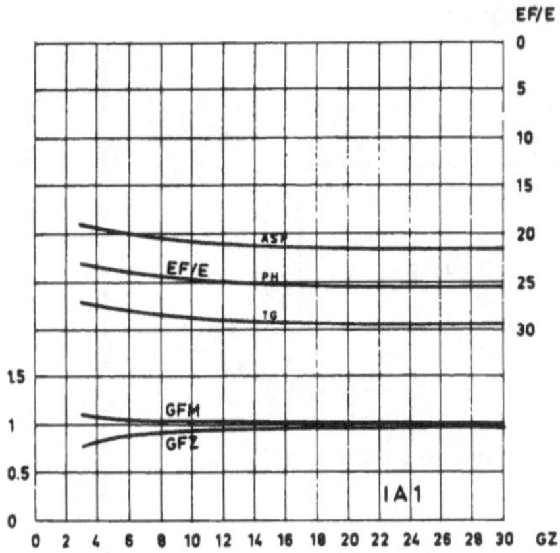

Gebäudekennlinien

Gewählte Werte:

a) Gebäudeabmessungen $h = 3\,m$
$t_2 = 9\,m \quad t_1 = 12\,m$

b) Für die Essentialfläche pro Einwohner:
BGF/E $= 30m^2$
$\mu_e = 3$
PF/WEP $= 24m^2$

Mathematische Ansätze	
für GFZ	$\frac{h \cdot t_1 \cdot GZ^2 + t_1 \cdot t_2 \cdot GZ}{4 \cdot h^2 \cdot GZ^2 + 2 \cdot h\,(t_1 + t_2)\,GZ + t_1 \cdot t_2}$
für GFM	$\frac{h \cdot t_1 \cdot GZ + t_1 \cdot t_2}{4 \cdot h^2 \cdot GZ + h\,(2 \cdot t_2 + t_1)}$

Koeffizienten		
β	$\frac{1 + \theta \cdot \tau}{2 + \tau\,(0{,}5 + \theta)}$	
	für $\theta = 1$	$\frac{1 + \tau}{2 + 1{,}5\,\tau}$
	für die optimale Ausnutzung	
ω_{gz}	∞	
ω_{gfz}	0,5	$GFZ_{as} = \frac{t_1}{4 \cdot h}$
a	–	

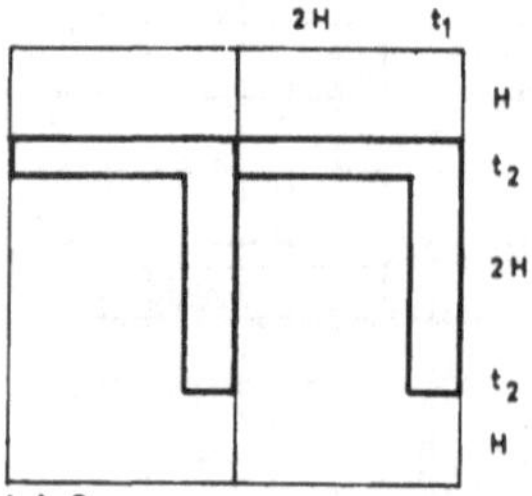

I A 2

Definition des Grundstückes

Verhältniszahlen:

$\tau = \frac{t_1}{H}$ $\quad \epsilon_1 = \frac{b_1}{t_1}$

$\lambda = \frac{b_2}{b_1}$ $\quad \epsilon_2 = \frac{b_2}{t_2}$

$\theta = \frac{t_2}{t_1}$

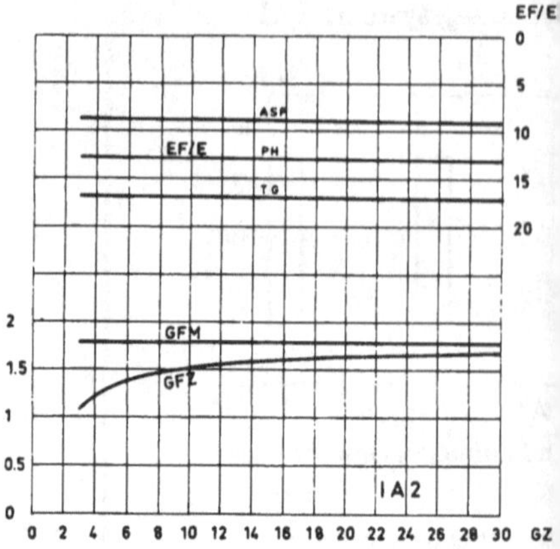

Gebäudekennlinien

Gewählte Werte:

a) Gebäudeabmessungen $h = 3$ m
$t_2 = 9$ m $t_1 = 12$ m

b) Für die Essentialfläche pro Einwohner:
BGF/E $= 30m^2$
$\mu_e = 3$
PF/WEP $= 24m^2$

Mathematische Ansätze	
für GFZ	$\frac{h(t_1+t_2)\,GZ^2 + t_1 \cdot t_2 \cdot GZ}{4 \cdot h^2 \cdot GZ^2 + 2 \cdot h(t_1+t_2)\,GZ + t_1 \cdot t_2}$
für GFM	$\frac{h(t_1+t_2)\,GZ + t_1 \cdot t_2}{4 \cdot h^2 \cdot GZ + 2 \cdot h(t_1+t_2)}$

Koeffizienten		
β	$\frac{1+\theta(1+\tau)}{2+\tau\ (0{,}5+\frac{\theta}{2})}$	
	für $\theta = 1$	1
für die optimale Ausnutzung		
ω_{gz}	∞	
ω_{gfz}	$\frac{1+\theta}{2}$	$GFZ_{as} = \frac{t_1 + t_2}{4 \cdot h}$
a	–	

Bebauungssystem: IA3

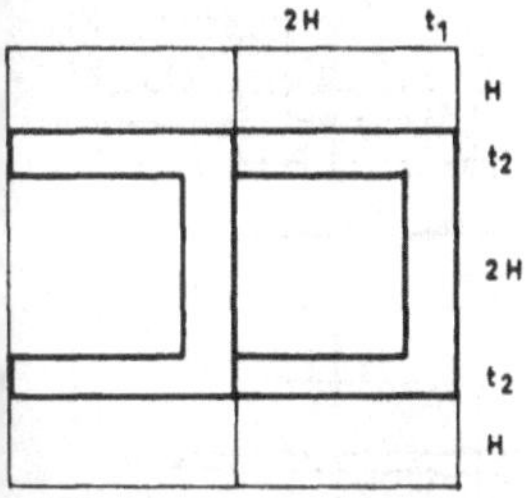

I A 3

Definition des Grundstückes

Verhältniszahlen:

$\tau = \frac{t_1}{H}$ $\quad \epsilon_1 = \frac{b_1}{t_1}$

$\lambda = \frac{b_2}{b_1}$ $\quad \epsilon_2 = \frac{b_2}{t_2}$

$\theta = \frac{t_2}{t_1}$

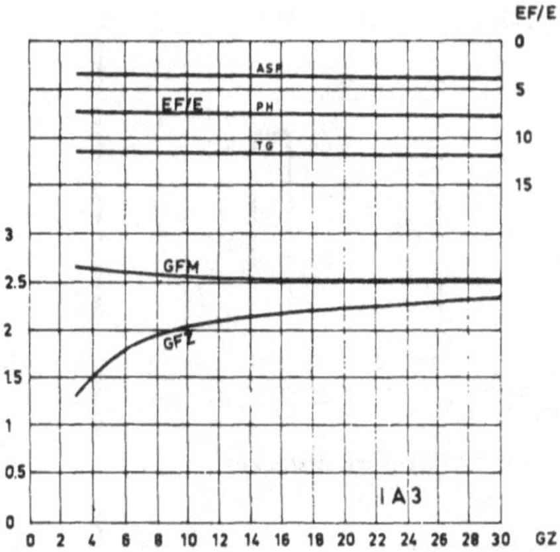

Gebäudekennlinien

Gewählte Werte:

a) Gebäudeabmessungen $h = 3$ m, $t_2 = 9$ m, $t_1 = 12$ m

b) Für die Essentialfläche pro Einwohner:
BGF/E $= 30 m^2$
$\mu_e = 3$
PF/WEP $= 24 m^2$

Mathematische Ansätze		
für GFZ	$\frac{h(t_1 + 2 \cdot t_2) GZ^2 + t_1 \cdot t_2 \cdot GZ}{4 \cdot h^2 \cdot GZ^2 + 2 \cdot h(t_1 + t_2) GZ + t_1 \cdot t_2}$	
für GFM	$\frac{h(t_1 + 2 \cdot t_2) GZ + t_1 \cdot t_2}{4 \cdot h^2 \cdot GZ + h \cdot t_1}$	

Koeffizienten		
β	$\frac{1 + \theta(2 + \tau)}{2 + 0{,}5 \cdot \tau}$	
	für $\theta = 1$	$\frac{3 + \tau}{2 + 0{,}5 \cdot \tau}$
	für die optimale Ausnutzung	
ω_{gz}	∞	
ω_{gfz}	$\frac{1 + 2 \cdot \theta}{2}$	$GFZ_{as} = \frac{t_1 + 2 \cdot t_2}{4 \cdot h}$
a	–	

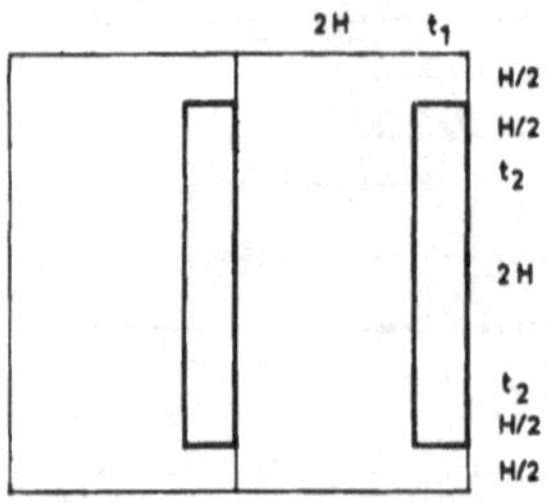

II A 1

Definition des Grundstückes

Verhältniszahlen:

$$\tau = \frac{t_1}{H} \qquad \epsilon_1 = \frac{b_1}{t_1}$$

$$\lambda = \frac{b_2}{b_1} \qquad \epsilon_2 = \frac{b_2}{t_2}$$

$$\theta = \frac{t_2}{t_1}$$

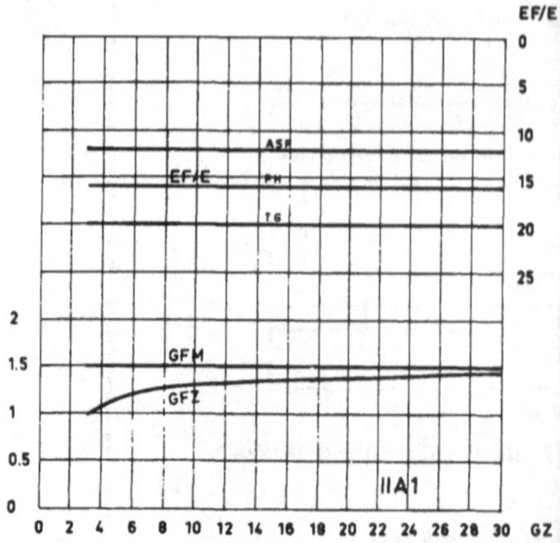

Gebäudekennlinien

Gewählte Werte:

a) Gebäudeabmessungen $h = 3$ m
$t_2 = 9$ m $t_1 = 12$ m

b) Für die Essentialfläche pro Einwohner:
BGF/E $= 30 m^2$
$\mu_e = 3$
PF/WEP $= 24 m^2$

Mathematische Ansätze	
für GFZ	$$\frac{1{,}5 \cdot h \cdot t_1 \cdot GZ^2 + t_1 \cdot t_2 \cdot GZ}{4 \cdot h^2 \cdot GZ^2 + 2 \cdot h\,(t_1 + t_2)\,GZ + t_1 \cdot t_2}$$
für GFM	$$\frac{1{,}5 \cdot h \cdot t_1 \cdot GZ + t_1 \cdot t_2}{4 \cdot h^2 \cdot GZ + h\,(0{,}5 \cdot t_1 + 2 \cdot t_2)}$$

Koeffizienten		
β	$$\frac{1{,}5 + \theta \cdot \tau}{2 + \tau\,(0{,}25 + \theta)}$$	
	für $\theta = 1$	$$\frac{1{,}5 + \tau}{2 + 1{,}25 \cdot \tau}$$
	für die optimale Ausnutzung	
ω_{gz}	∞	
ω_{gfz}	0,75	$GFZ_{as} = \frac{1{,}5 \cdot t_1}{4 \cdot h}$
a	–	

Bebauungssystem: IIA2

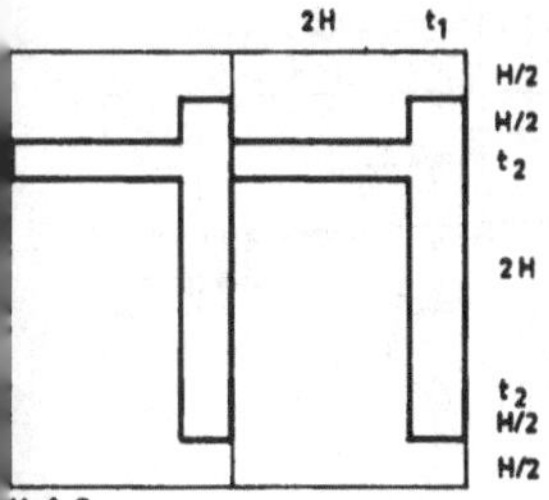

II A2

Definition des Grundstückes

Verhältniszahlen:

$\tau = \frac{t_1}{H}$ $\epsilon_1 = \frac{b_1}{t_1}$

$\lambda = \frac{b_2}{b_1}$ $\epsilon_2 = \frac{b_2}{t_2}$

$\theta = \frac{t_2}{t_1}$

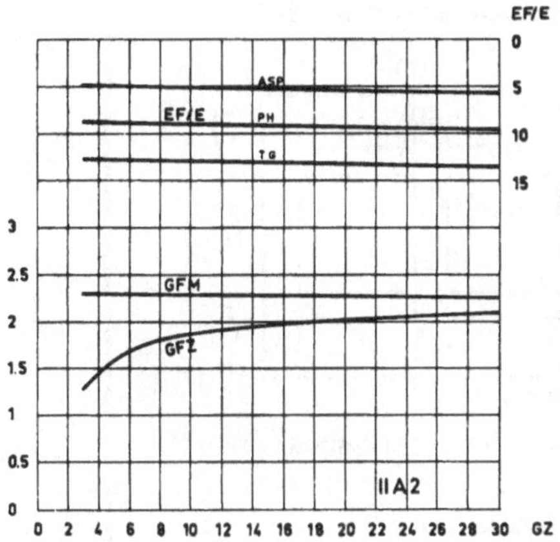

Gebäudekennlinien

Gewählte Werte:

a) Gebäudeabmessungen $h = 3\,m$
$t_2 = 9\,m$ $t_1 = 12\,m$

b) Für die Essentialfläche pro Einwohner:
BGF/E = $30m^2$
μ_e = 3
PF/WEP = $24m^2$

Mathematische Ansätze	
für GFZ	$\frac{h\,(1{,}5 \cdot t_1 + t_2)\,GZ^2 + t_1 \cdot t_2 \cdot GZ}{4 \cdot h^2 \cdot GZ^2 + 2 \cdot h\,(t_1 + t_2)\,GZ + t_1 \cdot t_2}$
für GFM	$\frac{h\,(1{,}5 \cdot t_1 + t_2)\,GZ + t_1 \cdot t_2}{4 \cdot h^2 \cdot GZ + h\,(0{,}5 \cdot t_1 + t_2)}$

Koeffizienten		
β	$\frac{1{,}5 + \theta\,(1 + \tau)}{2 + \tau\,(0{,}25 + \frac{\theta}{2})}$	
	für $\theta = 1$	$\frac{2{,}5 + \tau}{2 + 0{,}75 \cdot \tau}$
	für die optimale Ausnutzung	
ω_{gz}	∞	
ω_{gfz}	$\frac{1{,}5 + \theta}{2}$	$GFZ_{as} = \frac{1{,}5 \cdot t_1 + t_2}{4 \cdot h}$
a	–	

Bebauungssystem: IIA3

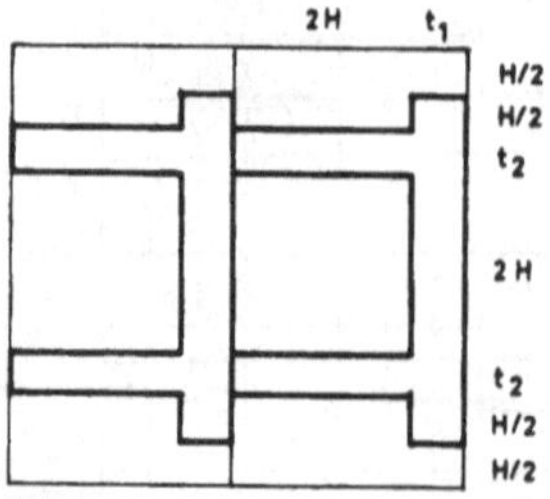

II A 3

Definition des Grundstückes

Verhältniszahlen:

$\tau = \frac{t_1}{H}$ $\quad \epsilon_1 = \frac{b_1}{t_1}$

$\lambda = \frac{b_2}{b_1}$ $\quad \epsilon_2 = \frac{b_2}{t_2}$

$\theta = \frac{t_2}{t_1}$

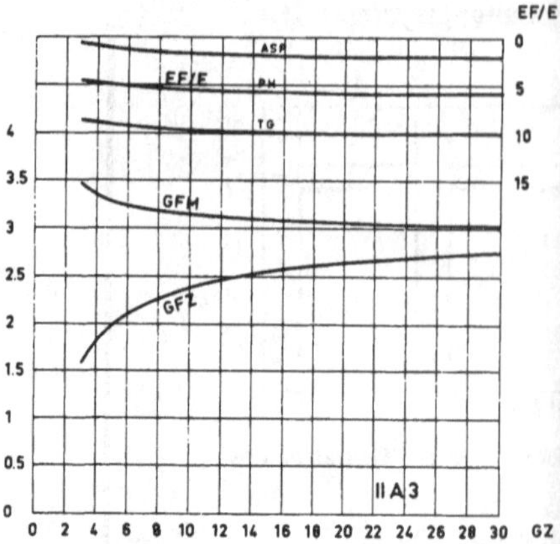

Gebäudekennlinien

Gewählte Werte:

a) Gebäudeabmessungen $h = 3$ m, $t_2 = 9$ m, $t_1 = 12$ m

b) Für die Essentialfläche pro Einwohner:
BGF/E $= 30 m^2$
$\mu_e = 3$
PF/WEP $= 24 m^2$

Mathematische Ansätze	
für GFZ	$\frac{h\,(1{,}5 \cdot t_1 + 2 \cdot t_2)\,GZ^2 + t_1 \cdot t_2 \cdot GZ}{4 \cdot h^2 \cdot GZ^2 + 2 \cdot h\,(t_1 + t_2)\,GZ + t_1 \cdot t_2}$
für GFM	$\frac{h\,(1{,}5 \cdot t_1 + 2 \cdot t_2)\,GZ + t_1 \cdot t_2}{4 \cdot h^2 \cdot GZ + 0{,}5 \cdot h \cdot t_1}$

Koeffizienten		
β	$\frac{1{,}5 + \theta\,(2 + \tau)}{2 + 0{,}25 \cdot \tau}$	
	für $\theta = 1$	$\frac{3{,}5 + \tau}{2 + 0{,}25 \cdot \tau}$
für die optimale Ausnutzung		
ω_{gz}	∞	
ω_{gfz}	$\frac{1{,}5 + 2 \cdot \theta}{2}$	$GFZ_{as} = \frac{1{,}5 \cdot t_1 + 2 \cdot t_2}{4 \cdot h}$
a	–	

3ebauungssystem: IB2

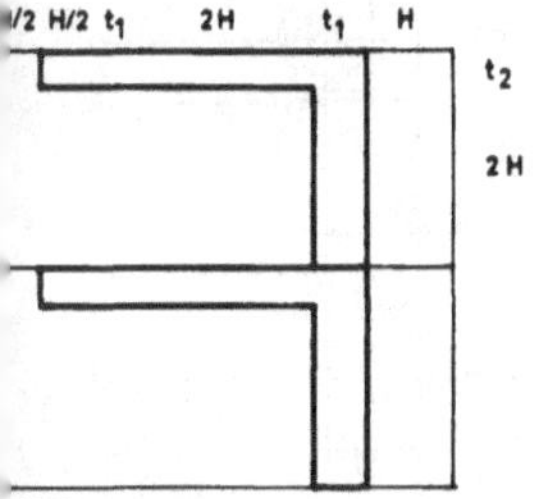

B 2

)efinition des Grundstückes

'erhältniszahlen:

$\cdot = \frac{t_1}{H}$ $\qquad \epsilon_1 = \frac{b_1}{t_1}$

$\cdot = \frac{b_2}{b_1}$ $\qquad \epsilon_2 = \frac{b_2}{t_2}$

$\cdot = \frac{t_2}{t_1}$

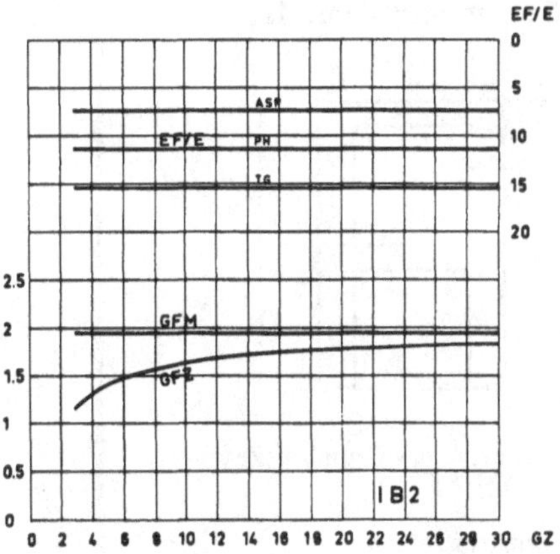

Gebäudekennlinien

Gewählte Werte:

a) Gebäudeabmessungen $h = 3$ m

$t_2 = 9$ m $\quad t_1 = 12$ m

b) Für die Essentialfläche pro Einwohner:

BGF/E = $30m^2$

μ_e = 3

PF/WEP = $24m^2$

Mathematische Ansätze	
für GFZ	$\frac{h\,(t_1 + 1{,}25\,t_2)\,GZ^2 + t_1 \cdot t_2 \cdot GZ}{4 \cdot h^2 \cdot GZ^2 + 2 \cdot h\,(t_1 + t_2)\,GZ + t_1 \cdot t_2}$
für GFM	$\frac{h\,(t_1 + 1{,}25 \cdot t_2)\,GZ + t_1 \cdot t_2}{4 \cdot h^2 \cdot GZ + h\,(t_1 + 0{,}75 \cdot t_2)}$

Koeffizienten		
β	$\frac{1 + \theta\,(1{,}25 + \tau)}{2 + \frac{\tau}{2}\,(1 + 0{,}75\,\theta)}$	
	für $\theta = 1$	$\frac{2{,}25 + \tau}{2 + 0{,}875 \cdot \tau}$
	für die optimale Ausnutzung	
ω_{gz}	∞	
ω_{gfz}	$\frac{1 + 1{,}25\,\theta}{2}$	$GFZ_{as} = \frac{t_1 + 1{,}25 \cdot t_2}{4 \cdot h}$
a	–	

*

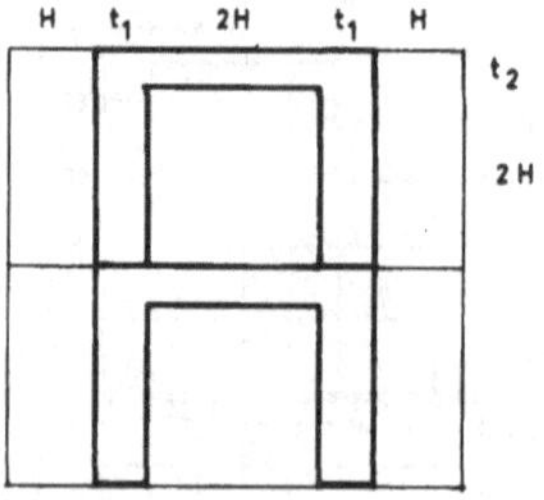

I B 3

Definition des Grundstückes

Verhältniszahlen:

$$\tau = \frac{t_1}{H} \qquad \epsilon_1 = \frac{b_1}{t_1}$$

$$\lambda = \frac{b_2}{b_1} \qquad \epsilon_2 = \frac{b_2}{t_2}$$

$$\theta = \frac{t_2}{t_1}$$

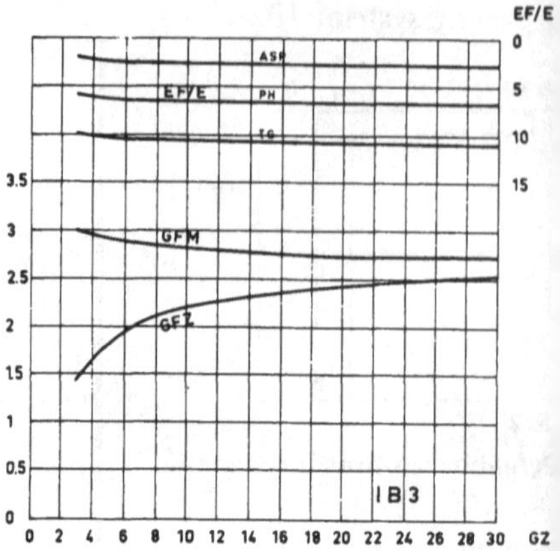

Gebäudekennlinien

Gewählte Werte:

a) Gebäudeabmessungen $h = 3\ m$, $t_2 = 9\ m$, $t_1 = 12\ m$

b) Für die Essentialfläche pro Einwohner:
BGF/E = $30 m^2$
μ_e = 3
PF/WEP = $24 m^2$

Mathematische Ansätze	
für GFZ	$\dfrac{h\,(2 \cdot t_1 + t_2)\,GZ^2 + t_1 \cdot t_2 \cdot GZ}{4 \cdot h^2 \cdot GZ^2 + 2 \cdot h\,(t_1 + t_2)\,GZ + t_1 \cdot t_2}$
für GFM	$\dfrac{h\,(2 \cdot t_1 + t_2)\,GZ + t_1 \cdot t_2}{4 \cdot h^2 \cdot GZ + h \cdot t_2}$

Koeffizienten		
β	$\dfrac{2 + \theta\,(1 + \tau)}{2 + 0{,}5 \cdot \theta \cdot \tau}$	
	für $\theta = 1$	$\dfrac{3 + \tau}{2 + 0{,}5 \cdot \tau}$
	für die optimale Ausnutzung	
ω_{gz}	∞	
ω_{gfz}	$\dfrac{2 + \theta}{2}$	$GFZ_{as} = \dfrac{2 \cdot t_1 + t_2}{4 \cdot h}$
a	–	

Bebauungssystem: IIB1

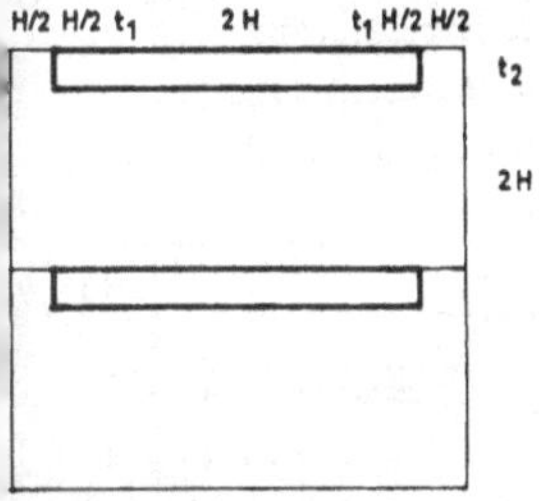

II B 1

Definition des Grundstückes

Verhältniszahlen:

$\tau = \frac{t_1}{H}$ $\quad \epsilon_1 = \frac{b_1}{t_1}$

$\lambda = \frac{b_2}{b_1}$ $\quad \epsilon_2 = \frac{b_2}{t_2}$

$\theta = \frac{t_2}{t_1}$

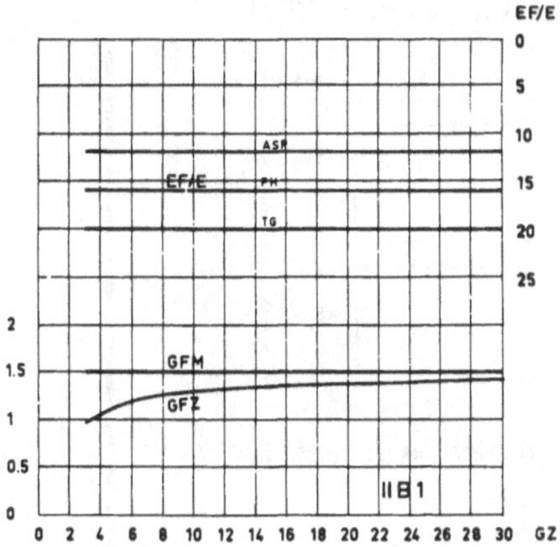

Gebäudekennlinien

Gewählte Werte:

a) Gebäudeabmessungen h = 3 m
t_2 = 9 m t_1 = 12 m

b) Für die Essentialfläche pro Einwohner:
BGF/E = 30m²
μ_e = 3
PF/WEP = 24m²

Mathematische Ansätze	
für GFZ	$\frac{1{,}5 \cdot h \cdot t_2 \cdot GZ^2 + t_1 \cdot t_2 \cdot GZ}{4 \cdot h^2 \cdot GZ^2 + 2 \cdot h\,(t_1 + t_2)\,GZ + t_1 \cdot t_2}$
für GFM	$\frac{1{,}5 \cdot h \cdot t_2 \cdot GZ + t_1 \cdot t_2}{4 \cdot h^2 \cdot GZ + h\,(2 \cdot t_1 + 0{,}5 \cdot t_2)}$

Koeffizienten		
β	Da die Haustiefe mit t_2 bezeichnet wird (t_1 erscheint nur in der Hauslänge), ergibt sich eine mögliche Verwechselung von t_1 und t_2 in der Formel für GFZ und GFM.	
	für $\theta = 1$	*Anwendung s. IIA1, S. 68*
	für die optimale Ausnutzung	
ω_{gz}	∞	
ω_{gfz}		$GFZ_{as} = \frac{1{,}5 \cdot t_2}{4 \cdot h}$
a	–	

Bebauungssystem: IIB2

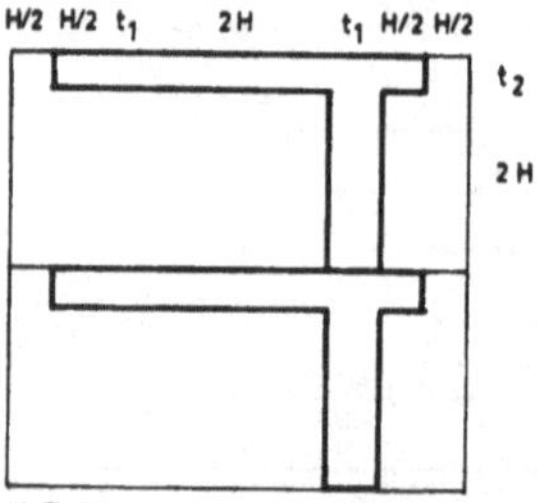

II B 2

Definition des Grundstückes

Verhältniszahlen:

$$\tau = \frac{t_1}{H} \qquad \epsilon_1 = \frac{b_1}{t_1}$$

$$\lambda = \frac{b_2}{b_1} \qquad \epsilon_2 = \frac{b_2}{t_2}$$

$$\theta = \frac{t_2}{t_1}$$

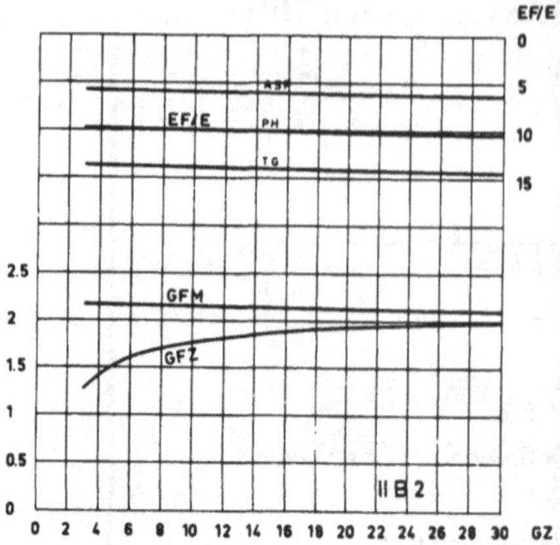

Gebäudekennlinien

Gewählte Werte:

a) Gebäudeabmessungen $h = 3$ m
$t_2 = 9$ m $t_1 = 12$ m

b) Für die Essentialfläche pro Einwohner:
BGF/E $= 30 m^2$
$\mu_e = 3$
PF/WEP $= 24 m^2$

Mathematische Ansätze	
für GFZ	$\frac{h(t_1 + 1{,}5 \cdot t_2) GZ^2 + t_1 \cdot t_2 \cdot GZ}{4 \cdot h^2 \cdot GZ^2 + 2 \cdot h(t_1 + t_2) GZ + t_1 \cdot t_2}$
für GFM	$\frac{h(t_1 + 1{,}5 \cdot t_2) GZ + t_1 \cdot t_2}{4 \cdot h^2 \cdot GZ + h(t_1 + 0{,}5 \cdot t_2)}$

Koeffizienten		
β	$\frac{1 + \theta(1{,}5 + \tau)}{2 + \frac{\tau}{2}(1 + 0{,}5 \cdot \theta)}$	
	für $\theta = 1$	$\frac{2{,}5 + \tau}{2 + 0{,}75 \cdot \tau}$
für die optimale Ausnutzung		
ω_{gz}	∞	
ω_{gfz}	$\frac{1 + 1{,}5 \cdot \theta}{2}$	$GFZ_{as} = \frac{t_1 + 1{,}5 \cdot t_2}{4 \cdot h}$
a	–	

Bebauungssystem: IIB3

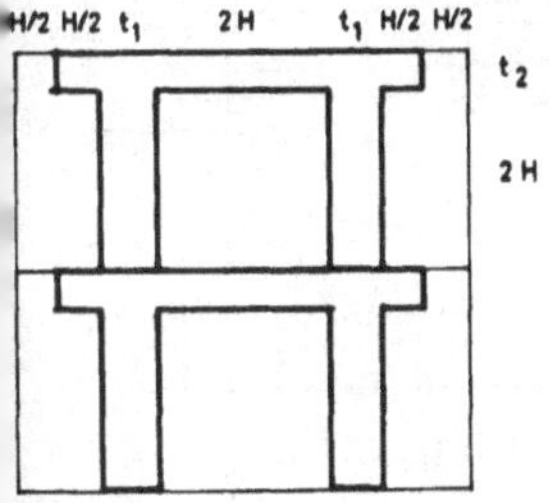

II B3

Definition des Grundstückes

Verhältniszahlen:

$\tau = \frac{t_1}{H}$ $\epsilon_1 = \frac{b_1}{t_1}$

$\lambda = \frac{b_2}{b_1}$ $\epsilon_2 = \frac{b_2}{t_2}$

$\theta = \frac{t_2}{t_1}$

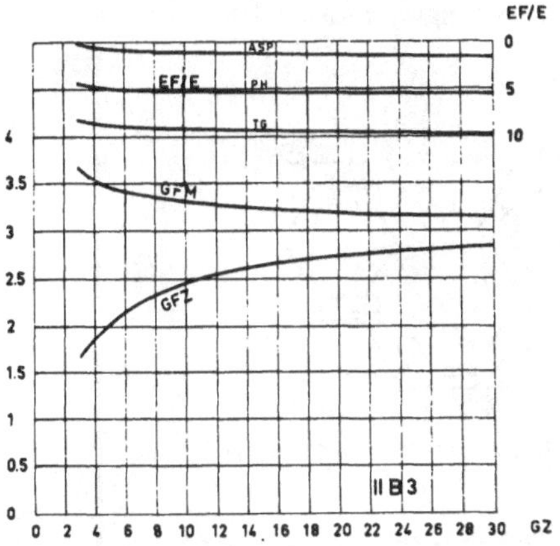

Gebäudekennlinien

Gewählte Werte:

a) Gebäudeabmessungen $h = 3$ m
$t_2 = 9$ m $t_1 = 12$ m

b) Für die Essentialfläche pro Einwohner:
BGF/E $= 30m^2$
$\mu_e = 3$
PF/WEP $= 24m^2$

Mathematische Ansätze		
für GFZ	$\frac{h\,(2 \cdot t_1 + 1{,}5 \cdot t_2)\,GZ^2 + t_1 \cdot t_2 \cdot GZ}{4 \cdot h^2 \cdot GZ^2 + 2 \cdot h\,(t_1 + t_2)\,GZ + t_1 \cdot t_2}$	
für GFM	$\frac{h\,(2 \cdot t_1 + 1{,}5 \cdot t_2)\,GZ + t_1 \cdot t_2}{4 \cdot h^2 \cdot GZ + 0{,}5 \cdot h \cdot t_2}$	
Koeffizienten		
β	$\frac{2 + \theta\,(1{,}5 + \tau)}{2 + 0{,}25 \cdot \theta \cdot \tau}$	
	für $\theta = 1$	$\frac{3{,}5 + \tau}{2 + 0{,}25 \cdot \tau}$
	für die optimale Ausnutzung	
ω_{gz}	∞	
ω_{gfz}	$\frac{2 + 1{,}5 \cdot \theta}{2}$	$GFZ_{as} = \frac{2 \cdot t_1 + 1{,}5 \cdot t_2}{4 \cdot h}$
a	–	

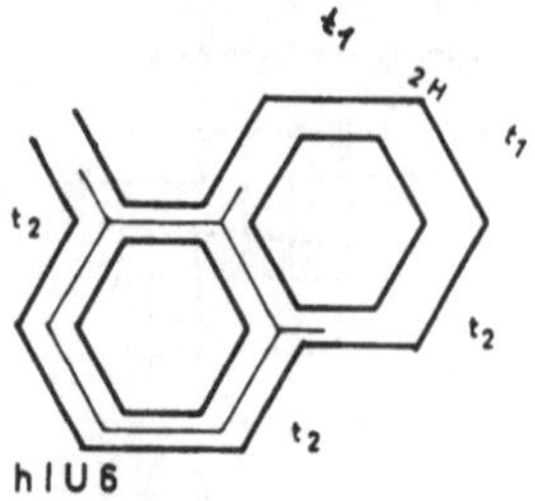

h I U 6

Definition des Grundstückes

Verhältniszahlen:

$\tau = \frac{t_1}{H}$ $\epsilon_1 = \frac{b_1}{t_1}$

$\lambda = \frac{b_2}{b_1}$ $\epsilon_2 = \frac{b_2}{t_2}$

$\theta = \frac{t_2}{t_1}$

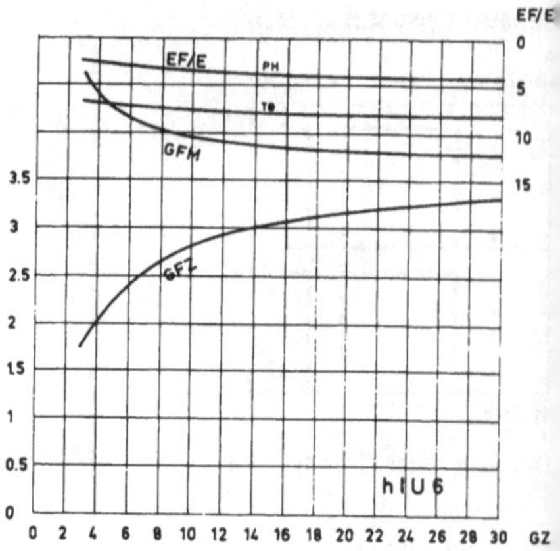

Gebäudekennlinien

Gewählte Werte:

a) Gebäudeabmessungen $h = 3$ m, $t_2 = 9$ m, $t_1 = 12$ m

b) Für die Essentialfläche pro Einwohner:
BGF/E $= 30 m^2$
$\mu_e = 3$
PF/WEP $= 24 m^2$

Mathematische Ansätze	
für GFZ	$\frac{2 \cdot h\,(2 \cdot t_1 + t_2)\,GZ^2 + (t_1^2 - 0{,}5\,t_2^2 + t_1 \cdot t_2)\,GZ}{6 \cdot h^2 \cdot GZ^2 + 6 \cdot h \cdot t_1 \cdot GZ + 1{,}5 \cdot t_1^2}$
für GFM	$\frac{2 \cdot h\,(2 \cdot t_1 + t_2)\,GZ^2 + (t_1^2 - 0{,}5\,t_2^2 + t_1 \cdot t_2)\,GZ}{6 \cdot h^2 \cdot GZ^2 + 2 \cdot h\,(t_1 - t_2)\,GZ + 0{,}5\,(t_1^2 + t_2^2) - t_1\,t_2}$

Koeffizienten		
β	$\frac{2 + \frac{8}{\tau} + \theta\,(2 + \frac{4}{\tau} - \theta)}{2 + \frac{6}{\tau} + \frac{\tau}{2} - \theta\,(2 + \tau - \frac{\theta \cdot \tau}{2})}$	
	für $\theta = 1$	$2 + \frac{\tau}{2}$
	für die optimale Ausnutzung	
ω_{gz}	∞	
ω_{gfz}	$\frac{2}{3}\,(2 + \theta)$	$GFZ_{as} = \frac{2\,t_1 + t_2}{3 \cdot h}$
a	–	

Bebauungssystem: hIS6

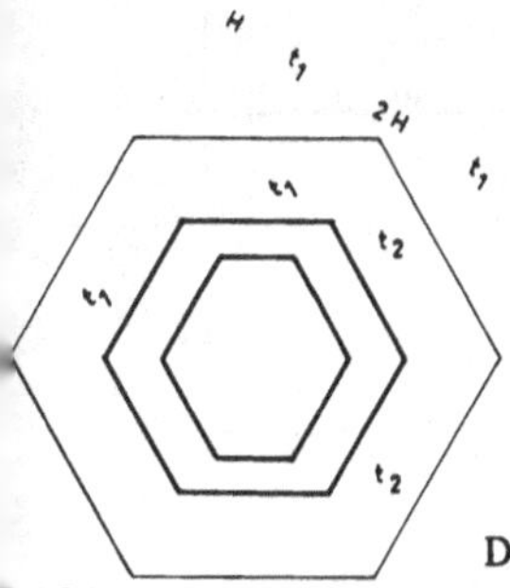

hIS6 Definition des Grundstückes

Verhältniszahlen:

$\tau = \frac{t_1}{H}$ $\epsilon_1 = \frac{b_1}{t_1}$

$\lambda = \frac{b_2}{b_1}$ $\epsilon_2 = \frac{b_2}{t_2}$

$\theta = \frac{t_2}{t_1}$

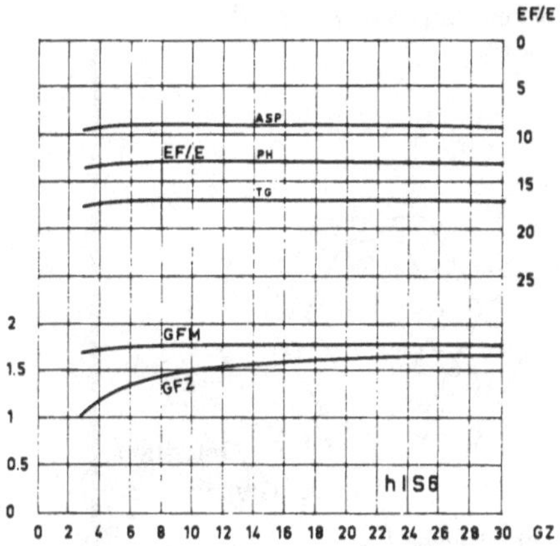

Gebäudekennlinien

Gewählte Werte:

a) Gebäudeabmessungen $h = 3\,m$, $t_2 = 9\,m$, $t_1 = 12\,m$

b) Für die Essentialfläche pro Einwohner:
BGF/E $= 30m^2$
$\mu_e = 3$
PF/WEP $= 24m^2$

Mathematische Ansätze		
für GFZ	$\frac{h(2 \cdot t_1 + t_2)\,GZ^2 + (t_1^2 + 0{,}5 \cdot t_1 \cdot t_2)\,GZ}{6 \cdot h^2 \cdot GZ^2 + 6 \cdot h \cdot t_1 \cdot GZ + 1{,}5 \cdot t_1^2}$	
für GFM	$\frac{h(2 \cdot t_1 + t_2)\,GZ^2 + (t_1^2 + 0{,}5 \cdot t_1 \cdot t_2)\,GZ}{6 \cdot h^2\,GZ^2 + h(4 \cdot t_1 - t_2)\,GZ + 0{,}5 \cdot t_1\,(t_1 - t_2)}$	
Koeffizienten		
β	$\frac{4 + 2\tau + \theta(2 + \tau)}{6 + \tau(4 + \frac{\tau}{2}) - \theta \cdot \tau(1 + \frac{\tau}{2})}$	
	für $\theta = 1$	1
für die optimale Ausnutzung		
ω_{gz}	∞	
ω_{gfz}	$\frac{(2 + \theta)}{3}$	$GFZ_{as} = \frac{2 \cdot t_1 + t_2}{6 \cdot h}$
a	–	

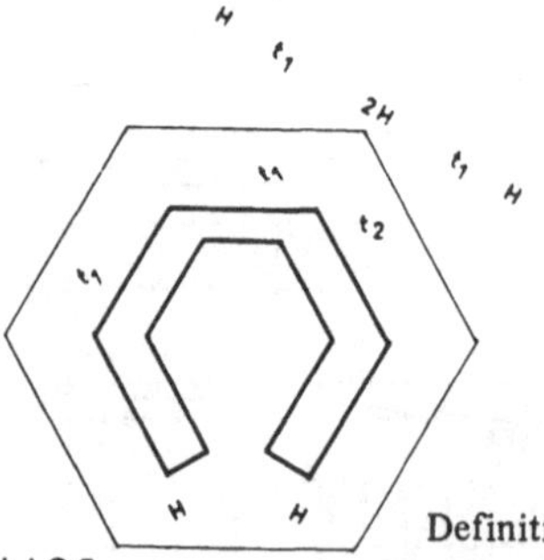

h I S 5

Definition des Grundstückes

Verhältniszahlen:

$\tau = \frac{t_1}{H}$ $\epsilon_1 = \frac{b_1}{t_1}$

$\lambda = \frac{b_2}{b_1}$ $\epsilon_2 = \frac{b_2}{t_2}$

$\theta = \frac{t_2}{t_1}$

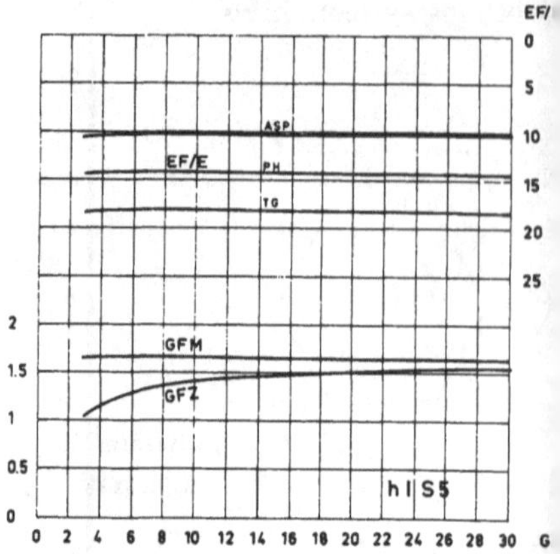

Gebäudekennlinien

Gewählte Werte:

a) Gebäudeabmessungen h = 3 m
t_2 = 9 m t_1 = 12 m

b) Für die Essentialfläche pro Einwohner:
BGF/E = 30m²
μ_e = 3
PF/WEP = 24m²

Mathematische Ansätze	
für GFZ	$\frac{h\,(8{,}532 \cdot t_1 + 2 \cdot t_2)\,GZ^2 + t_1\,(5 \cdot t_1 + t_2)\,GZ}{24 \cdot h^2 \cdot GZ^2 + 24 \cdot h \cdot t_1 \cdot GZ + 6 \cdot t_1^2}$
für GFM	$\frac{h\,(8{,}532 \cdot t_1 + 2 \cdot t_2)\,GZ^2 + t_1\,(5 \cdot t_1 + t_2)\,GZ}{24 \cdot h^2 \cdot GZ^2 + h\,(15{,}468 \cdot t_1 - 2 \cdot t_2)\,GZ + t_1\,(t_1 - t_2)}$

Koeffizienten		
β	$\frac{8{,}532 + 5\,\tau + \theta\,(2 + \tau)}{12 + \tau\,(7{,}734 + \frac{\tau}{2}) - \theta \cdot \tau\,(1 + \frac{\tau}{2})}$	
	für $\theta = 1$	$\frac{10{,}532 + 6 \cdot \tau}{12 + 6{,}734 \cdot \tau}$
für die optimale Ausnutzung		
ω_{gz}	∞	
ω_{gfz}	$0{,}710 + 0{,}167\,\theta$	$GFZ_{as} = \frac{2{,}135 \cdot t_1 + \frac{t_2}{2}}{6 \cdot h}$
a	–	

Bebauungssystem: hIS4

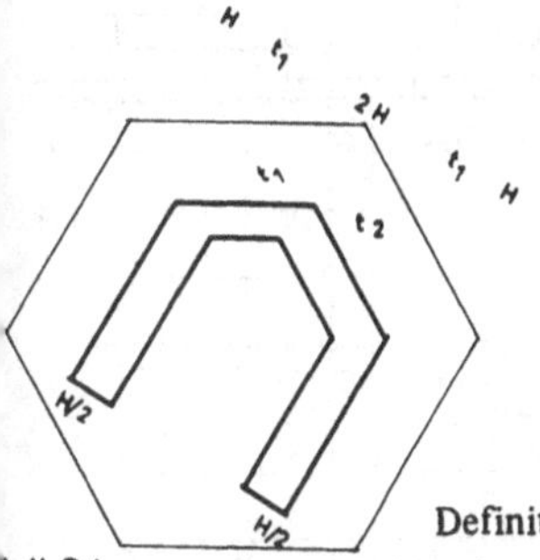

h II S4 Definition des Grundstückes

Verhältniszahlen:

$\tau = \frac{t_1}{H}$ $\epsilon_1 = \frac{b_1}{t_1}$

$\lambda = \frac{b_2}{b_1}$ $\epsilon_2 = \frac{b_2}{t_2}$

$\theta = \frac{t_2}{t_1}$

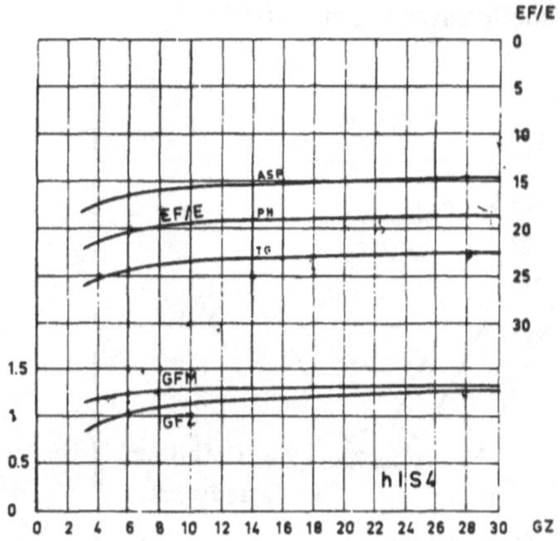

Gebäudekennlinien

Gewählte Werte:

a) Gebäudeabmessungen $h = 3$ m, $t_2 = 9$ m, $t_1 = 12$ m

b) Für die Essentialfläche pro Einwohner:
BGF/E $= 30m^2$
$\mu_e = 3$
PF/WEP $= 24m^2$

Mathematische Ansätze	
für GFZ	$\frac{h\,(6{,}532 \cdot t_1 + 2 \cdot t_2)\,GZ^2 + t_1\,(4 \cdot t_1 + t_2)\,GZ}{24 \cdot h^2 \cdot GZ^2 + 24 \cdot h \cdot t_1 \cdot GZ + 6 \cdot t_1^2}$
für GFM	$\frac{h\,(6{,}532 \cdot t_1 + 2 \cdot t_2)\,GZ^2 + t_1\,(4 \cdot t_1 + t_2)\,GZ}{24 \cdot h^2 \cdot GZ^2 + h\,(17{,}468 \cdot t_1 - 2 \cdot t_2)\,GZ + t_1\,(2 \cdot t_1 - t_2)}$

Koeffizienten		
β	$\frac{6{,}532 + 4 \cdot \tau + \theta\,(2 + \tau)}{12 + \tau\,(8{,}734 + \tau) - \theta \cdot \tau\,(1 + \frac{\tau}{2})}$	
	für $\theta = 1$	$\frac{8{,}532 + 5 \cdot \tau}{12 + \tau\,(7{,}734 + \frac{\tau}{2})}$
	für die optimale Ausnutzung	
ω_{gz}	∞	
ω_{gfz}	$0{,}544 + 0{,}167\,\theta$	$GFZ_{as} = \frac{1{,}63 \cdot t_1 + \frac{t_2}{2}}{6 \cdot h}$
a	–	

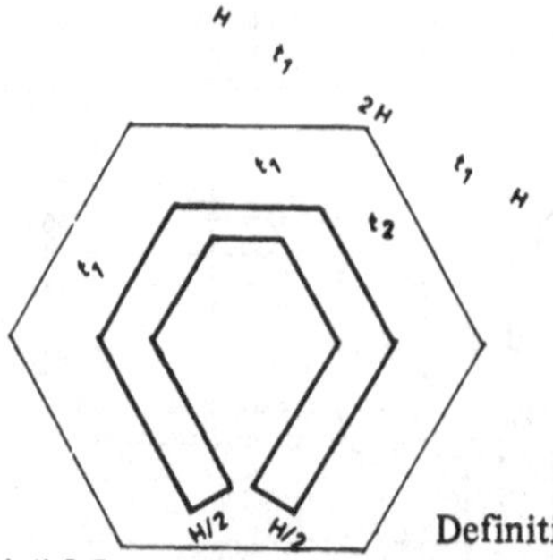

h II S 5

Definition des Grundstückes

Verhältniszahlen:

$\tau = \frac{t_1}{H}$ $\qquad \epsilon_1 = \frac{b_1}{t_1}$

$\lambda = \frac{b_2}{b_1}$ $\qquad \epsilon_2 = \frac{b_2}{t_2}$

$\theta = \frac{t_2}{t_1}$

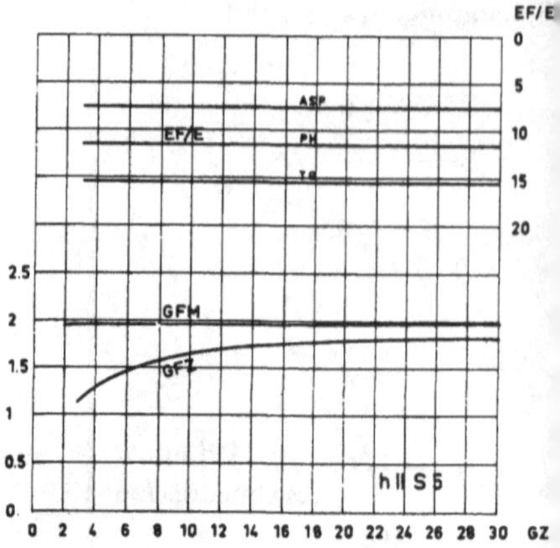

Gebäudekennlinien

Gewählte Werte:

a) Gebäudeabmessungen h = 3 m
t_2 = 9 m t_1 = 12 m

b) Für die Essentialfläche pro Einwohner:
BGF/E = $30 m^2$
μ_e = 3
PF/WEP = $24 m^2$

Mathematische Ansätze	
für GFZ	$\frac{h(10{,}268 \cdot t_1 + 2 \cdot t_2) GZ^2 + t_1 (5 \cdot t_1 + t_2) GZ}{24 \cdot h^2 \cdot GZ^2 + 24 \cdot h \cdot t_1 \cdot GZ + 6 \cdot t_1^2}$
für GFM	$\frac{h(10{,}268 \cdot t_1 + 2 \cdot t_2) GZ^2 + t_1 (5 \cdot t_1 + t_2) GZ}{24 \cdot h^2 \cdot GZ^2 + h(13{,}732 \cdot t_1 - 2 \cdot t_2) GZ + t_1 (t_1 - t_2)}$

Koeffizienten		
β	$\frac{10{,}268 + 5 \cdot \tau + \theta(2 + \tau)}{12 + \tau(6{,}866 + \frac{\tau}{2}) - \theta \cdot \tau(1 + \frac{\tau}{2})}$	
	für $\theta = 1$	$\frac{12{,}268 + 6 \cdot \tau}{12 + 5{,}866 \cdot \tau}$
	für die optimale Ausnutzung	
ω_{gz}	∞	
ω_{gfz}	$0{,}856 + 0{,}167\,\theta$	$GFZ_{as} = \frac{2{,}57 \cdot t_1 + \frac{t_2}{2}}{6 \cdot h}$
a	–	

Bebauungssystem: hIIS4

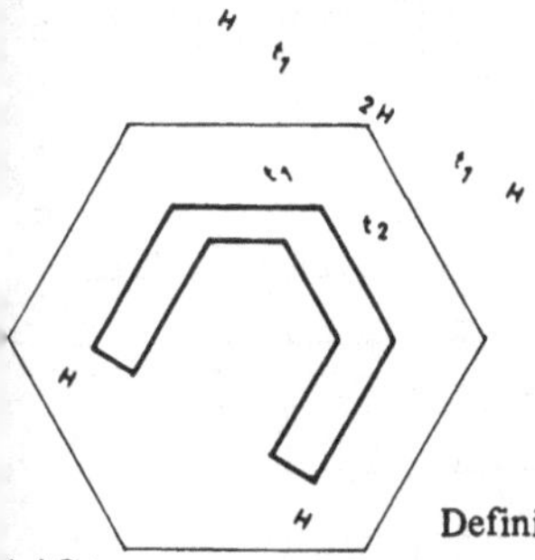

h I S 4

Definition des Grundstückes

Verhältniszahlen:

$\tau = \frac{t_1}{H}$ $\quad \epsilon_1 = \frac{b_1}{t_1}$

$\lambda = \frac{b_2}{b_1}$ $\quad \epsilon_2 = \frac{b_2}{t_2}$

$\theta = \frac{t_2}{t_1}$

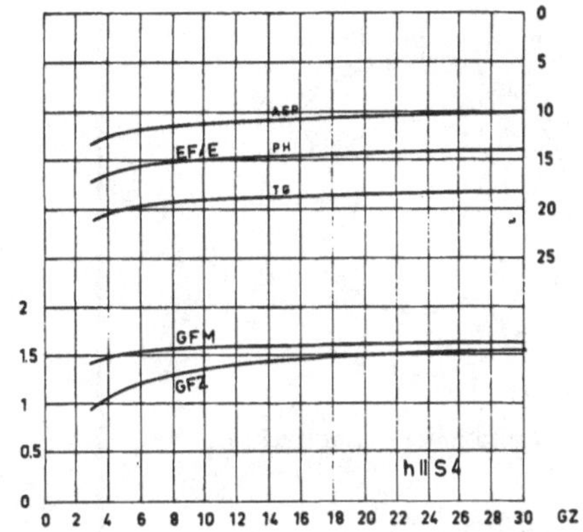

Gebäudekennlinien

Gewählte Werte:

a) Gebäudeabmessungen $h = 3\,m$
$t_2 = 9\,m$ $t_1 = 12\,m$

b) Für die Essentialfläche pro Einwohner:
BGF/E $= 30m^2$
$\mu_e = 3$
PF/WEP $= 24m^2$

Mathematische Ansätze	
für GFZ	$\frac{h\,(8{,}268 \cdot t_1 + 2 \cdot t_2)\,GZ^2 + t_1\,(4 \cdot t_1 + t_2)\,GZ}{24 \cdot h^2 \cdot GZ^2 + 24 \cdot h \cdot t_1 \cdot GZ + 6 \cdot {t_1}^2}$
für GFM	$\frac{h\,(8{,}268 \cdot t_1 + 2 \cdot t_2)\,GZ^2 + t_1\,(4 \cdot t_1 + t_2)\,GZ}{24 \cdot h^2 \cdot GZ^2 + h\,(15{,}732 \cdot t_1 - 2 \cdot t_2)\,GZ + t_1\,(2 \cdot t_1 - t_2)}$

Koeffizienten		
β	$\frac{8{,}268 + 4 \cdot \tau + \theta\,(2 + \tau)}{12 + \tau\,(7{,}866 + \tau) - \theta \cdot \tau\,(1 + \frac{\tau}{2})}$	
	für $\theta = 1$	$\frac{10{,}268 + 5 \cdot \tau}{12 + \tau\,(6{,}866 + \frac{\tau}{2})}$
	für die optimale Ausnutzung	
ω_{gz}	∞	
ω_{gfz}	$0{,}689 + 0{,}167\,\theta$	$GFZ_{as} = \frac{2{,}06 \cdot t_1 + \frac{t_2}{2}}{6 \cdot h}$
a	–	

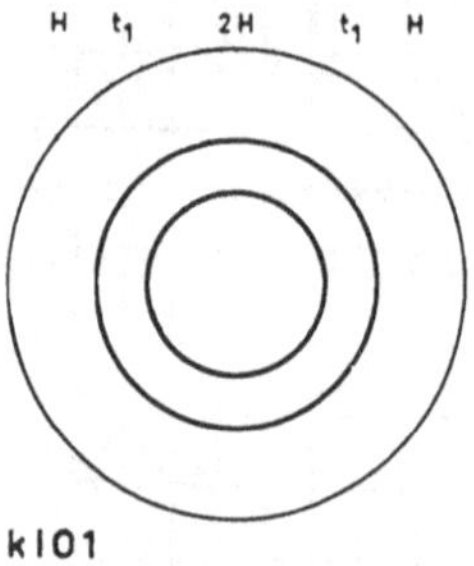

k I01

Definition des Grundstückes

Verhältniszahlen:

$$\tau = \frac{t_1}{H} \qquad \epsilon_1 = \frac{b_1}{t_1}$$

$$\lambda = \frac{b_2}{b_1} \qquad \epsilon_2 = \frac{b_2}{t_2}$$

$$\theta = \frac{t_2}{t_1}$$

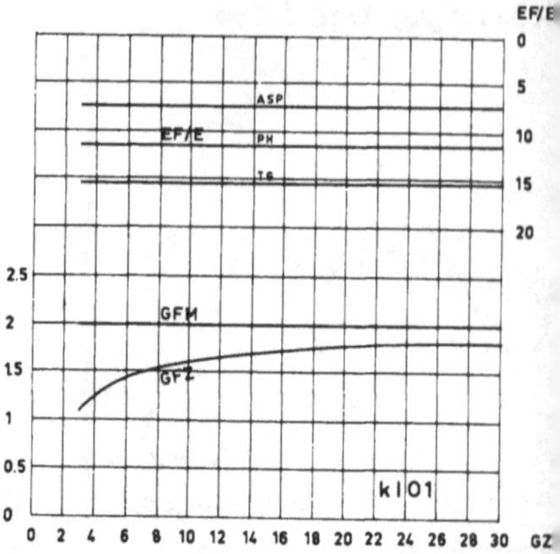

Gebäudekennlinien

Gewählte Werte:

a) Gebäudeabmessungen h = 3 m
t_1 = 12 m

b) Für die Essentialfläche pro Einwohner:
BGF/E = 30m²
μ_e = 3
PF/WEP = 24m²

Mathematische Ansätze	
für GFZ	$\dfrac{t_1 \cdot GZ}{2 \cdot h \cdot GZ + t_1}$
für GFM	$\dfrac{t_1}{2 \cdot h}$

Koeffizienten		
β	1	
	für θ = 1	–
	für die optimale Ausnutzung	
ω_{gz}	∞	
ω_{gfz}	1	$GFZ_{as} = \dfrac{t_1}{2 \cdot h}$
a	–	

Bebauungssystem: kI06

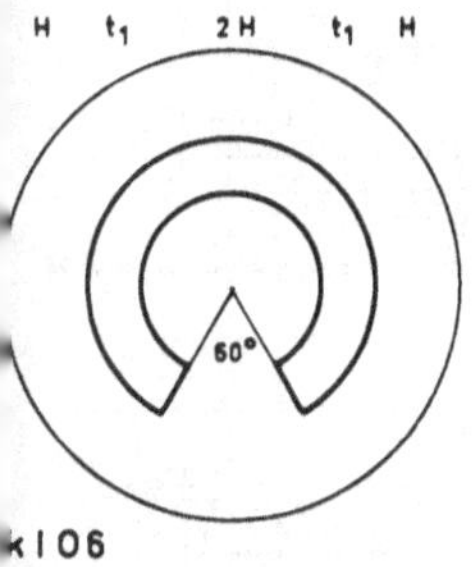

kI06

Definition des Grundstückes

Verhältniszahlen:

$\tau = \frac{t_1}{H}$ $\quad \epsilon_1 = \frac{b_1}{t_1}$

$\lambda = \frac{b_2}{b_1}$ $\quad \epsilon_2 = \frac{b_2}{t_2}$

$\theta = \frac{t_2}{t_1}$

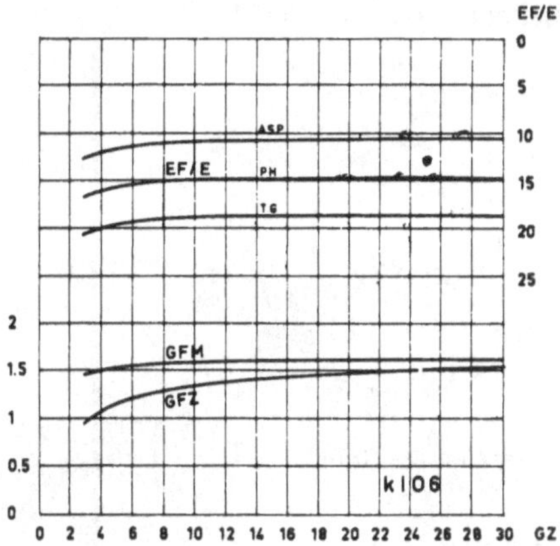

Gebäudekennlinien

Gewählte Werte:

a) Gebäudeabmessungen $h = 3\,m$, $t_1 = 12\,m$

b) Für die Essentialfläche pro Einwohner:
BGF/E $= 30 m^2$
$\mu_e = 3$
PF/WEP $= 24 m^2$

Mathematische Ansätze	
für GFZ	$\frac{1{,}667 \cdot h \cdot t_1 \cdot GZ^2 + 0{,}833 \cdot t_1^2 \cdot GZ}{4 \cdot h^2 \cdot GZ^2 + 4 \cdot h \cdot t_1 \cdot GZ + t_1^2}$
für GFM	$\frac{1{,}667 \cdot h \cdot t_1 \cdot GZ^2 + 0{,}833 \cdot t_1^2 \cdot GZ}{4 \cdot h^2 \cdot GZ^2 + 2{,}33 \cdot h \cdot t_1 \cdot GZ + 0{,}167 \cdot t_1^2}$

Koeffizienten		
β	$\frac{1{,}667 + 0{,}833 \cdot \tau}{2 + \tau\,(1{,}167 + 0{,}083\,\tau)}$	
	für $\theta = 1$	–
	für die optimale Ausnutzung	
ω_{gz}		
ω_{gfz}	0,833	$GFZ_{as} = 0{,}416\,\frac{t_1}{h}$
a	–	

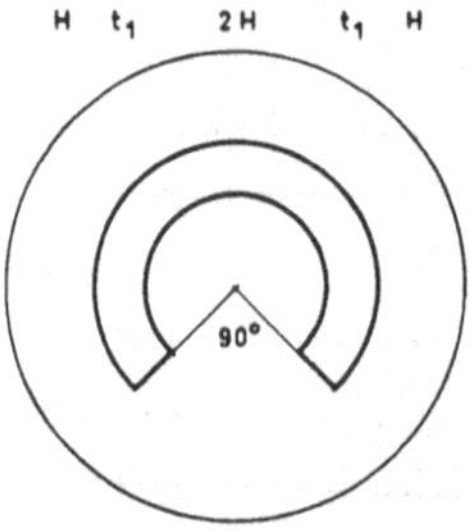

k I04
Definition des Grundstückes

Verhältniszahlen:

$\tau = \dfrac{t_1}{H}$ $\qquad \epsilon_1 = \dfrac{b_1}{t_1}$

$\lambda = \dfrac{b_2}{b_1}$ $\qquad \epsilon_2 = \dfrac{b_2}{t_2}$

$\theta = \dfrac{t_2}{t_1}$

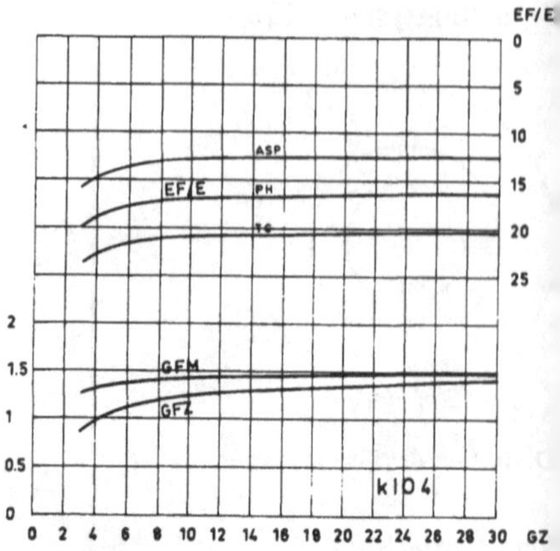

Gebäudekennlinien

Gewählte Werte:

a) Gebäudeabmessungen $h = 3\,m$, $t_1 = 12\,m$

b) Für die Essentialfläche pro Einwohner:
BGF/E $= 30m^2$
$\mu_e = 3$
PF/WEP $= 24m^2$

Mathematische Ansätze	
für GFZ	$\dfrac{1{,}5 \cdot h \cdot t_1 \cdot GZ^2 + 0{,}75 \cdot t_1^2 \cdot GZ}{4 \cdot h^2 \cdot GZ^2 + 4 \cdot h \cdot t_1 \cdot GZ + t_1^2}$
für GFM	$\dfrac{1{,}5 \cdot h \cdot t_1 \cdot GZ^2 + 0{,}75 \cdot t_1^2 \cdot GZ}{4 \cdot h^2 \cdot GZ^2 + 2{,}5 \cdot h \cdot t_1 \cdot GZ + 0{,}25 \cdot t_1^2}$

Koeffizienten		
β	$\dfrac{1{,}5 + 0{,}75\,\tau}{2 + \tau\,(1{,}25 + 0{,}125\,\tau)}$	
	für $\theta = 1$	–
für die optimale Ausnutzung		
ω_{gz}	∞	
ω_{gfz}	0,75	$GFZ_{as} = 0{,}375\,\dfrac{t_1}{h}$
a	–	

Bebauungssystem: kI03

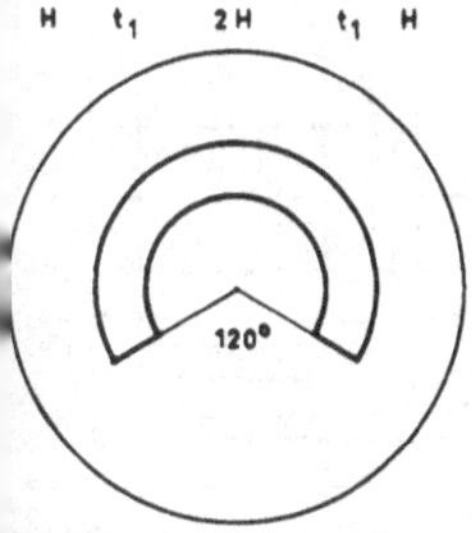

k I 03

Definition des Grundstückes

Verhältniszahlen:

$\tau = \frac{t_1}{H}$ $\qquad \epsilon_1 = \frac{b_1}{t_1}$

$\lambda = \frac{b_2}{b_1}$ $\qquad \epsilon_2 = \frac{b_2}{t_2}$

$\theta = \frac{t_2}{t_1}$

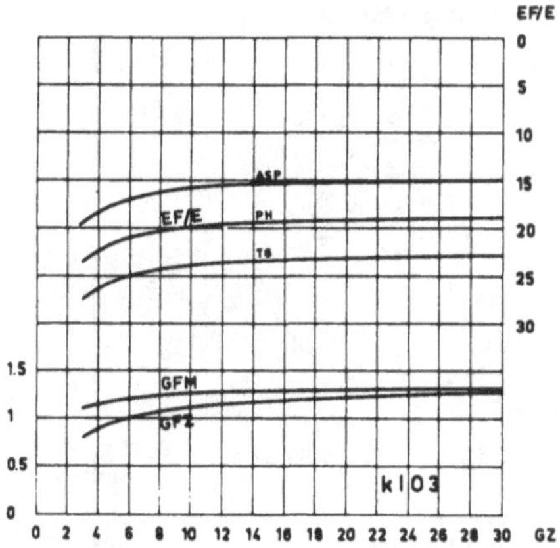

Gebäudekennlinien

Gewählte Werte:

a) Gebäudeabmessungen $h = 3\,m$, $t_1 = 12\,m$

b) Für die Essentialfläche pro Einwohner:
BGF/E $= 30m^2$
$\mu_e = 3$
PF/WEP $= 24m^2$

Mathematische Ansätze	
für GFZ	$\frac{1{,}33 \cdot h \cdot t_1 \cdot GZ^2 + 0{,}667 \cdot t_1^2 \cdot GZ}{4 \cdot h^2 \cdot GZ^2 + 4 \cdot h \cdot t_1 \cdot GZ + t_1^2}$
für GFM	$\frac{1{,}33 \cdot h \cdot t_1 \cdot GZ^2 + 0{,}667 \cdot t_1^2 \cdot GZ}{4 \cdot h^2 \cdot GZ^2 + 2{,}67 \cdot h \cdot t_1 \cdot GZ + 0{,}33 \cdot t_1^2}$

Koeffizienten		
β	$\frac{1{,}33 + 0{,}667\,\tau}{2 + \tau\,(1{,}33 + 0{,}167\,\tau)}$	
	für $\theta = 1$	–
	für die optimale Ausnutzung	
ω_{gz}	∞	
ω_{gfz}	0,667	$GFZ_{as} = 0{,}333\,\frac{t_1}{h}$
a	–	

Bebauungssystem: kI02

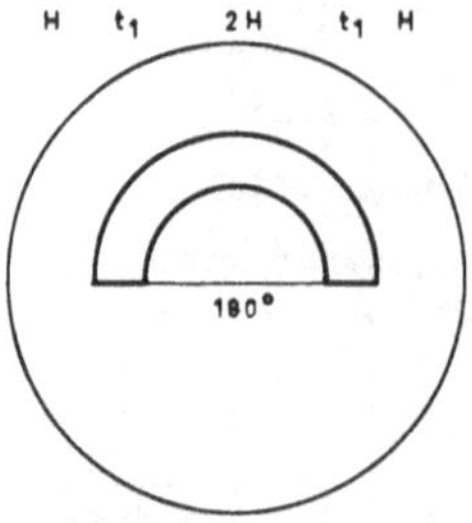

k I 0 2

Definition des Grundstückes

Verhältniszahlen:

$\tau = \frac{t_1}{H}$ $\epsilon_1 = \frac{b_1}{t_1}$

$\lambda = \frac{b_2}{b_1}$ $\epsilon_2 = \frac{b_2}{t_2}$

$\theta = \frac{t_2}{t_1}$

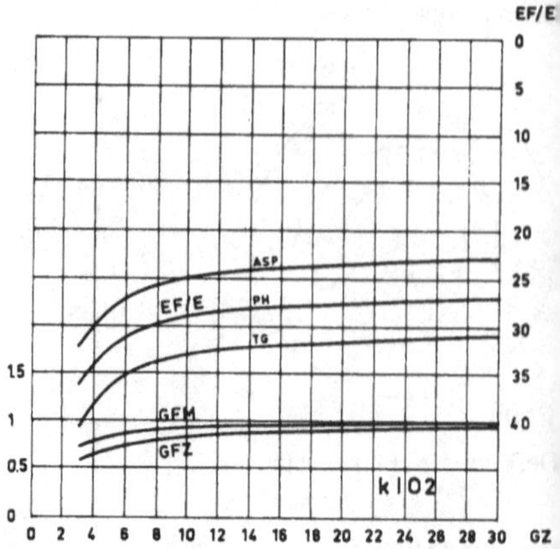

Gebäudekennlinien

Gewählte Werte:

a) Gebäudeabmessungen $h = 3$ m
$t_1 = 12$ m

b) Für die Essentialfläche pro Einwohner:
BGF/E $= 30m^2$
$\mu_e = 3$
PF/WEP $= 24m^2$

Mathematische Ansätze	
für GFZ	$\frac{h \cdot t_1 \cdot GZ^2 + 0{,}5 \cdot t_1^2 \cdot GZ}{4 \cdot h^2 \cdot GZ^2 + 4 \cdot h \cdot t_1 \cdot GZ + t_1^2}$
für GFM	$\frac{h \cdot t_1 \cdot GZ^2 + 0{,}5 \cdot t_1^2 \cdot GZ}{4 \cdot h^2 \cdot GZ^2 + 3 \cdot h \cdot t_1 \cdot GZ + 0{,}5 \cdot t_1^2}$

Koeffizienten		
β	$\frac{1 + 0{,}5\,\tau}{2 + \tau\,(1{,}5 + 0{,}25\,\tau)}$	
	für $\theta = 1$	–
für die optimale Ausnutzung		
ω_{gz}	∞	
ω_{gfz}	0,5	$GFZ_{as} = 0{,}25\,\frac{t_1}{h}$
a	–	

Bebauungssystem: kIS1

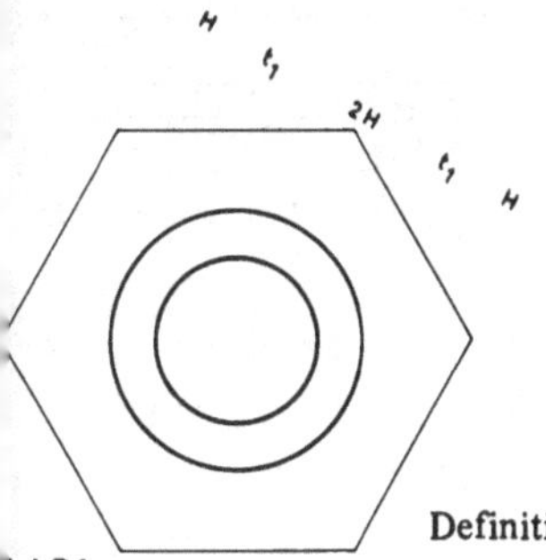

kIS1 Definition des Grundstückes

Verhältniszahlen:

$\tau = \frac{t_1}{H}$ $\qquad \epsilon_1 = \frac{b_1}{t_1}$

$\lambda = \frac{b_2}{b_1}$ $\qquad \epsilon_2 = \frac{b_2}{t_2}$

$\theta = \frac{t_2}{t_1}$

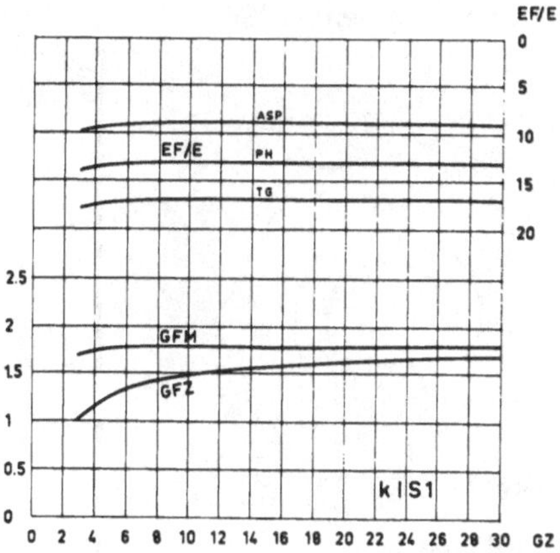

Gebäudekennlinien

Gewählte Werte:

a) Gebäudeabmessungen h = 3 m
t_1 = 12 m

b) Für die Essentialfläche pro Einwohner:
BGF/E = 30m²
μ_e = 3
PF/WEP = 24m²

Mathematische Ansätze	
für GFZ	$\frac{2 \cdot h \cdot t_1 \cdot GZ^2 + t_1^2 \cdot GZ}{4{,}41 \cdot h^2 \cdot GZ^2 + 4{,}41 \cdot h \cdot t_1 \cdot GZ + 1{,}104 \cdot t_1^2}$
für GFM	$\frac{2 \cdot h \cdot t_1 \cdot GZ^2 + t_1^2 \cdot GZ}{4{,}41 \cdot h^2 \cdot GZ^2 + 2{,}41 \cdot h \cdot t_1 \cdot GZ + 0{,}104 \cdot t_1^2}$

Koeffizienten		
β	$\frac{2 + \tau}{2{,}205 + \tau\,(1{,}205 + 0{,}05\,\tau)}$	
	für $\theta = 1$	–
	für die optimale Ausnutzung	
ω_{gz}	∞	
ω_{gfz}	0,906	$GFZ_{as} = 0{,}453\,\frac{t_1}{h}$
a	–	

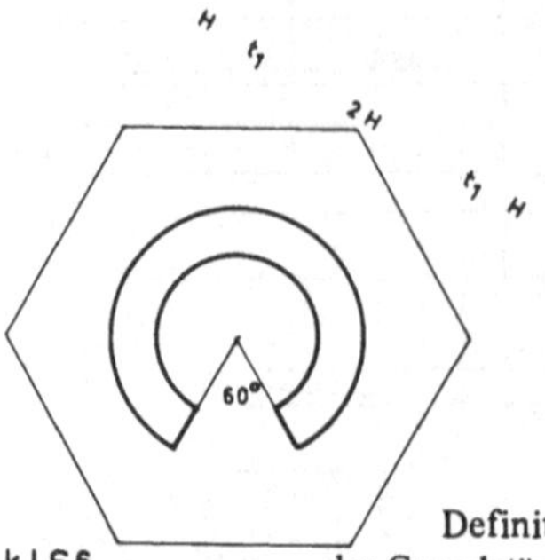

Definition des Grundstückes

Verhältniszahlen:

$\tau = \frac{t_1}{H}$ $\qquad \epsilon_1 = \frac{b_1}{t_1}$

$\lambda = \frac{b_2}{b_1}$ $\qquad \epsilon_2 = \frac{b_2}{t_2}$

$\theta = \frac{t_2}{t_1}$

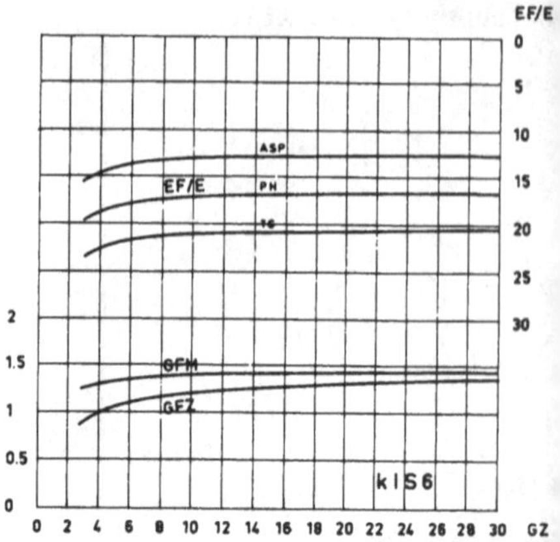

Gebäudekennlinien

Gewählte Werte:

a) Gebäudeabmessungen $h = 3$ m
$t_1 = 12$ m

b) Für die Essentialfläche pro Einwohner:
BGF/E $= 30 m^2$
$\mu_e = 3$
PF/WEP $= 24 m^2$

Mathematische Ansätze	
für GFZ	$\frac{1{,}667 \cdot h \cdot t_1 \cdot GZ^2 + 0{,}833 \cdot t_1^2 \cdot GZ}{4{,}41 \cdot h^2 \cdot GZ^2 + 4{,}41 \cdot h \cdot t_1 \cdot GZ + 1{,}104 \cdot t_1^2}$
für GFM	$\frac{1{,}667 \cdot h \cdot t_1 \cdot GZ^2 + 0{,}833 \cdot t_1^2 \cdot GZ}{4{,}41 \cdot h^2 \cdot GZ^2 + 2{,}74 \cdot h \cdot t_1 \cdot GZ + 0{,}27 \cdot t_1^2}$

Koeffizienten		
β	$\frac{1{,}667 + 0{,}833\,\tau}{2{,}205 + \tau\,(1{,}372 + 0{,}135\,\tau)}$	
	für $\theta = 1$	–
	für die optimale Ausnutzung	
ω_{gz}	∞	
ω_{gfz}	0,755	$GFZ_{as} = 0{,}378 \frac{t_1}{h}$
a	–	

Bebauungssystem: kIS4

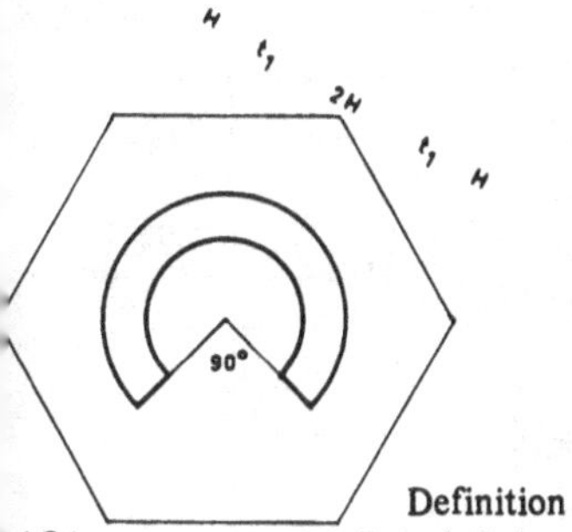

kIS4 Definition des Grundstückes

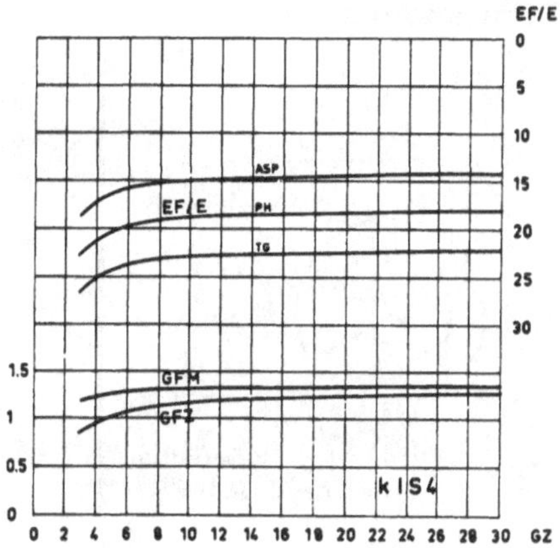

Gebäudekennlinien

Verhältniszahlen:

$= \frac{t_1}{H}$ $\qquad \epsilon_1 = \frac{b_1}{t_1}$

$= \frac{b_2}{b_1}$ $\qquad \epsilon_2 = \frac{b_2}{t_2}$

$= \frac{t_2}{t_1}$

Gewählte Werte:

a) Gebäudeabmessungen $h = 3$ m, $t_1 = 12$ m

b) Für die Essentialfläche pro Einwohner:
BGF/E $= 30 m^2$
$\mu_e = 3$
PF/WEP $= 24 m^2$

Mathematische Ansätze		
für GFZ	$\frac{1{,}5 \cdot h \cdot t_1 \cdot GZ^2 + 0{,}75 \cdot t_1^2 \cdot GZ}{4{,}41 \cdot h^2 \cdot GZ^2 + 4{,}41 \cdot h \cdot t_1 \cdot GZ + 1{,}104 \cdot t_1^2}$	
für GFM	$\frac{1{,}5 \cdot h \cdot t_1 \cdot GZ^2 + 0{,}75 \cdot t_1^2 \cdot GZ}{4{,}41 \cdot h^2 \cdot GZ^2 + 2{,}91 \cdot h \cdot t_1 \cdot GZ + 0{,}354 \cdot t_1^2}$	

Koeffizienten		
β	$\frac{1{,}5 + 0{,}75\,\tau}{2{,}205 + \tau\,(1{,}455 + 0{,}177\,\tau)}$	
	für $\theta = 1$	–
	für die optimale Ausnutzung	
ω_{gz}	∞	
ω_{gfz}	0,68	$GFZ_{as} = 0{,}34\,\frac{t_1}{h}$
a	–	

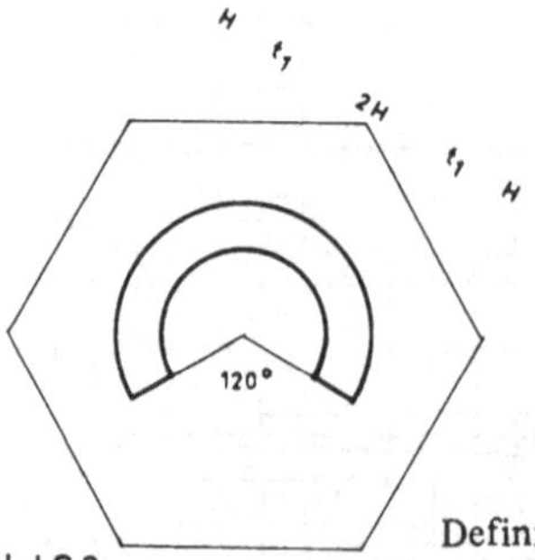

k I S 3

Definition des Grundstückes

Verhältniszahlen:

$\tau = \frac{t_1}{H}$ $\qquad \epsilon_1 = \frac{b_1}{t_1}$

$\lambda = \frac{b_2}{b_1}$ $\qquad \epsilon_2 = \frac{b_2}{t_2}$

$\theta = \frac{t_2}{t_1}$

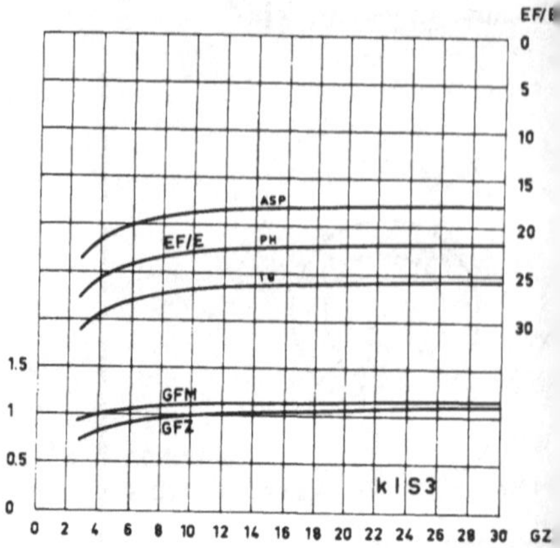

Gebäudekennlinien

Gewählte Werte:

a) Gebäudeabmessungen $h = 3$ m
$t_1 = 12$ m

b) Für die Essentialfläche pro Einwohner:
BGF/E $= 30\text{m}^2$
$\mu_e = 3$
PF/WEP $= 24\text{m}^2$

Mathematische Ansätze	
für GFZ	$\dfrac{1{,}33 \cdot h \cdot t_1 \cdot GZ^2 + 0{,}667 \cdot t_1^2 \cdot GZ}{4{,}41 \cdot h^2 \cdot GZ^2 + 4{,}41 \cdot h \cdot t_1 \cdot GZ + 1{,}104 \cdot t_1^2}$
für GFM	$\dfrac{1{,}33 \cdot h \cdot t_1 \cdot GZ^2 + 0{,}667 \cdot t_1^2 \cdot GZ}{4{,}41 \cdot h^2 \cdot GZ^2 + 3{,}076 \cdot h \cdot t_1 \cdot GZ + 0{,}437 \cdot t_1^2}$

Koeffizienten		
β	$\dfrac{1{,}33 + 0{,}667\,\tau}{2{,}205 + \tau\,(1{,}538 + 0{,}218\,\tau)}$	
	für $\theta = 1$	–
für die optimale Ausnutzung		
ω_{gz}	∞	
ω_{gfz}	0,605	$GFZ_{as} = 0{,}302\,\frac{t_1}{h}$
a	–	

Bebauungssystem: kIS2

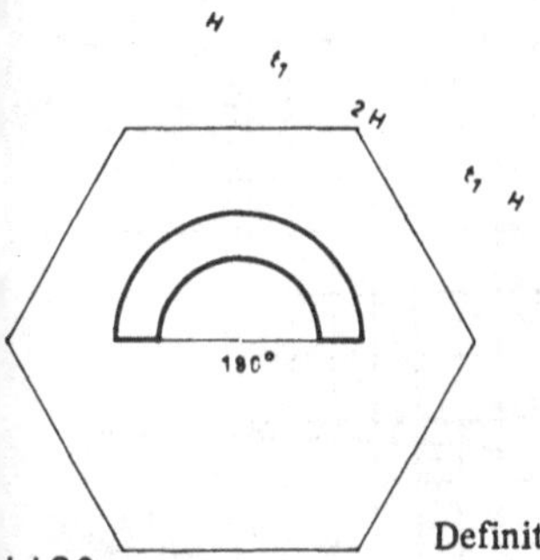

k I S 2 Definition des Grundstückes

Verhältniszahlen:

$\tau = \frac{t_1}{H}$ $\quad \epsilon_1 = \frac{b_1}{t_1}$

$\lambda = \frac{b_2}{b_1}$ $\quad \epsilon_2 = \frac{b_2}{t_2}$

$\theta = \frac{t_2}{t_1}$

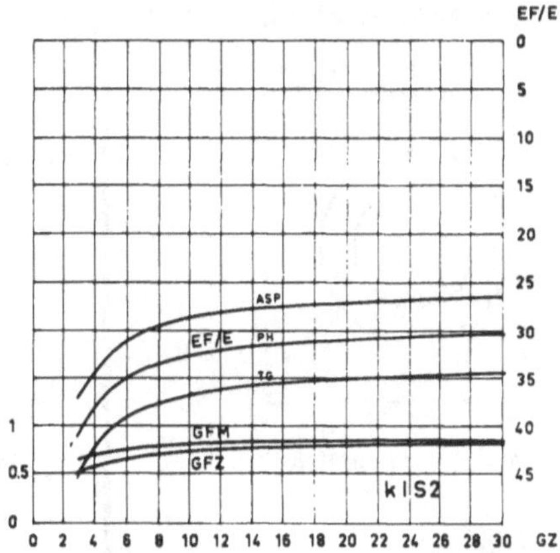

Gebäudekennlinien

Gewählte Werte:

a) Gebäudeabmessungen $h = 3$ m, $t_1 = 12$ m

b) Für die Essentialfläche pro Einwohner:
BGF/E = 30m²
μ_e = 3
PF/WEP = 24m²

Mathematische Ansätze	
für GFZ	$\frac{t_1 \cdot h \cdot GZ^2 + 0{,}5 \cdot t_1^2 \cdot GZ}{4{,}41 \cdot h^2 \cdot GZ^2 + 4{,}41 \cdot h \cdot t_1 \cdot GZ + 1{,}104 \cdot t_1^2}$
für GFM	$\frac{t_1 \cdot h \cdot GZ^2 + 0{,}5 \cdot t_1^2 \cdot GZ}{4{,}41 \cdot h^2 \cdot GZ^2 + 3{,}41 \cdot h \cdot t_1 \cdot GZ + 0{,}604 \cdot t_1^2}$

Koeffizienten		
β	$\frac{1 + 0{,}5\,\tau}{2{,}205 + \tau\,(1{,}705 + 0{,}302\,\tau)}$	
	für $\theta = 1$	–
	für die optimale Ausnutzung	
ω_{gz}	∞	
ω_{gfz}	0,453	$GFZ_{as} = 0{,}226\,\frac{t_1}{h}$
a	–	

Bebauungssystem: kIR1

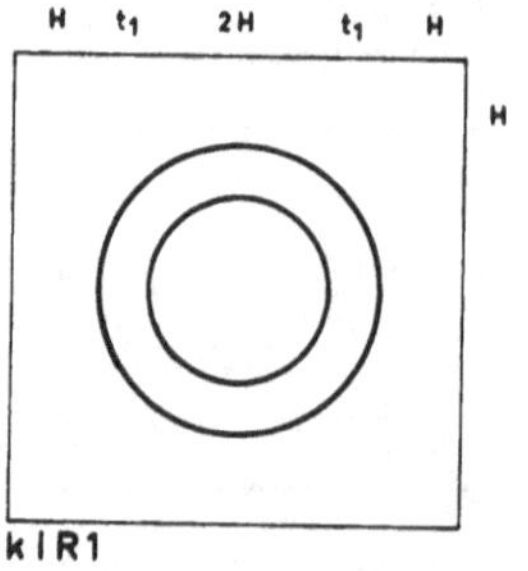

Definition des Grundstückes

Verhältniszahlen:

$$\tau = \frac{t_1}{H} \qquad \epsilon_1 = \frac{b_1}{t_1}$$

$$\lambda = \frac{b_2}{b_1} \qquad \epsilon_2 = \frac{b_2}{t_2}$$

$$\theta = \frac{t_2}{t_1}$$

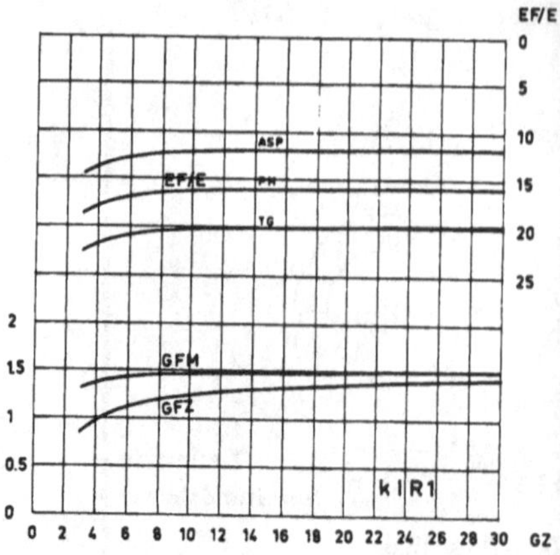

Gebäudekennlinien

Gewählte Werte:

a) Gebäudeabmessungen $h = 3$ m, $t_1 = 12$ m

b) Für die Essentialfläche pro Einwohner:
BGF/E $= 30 m^2$
$\mu_e = 3$
PF/WEP $= 24 m^2$

Mathematische Ansätze	
für GFZ	$\frac{h \cdot t_1 \cdot GZ^2 + 0{,}5 \cdot t_1^2 \cdot GZ}{2{,}54 \cdot h^2 \cdot GZ^2 + 2{,}54 \cdot h \cdot t_1 \cdot GZ + 0{,}635 \cdot t_1^2}$
für GFM	$\frac{h \cdot t_1 \cdot GZ^2 + 0{,}5 \cdot t_1^2 \cdot GZ}{2{,}54 \cdot h^2 \cdot GZ^2 + 1{,}54 \cdot h \cdot t_1 \cdot GZ + 0{,}135 \cdot t_1^2}$

Koeffizienten		
β	$\frac{2 + \tau}{2{,}54 + \tau\,(1{,}54 + 0{,}136\,\tau)}$	
	für $\theta = 1$	–
	für die optimale Ausnutzung	
ω_{gz}	∞	
ω_{gfz}	0,785	$GFZ_{as} = 0{,}392 \frac{t_1}{h}$
a	–	

Bebauungssystem: kIR6

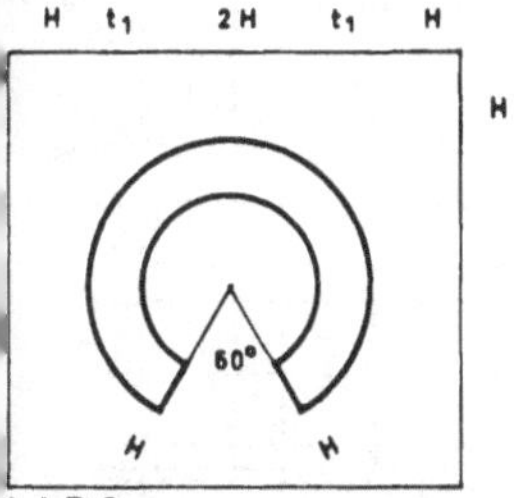

k I R 6

Definition des Grundstückes

Verhältniszahlen:

$\tau = \frac{t_1}{H}$ $\quad \epsilon_1 = \frac{b_1}{t_1}$

$\lambda = \frac{b_2}{b_1}$ $\quad \epsilon_2 = \frac{b_2}{t_2}$

$\theta = \frac{t_2}{t_1}$

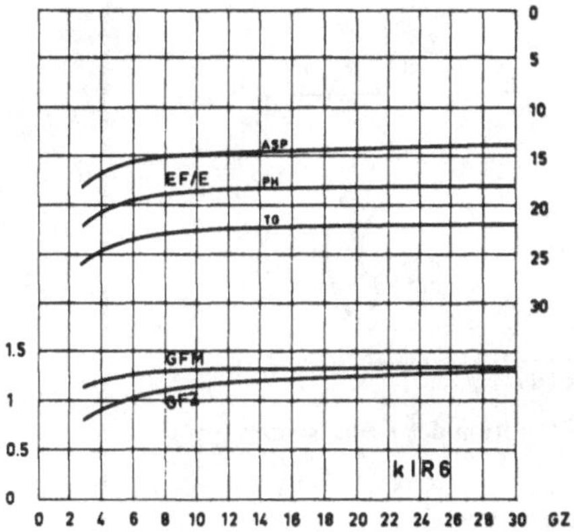

Gebäudekennlinien

Gewählte Werte:

a) Gebäudeabmessungen $h = 3$ m, $t_1 = 12$ m

b) Für die Essentialfläche pro Einwohner:
BGF/E = $30 m^2$
μ_e = 3
PF/WEP = $24 m^2$

Mathematische Ansätze	
für GFZ	$\dfrac{h \cdot t_1 \cdot GZ^2 + 0{,}5 \cdot t_1^2 \cdot GZ}{2{,}84 \cdot h^2 \cdot GZ^2 + 2{,}84 \cdot h \cdot t_1 \cdot GZ + 0{,}71 \cdot t_1^2}$
für GFM	$\dfrac{h \cdot t_1 \cdot GZ^2 + 0{,}5 \cdot t_1^2 \cdot GZ}{2{,}84 \cdot h^2 \cdot GZ^2 + 1{,}84 \cdot h \cdot t_1 \cdot GZ + 0{,}21 \cdot t_1^2}$

Koeffizienten		
β	$\dfrac{2 + \tau}{2{,}84 + \tau\,(1{,}84 + 0{,}21\,\tau)}$	
	für $\theta = 1$	–
	für die optimale Ausnutzung	
ω_{gz}	∞	
ω_{gfz}	0,7	$GFZ_{as} = 0{,}35 \frac{t_1}{h}$
a	–	

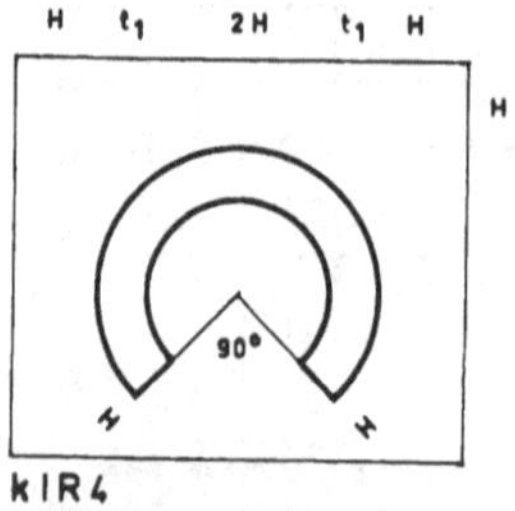

kIR4

Definition des Grundstückes

Verhältniszahlen:

$\tau = \frac{t_1}{H}$ $\epsilon_1 = \frac{b_1}{t_1}$

$\lambda = \frac{b_2}{b_1}$ $\epsilon_2 = \frac{b_2}{t_2}$

$\theta = \frac{t_2}{t_1}$

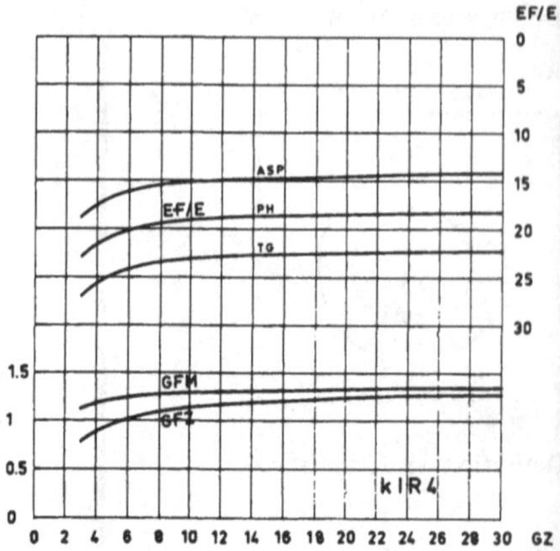

Gebäudekennlinien

Gewählte Werte:

a) Gebäudeabmessungen $h = 3$ m, $t_1 = 12$ m

b) Für die Essentialfläche pro Einwohner:
BGF/E $= 30 m^2$
$\mu_e = 3$
PF/WEP $= 24 m^2$

Mathematische Ansätze	
für GFZ	$\frac{h \cdot t_1 \cdot GZ^2 + 0{,}5 \cdot t_1^2 \cdot GZ}{2{,}89 \cdot h^2 \cdot GZ^2 + 2{,}89 \cdot h \cdot t_1 \cdot GZ + 0{,}724 \cdot t_1^2}$
für GFM	$\frac{h \cdot t_1 \cdot GZ^2 + 0{,}5 \cdot t_1^2 \cdot GZ}{2{,}89 \cdot h^2 \cdot GZ^2 + 1{,}89 \cdot h \cdot t_1 \cdot GZ + 0{,}224 \cdot t_1^2}$

Koeffizienten		
β	$\frac{2 + \tau}{2{,}89 + \tau (1{,}89 + 0{,}224 \tau)}$	
	für $\theta = 1$	–
für die optimale Ausnutzung		
ω_{gz}	∞	
ω_{gfz}	0,69	$GFZ_{as} = 0{,}345 \frac{t_1}{h}$
a	–	

Bebauungssystem: kIR3

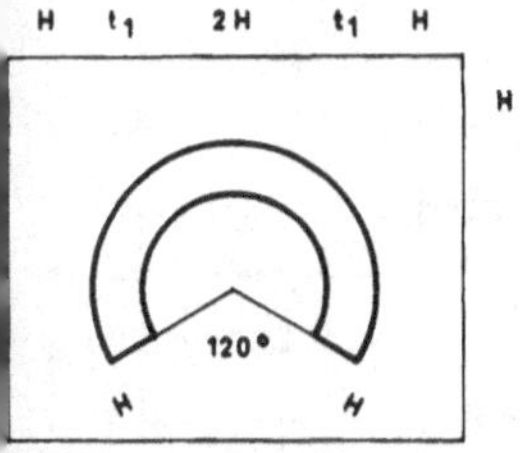

k I R3

Definition des Grundstückes

Verhältniszahlen:

$\tau = \frac{t_1}{H}$ $\quad \epsilon_1 = \frac{b_1}{t_1}$

$\lambda = \frac{b_2}{b_1}$ $\quad \epsilon_2 = \frac{b_2}{t_2}$

$\theta = \frac{t_2}{t_1}$

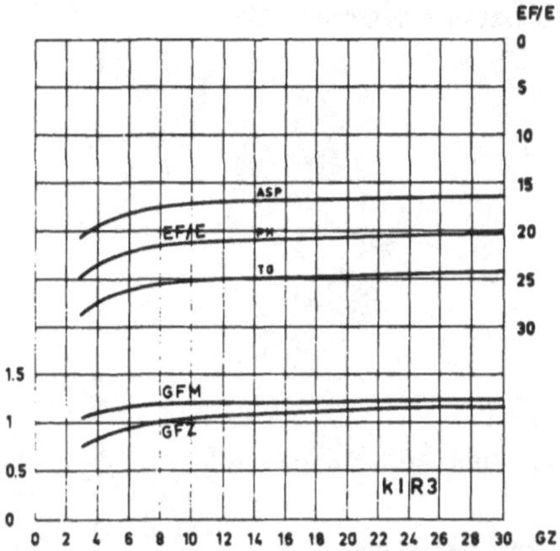

Gebäudekennlinien

Gewählte Werte:

a) Gebäudeabmessungen $\quad h = 3\,m$, $t_1 = 12\,m$

b) Für die Essentialfläche pro Einwohner:
BGF/E $= 30m^2$
$\mu_e = 3$
PF/WEP $= 24m^2$

Mathematische Ansätze	
für GFZ	$\frac{h \cdot t_1 \cdot GZ^2 + 0{,}5 \cdot t_1^2 \cdot GZ}{3{,}21 \cdot h^2 \cdot GZ^2 + 3{,}04 \cdot h \cdot t_1 \cdot GZ + 0{,}715 \cdot t_1^2}$
für GFM	$\frac{h \cdot t_1 \cdot GZ^2 + 0{,}5 \cdot t_1^2 \cdot GZ}{3{,}21 \cdot h^2 \cdot GZ^2 + 2{,}04 \cdot h \cdot t_1 \cdot GZ + 0{,}215 \cdot t_1^2}$

Koeffizienten		
β	$\frac{2 + \tau}{3{,}21 + \tau\,(2{,}04 + 0{,}215\,\tau)}$	
	für $\theta = 1$	–
für die optimale Ausnutzung		
ω_{gz}	∞	
ω_{gfz}	0,623	$GFZ_{as} = 0{,}312\,\frac{t_1}{h}$
a	–	

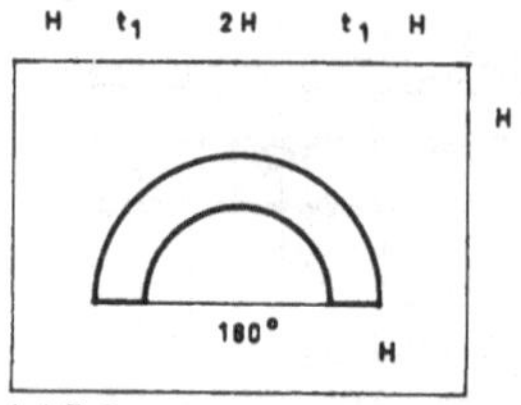

k I R 2

Definition des Grundstückes

Verhältniszahlen:

$\tau = \frac{t_1}{H}$ $\quad \epsilon_1 = \frac{b_1}{t_1}$

$\lambda = \frac{b_2}{b_1}$ $\quad \epsilon_2 = \frac{b_2}{t_2}$

$\theta = \frac{t_2}{t_1}$

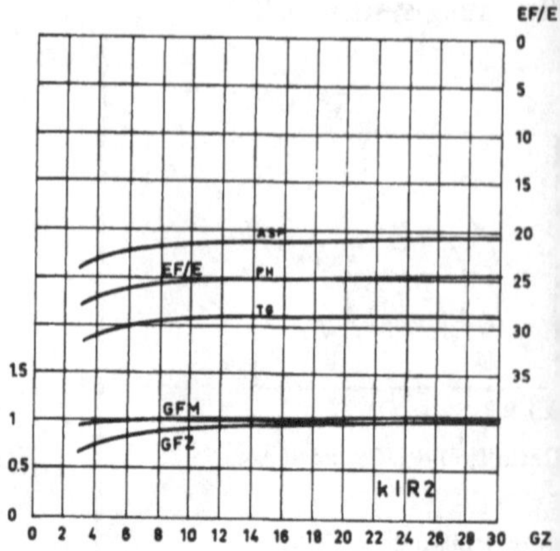

Gebäudekennlinien

Gewählte Werte:

a) Gebäudeabmessungen $h = 3$ m, $t_1 = 12$ m

b) Für die Essentialfläche pro Einwohner:
BGF/E $= 30 m^2$
$\mu_e = 3$
PF/WEP $= 24 m^2$

Mathematische Ansätze	
für GFZ	$\frac{h \cdot t_1 \cdot GZ^2 + 0{,}5 \cdot t_1^2 \cdot GZ}{3{,}81 \cdot h^2 \cdot GZ^2 + 3{,}18 \cdot h \cdot t_1 \cdot GZ + 0{,}635 \cdot t_1^2}$
für GFM	$\frac{h \cdot t_1 \cdot GZ^2 + 0{,}5 \cdot t_1^2 \cdot GZ}{3{,}81 \cdot h^2 \cdot GZ^2 + 2{,}18 \cdot h \cdot t_1 \cdot GZ + 0{,}135 \cdot t_1^2}$

Koeffizienten		
β	$\frac{2+\tau}{3{,}81 + \tau(2{,}18 + 0{,}135\,\tau)}$	
	für $\theta = 1$	–
für die optimale Ausnutzung		
ω_{gz}	∞	
ω_{gfz}	0,524	$GFZ_{as} = 0{,}262 \frac{t_1}{h}$
a	–	

Bebauungssystem: kIIR2

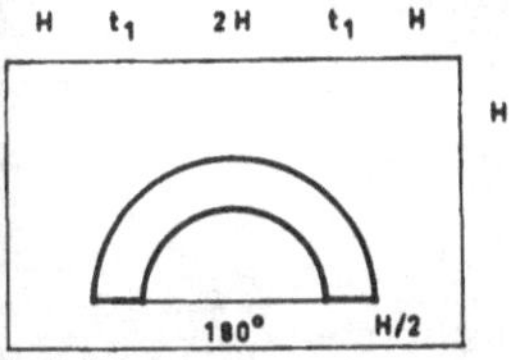

k II R2

Definition des Grundstückes

Verhältniszahlen:

$\tau = \frac{t_1}{H}$ $\quad \epsilon_1 = \frac{b_1}{t_1}$

$\lambda = \frac{b_2}{b_1}$ $\quad \epsilon_2 = \frac{b_2}{t_2}$

$\theta = \frac{t_2}{t_1}$

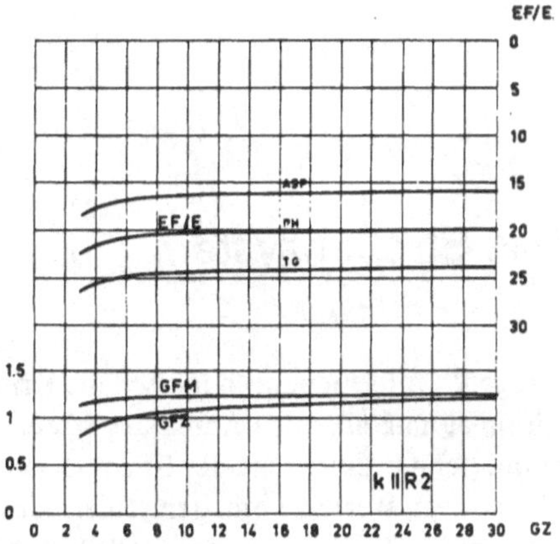

Gebäudekennlinien

Gewählte Werte:

a) Gebäudeabmessungen $\quad h = 3\,m$, $t_1 = 12\,m$

b) Für die Essentialfläche pro Einwohner:
BGF/E $= 30m^2$
$\mu_e = 3$
PF/WEP $= 24m^2$

Mathematische Ansätze	
für GFZ	$\frac{h \cdot t_1 \cdot GZ^2 + 0{,}5 \cdot t_1^2 \cdot GZ}{3{,}18 \cdot h^2 \cdot GZ^2 + 2{,}86 \cdot h \cdot t_1 \cdot GZ + 0{,}635 \cdot t_1^2}$
für GFM	$\frac{h \cdot t_1 \cdot GZ^2 + 0{,}5 \cdot t_1^2 \cdot GZ}{3{,}18 \cdot h^2 \cdot GZ^2 + 1{,}86 \cdot h \cdot t_1 \cdot GZ + 0{,}135 \cdot t_1^2}$

Koeffizienten		
β	$\frac{2 + \tau}{3{,}18 + \tau\,(1{,}86 + 0{,}135\,\tau)}$	
	für $\theta = 1$	–
	für die optimale Ausnutzung	
ω_{gz}	∞	
ω_{gfz}	0,63	$GFZ_{as} = 0{,}315\,\frac{t_1}{h}$
a	–	

5 Das Straßensystem

Arealbezogene Untersuchungen müssen die Kriterien von Straßensystemen beinhalten. Einmal muß über den Anteil des Straßenlandes eine Aussage gemacht werden, um bei der Einteilung der Gesamtfläche in Konstantfläche und Relativfläche die nötigen Werte zu erhalten (sofern das Straßenland als Konstantfläche angesehen wird, s. Mathematisches Modell, Kapitel 6), zum anderen bieten verschiedene Straßennetze auch unterschiedliche Möglichkeiten des Straßenparkens. Außerdem spielt bei Kostenanalysen der Aufwand an Straßenfläche eine Rolle.

5.1 Das Straßennetz

Die verschiedenen Straßennetzformen bedürfen einer systematischen Ordnung, um sie einmal mathematisch erfassen und darüber hinaus miteinander vergleichen zu können.

Zunächst muß in der Systematik die Zuordnung der Straßenflächen zum Nettowohnbauland berücksichtigt werden.

I die gesamte Straßenfläche wird dem Nettowohnbauland zugeordnet

II ein Teil der Straßenfläche wird anderen Nutzungsträgern zugeordnet (z. B. Gewerbegebieten, Zentren, Grünanlagen, öffentlichen Einrichtungen etc.).

Nach der Form des Straßennetzes wird unterschieden:

P Parallele Straßen.

O Straßen im Orthogonalraster.

S Stichstraßen an einer Wohnsammelstraße.

F Schleifen an einer Wohnsammelstraße.

R_r Ringstraßen mit einzelnen Verbindungsstraßen eines rechteckigen Wohngebietes.

R_k Ringstraßen mit einzelnen Verbindungsstraßen eines kreisförmigen Wohngebietes.

D_k Durchgangsstraßen eines kreisförmigen Wohngebietes.

RD_k Außenring und Durchgangsstraßen eines kreisförmigen Wohngebietes.

Außerdem werden Zahlen und kleine Buchstaben zur weiteren Kennzeichneng verwendet:

Bei den R, D und RD Systemen wird die Zahl der Verbindungsstraßen angegeben.

Bei den anderen Systemen wird der Buchstabe als zusätzliche Kennzeichnung verwendet.

Für die Definition der Straßennetze werden folgende Verhältniszahlen verwendet:

$$a = \frac{l_2}{l_1} \tag{44}$$

$$a_{st} = \frac{l_{st2}}{l_{st1}} \tag{45}$$

$$a_1 = \frac{l_{st1}}{l_1} \tag{46}$$

$$a_2 = \frac{l_{st2}}{l_2} \tag{47}$$

$$\sigma = \frac{s_2}{s_1} \tag{48}$$

Bei Überlegungen für die Wahl des Straßennetzes sowie für Kostenvergleiche müssen die beschreibenden Werte des Straßennetzes auf die Einheit „Einwohner" bezogen werden.

Die Straßenlänge pro Einwohner wird:

$$l_{st}/E = \frac{BGF/E}{GFZ \cdot ErG} \tag{49}$$

ErG bedeutet Erschließungsgrad und gibt die Grundstücksfläche pro Meter Straße an (GSF/l_{st}). Für die einzelnen Straßensysteme lautet dieser Erschließungsgrad:

$$ErG = \frac{l_1}{\nu} - s_m \tag{50}$$

l_1 = Längendimension des Areals
s_m = mittlere Straßenbreite
ν = Straßennetzkoeffizient, ein vom gewählten Straßensystem abhängiger Wert, der den Tabellen zu entnehmen ist.

Die mittlere Straßenbreite wird ausgedrückt durch die Formel:

$$s_m = s_1 \cdot c_{st} \tag{51}$$

s_1 = Straßenbreite
c_{st} = Korrekturfaktor, der den Tabellen zu entnehmen ist.

Werden von den Formeln 49 und 50 die anderen Variablen explizit dargestellt, so wird:

$$GFZ = \frac{BGF/E}{l_{st}/E \cdot ErG} \quad (49.1)$$

$$ErG = \frac{BGF/E}{l_{st}/E \cdot GFZ} \quad (49.2)$$

$$BGF/E = l_{st}/E \cdot GFZ \cdot ErG \quad (49.3)$$

und für die Formel 50:

$$l_1 = (ErG + s_m) \cdot \nu \quad (50.1)$$

$$\nu = \frac{l_1}{ErG + s_m} \quad (50.2)$$

5.2 Das Straßenparken

Es gibt drei spezifische Formen des Parkens am Straßenrand:

1. Senkrechtaufstellung. Hier kann mit einer Straßenlänge pro Wagen von etwa 2,30 m gerechnet werden (l_{asp}).
2. Schrägaufstellung. Hier kann mit einer Straßenlänge pro Wagen von etwa 3,25 m gerechnet werden (l_{asp}).
3. Längsaufstellung. Hier kann mit einer Straßenlänge pro Wagen von etwa 7,00 m gerechnet werden (l_{asp}).

Die erforderliche Straßenlänge pro Einwohner wird:

$$l_{st}/E = \frac{p_{asp} \cdot l_{asp}}{2 \cdot p_{bl} \cdot \mu_e} \quad (52)$$

p_{asp} = Anteil der Straßenparkstände an den gesamten Parkständen.
l_{asp} = Straßenlänge pro Wagen.
p_{bl} = Anteil der Bordsteinlänge für das Straßenparken an der gesamten Bordsteinlänge.
μ_e = Motorisierungsziffer (E/Wagen).

Werden die in Formel 52 genannten anderen Variablen explizit dargestellt, so folgt:

$$p_{asp} = \frac{2 \cdot l_{st}/E \cdot p_{bl} \cdot \mu_e}{l_{asp}} \quad (52.1)$$

$$p_{bl} = \frac{p_{asp} \cdot l_{asp}}{2 \cdot l_{st}/E \cdot \mu_e} \quad (52.2)$$

$$\mu_e = \frac{p_{asp} \cdot l_{asp}}{2 \cdot l_{st}/E \cdot p_{bl}} \tag{52.3}$$

Formel 49 und 52 geben die für Kostenansätze erforderlichen Straßenlängen pro Einwohner an. Einmal ist diese Größe abhängig von der Bruttogeschoßfläche pro Einwohner, dem Nutzungsmaß (GFZ) und dem Straßensystem (ErG), zum anderen von der Motorisierungsziffer, der notwendigen Straßenlänge pro Wagen (l_{asp}) und dem Anteil des Straßenparkens, sowohl in Bezug auf das Gesamtparken (p_{asp}) als auch in Bezug auf die erforderliche Straßenlänge (p_{bl}). Wird die Geschoßflächenzahl als bindend angesehen, so können mit den Formeln 49 und 52 Aussagen über das Straßenparken und über das Straßensystem gemacht werden.

Wird jedoch das Maß der baulichen Nutzung als variable Größe betrachtet, so ergibt sich folgender Ansatz. Da das Nutzungsmaß (GFZ) und der Anteil des Parkens (p_{asp} im Koeffizient φ) auch variable Werte der Formel 20 sind (Parksystem und Freiraum), müssen beide Bereiche kombiniert werden, um unabhängig vom Nutzungsmaß den Anteil des Straßenparkens zu ermitteln. Wird als Parksystem die Kombination zweier Parksysteme gewählt (s. Abschnitt 3.2), so folgt für den Anteil des Straßenparkens:

$$p_{asp} = \frac{1 + \frac{\mu_e}{PF_{asp}/WEP} \left(\frac{BGF/E}{GZ} + EF/E\right) - \delta}{\frac{l_{asp} \cdot ErG}{2 \cdot p_{bl} \cdot PF_{asp}/WEP} - \delta} \tag{53}$$

Der Wert δ ist nachfolgender Tabelle zu entnehmen:

	δ
Straßenparken und Tiefgarage	1
Straßenparken und Parkhaus	$1 - \frac{\alpha_{ph}}{GZ_{ph}}$
Straßenparken und Abstellplatz	$1 - \alpha_{asp1}$

Werden die anderen Variablen explizit dargestellt, so folgt:

$$ErG = \frac{2 \cdot p_{bl}}{l_{asp} \cdot p_{asp}} \left[PF_{asp}/WEP \left(1 - \delta \left(1 - p_{asp}\right)\right) + \mu_e \left(\frac{BGF/E}{GZ} + EF/E\right) \right] \tag{53.1}$$

$$p_{bl} = \frac{p_{asp} \cdot l_{asp} \cdot ErG}{2 \left[PF_{asp}/WEP \left(1 - \delta \left(1 - p_{asp}\right)\right) + \mu_e \left(\frac{BGF/E}{GZ} + EF/E\right) \right]} \tag{53.2}$$

$$\delta = \frac{1 - \frac{1}{PF_{asp}/WEP} \left[\frac{p_{asp} \cdot l_{asp} \cdot ErG}{2 \cdot p_{bl}} - \mu_e \left(\frac{BGF/E}{GZ} + EF/E \right) \right]}{1 - p_{asp}} \qquad (53.3)$$

$$EF/E = \frac{1}{\mu_e} \left[\frac{p_{asp} \cdot l_{asp} \cdot ErG}{2 \cdot p_{bl}} - PF_{asp}/WEP \left(1 - \delta \left(1 - p_{asp}\right)\right) \right] - \frac{BGF/E}{GZ} \qquad (53.4)$$

$$GZ = BGF/E \left[\frac{\mu_e}{\frac{p_{asp} \cdot l_{asp} \cdot ErG}{2 \cdot p_{bl}} - PF_{asp}/WEP \left[1 - \delta \left(1 - p_{asp}\right)\right] - \mu_e \cdot EF/E} \right] \qquad (53.$$

$$\mu_e = \frac{\frac{p_{asp} \cdot l_{asp} \cdot ErG}{2 \cdot p_{bl}} - PF_{asp}/WEP \left[1 - \delta \left(1 - p_{asp}\right)\right]}{\frac{BGF/E}{GZ} + EF/E} \qquad (53.6)$$

Die Formel 53 ist in Tafel 11 *Straßenparken* grafisch dargestellt.

5.3 Der Anteil des Straßenlandes

Bei der Bestimmung des prozentualen Anteils der Straßenfläche an der Fläche des Areals im weiteren Sinne gibt es folgende Möglichkeiten der Zuordnung:

5.31 Der Anteil des Straßenlandes am Nettowohnbauland

Der Anteil beträgt:

$$p'_{st} = \frac{l_{st}/E \cdot s_m}{GSF/E} \qquad (54)$$

Wird der Erschließungsgrad berücksichtigt (Formel 49.2), so folgt:

$$p'_{st} = \frac{s_m}{ErG} \qquad (54a)$$

Wird weiter für den Erschließungsgrad Formel 50 eingesetzt, so folgt:

$$p'_{st} = \frac{1}{\frac{l_1}{\nu \cdot s_m} - 1} \qquad (54b)$$

oder

$$\frac{1}{p'_{st}} = \frac{l_1}{\nu \cdot s_m} - 1 \qquad (54c)$$

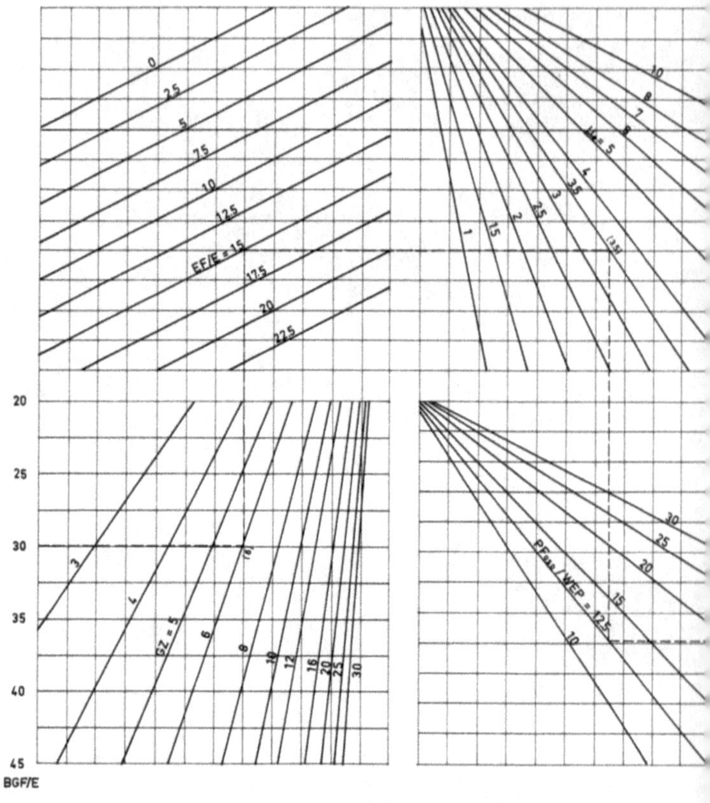

0
2,5
5
7,5
10
12,5
EF/E = 15
17,5
20
22,5
10
8
7
6
5
4
3,5
3
2,5
2
1,5
1
(3,5)
20
25
30
35
40
45
BGF/E
3
4
GZ = 5
6
(6)
8
10
12
16
20
25
30
30
25
20
15
PF / WEP = 12,5
10

Tafel 11

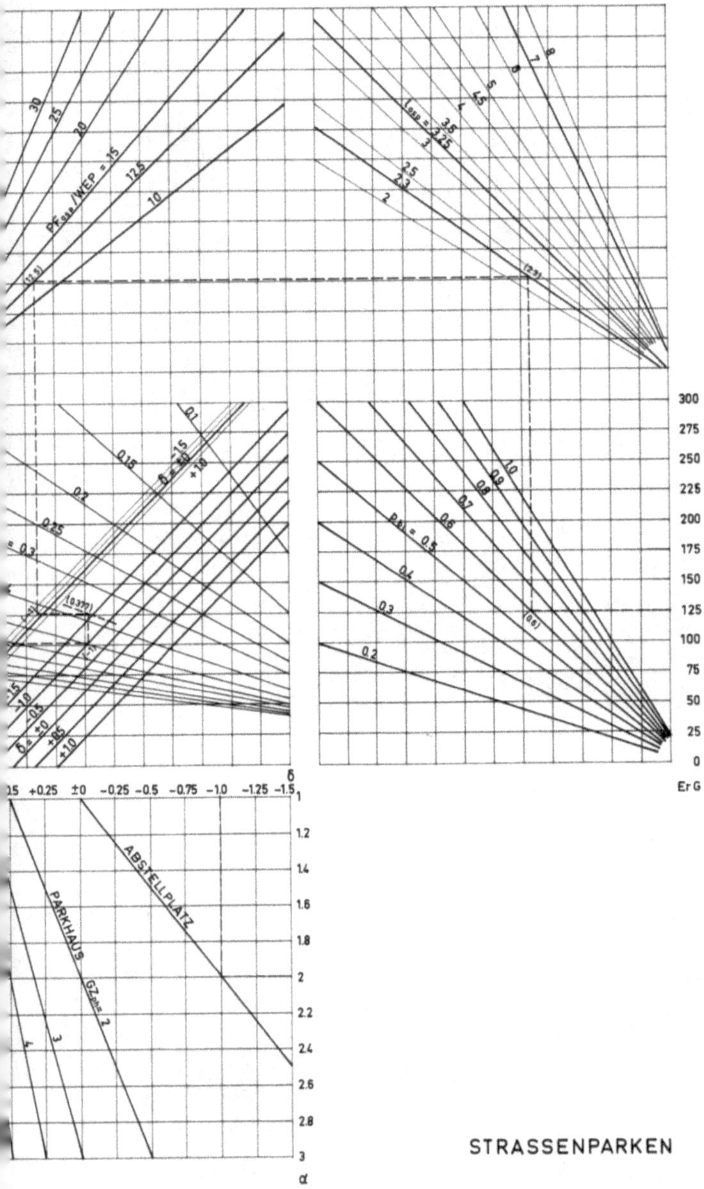

STRASSENPARKEN

5.32 Der Anteil des Straßenlandes am Nettowohnbauland und Straßenland

Der Anteil beträgt:

$$p_{st} = \frac{1}{1 + \dfrac{GSF/E}{l_{st}/E \cdot s_m}} \tag{55}$$

Wird der Erschließungsgrad berücksichtigt (Formel 49.2), so folgt:

$$p_{st} = \frac{1}{1 + \dfrac{ErG}{s_m}} \tag{55a}$$

Wird weiter für den Erschließungsgrad Formel 50 eingesetzt, so folgt:

$$p_{st} = \frac{\nu \cdot s_m}{l_1} \tag{55b}$$

Diese Formel wird zur Bestimmung des Straßenanteiles wichtig, da sie einmal keine Einwohnerdichten enthält (s. Formel 55), zum anderen wird die Straßenfläche als Anteil von der gesamten als zugehörig definierten Fläche angegeben.

5.33 Der Anteil des Straßenlandes unter Berücksichtigung des Wohnfolgelandes

Bei Benutzung der Formeln 54 und 55, worin die Grundstücksfläche pro Einwohner enthalten ist, muß diesem Wert das Wohnfolgeland pro Einwohner zugeschlagen werden.

$$F/E = GSF/E + WFL/E \tag{56}$$

Dann ist statt des Wertes GSF/E in den Formeln 54 und 55 jeweils der Wert F/E einzusetzen.

Einfacher wird die Handhabung mit den Formeln 54b und 55b. Da hier nur Bestimmungsfaktoren der Straße (s_m), der Flächen (l_1) und des Straßensystems (ν) Verwendung finden, bleibt es einer späteren Betrachtung überlassen, wie diese Flächen nun aufgeteilt werden. Der Anteil der Straßenfläche kann ohne Kenntnis der Verteilung von Nettowohnbauland und Wohnfolgeland errechnet werden.

Die Formeln 49 (Straßennetz), 50, 52 (Straßenparken) und die Formeln 55a bzw. 55b (Straßenfläche) sind in Tafel 12 *Straßensystem* grafisch dargestellt.

Beispiele: *Straßensystem*

1. Dem Kapitel *Kombination zweier Parksysteme* (Aufgabe 1c) werden das Ergebnis GFZ = 1,15 und folgende Sekundärdaten entnommen:

	BGF/E	= 30 m^2
	μ_e	= 3,5
als Parkhafen:	p_{asp1}	= 0,7
als Straßenparken:	p_{asp}	= 0,3

Weiter wird gewählt: Senkrechtaufstellung mit

$$l_{asp} = 2{,}30 \text{ m}$$

und eine 60%ige Parknutzung der Straßenseiten

$$p_{bl} = 0{,}6$$

Die Einwohnerdichte, bezogen auf das Nettowohnbauland, wird nach Formel 5:

$$\text{ED} = \frac{10000 \cdot 1{,}15}{30} = 384 \text{ E/ha}$$

Die Grundstücksfläche pro Einwohner wird dann nach Formel 6:

$$\text{GSF/E} = \frac{10000}{384} = 26{,}1 \text{ m}^2\text{/E}$$

Mit Formel 52 wird die erforderliche Straßenlänge pro Einwohner errechnet:

$$l_{st}/\text{E} = \frac{0{,}3 \cdot 2{,}30}{2 \cdot 0{,}6 \cdot 3{,}5} = 0{,}164 \text{ m/E}$$

Es muß ein Straßensystem gewählt werden, das 0,164 m/E Straßenlänge gewährleistet. Der erforderliche Erschließungsgrad wird nach Formel 49.2:

$$\text{ErG} = \frac{30}{0{,}164 \cdot 1{,}15} = 159$$

Ein Straßensystem mit einem Erschließungsgrad von 159 (159 m^2 Nettowohnbauland pro Meter Straße) entspricht den gewünschten Forderungen.

Durch das vorhandene Areal ergebe sich eine Arealdimension von l_1 = 225 m. Dann folgt, wenn eine mittlere Straßenbreite von 12,5 m angenommen wird, nach Formel 50.2:

$$\nu = \frac{225}{159 + 12{,}5} = 1{,}315$$

Der Straßennetzkoeffizient muß den Wert 1,315 erreichen, um bei gewählten Daten das Straßenparken unterbringen zu können. Dieser Koeffizient ist den grafischen Darstellungen zu entnehmen (Tafel 12).

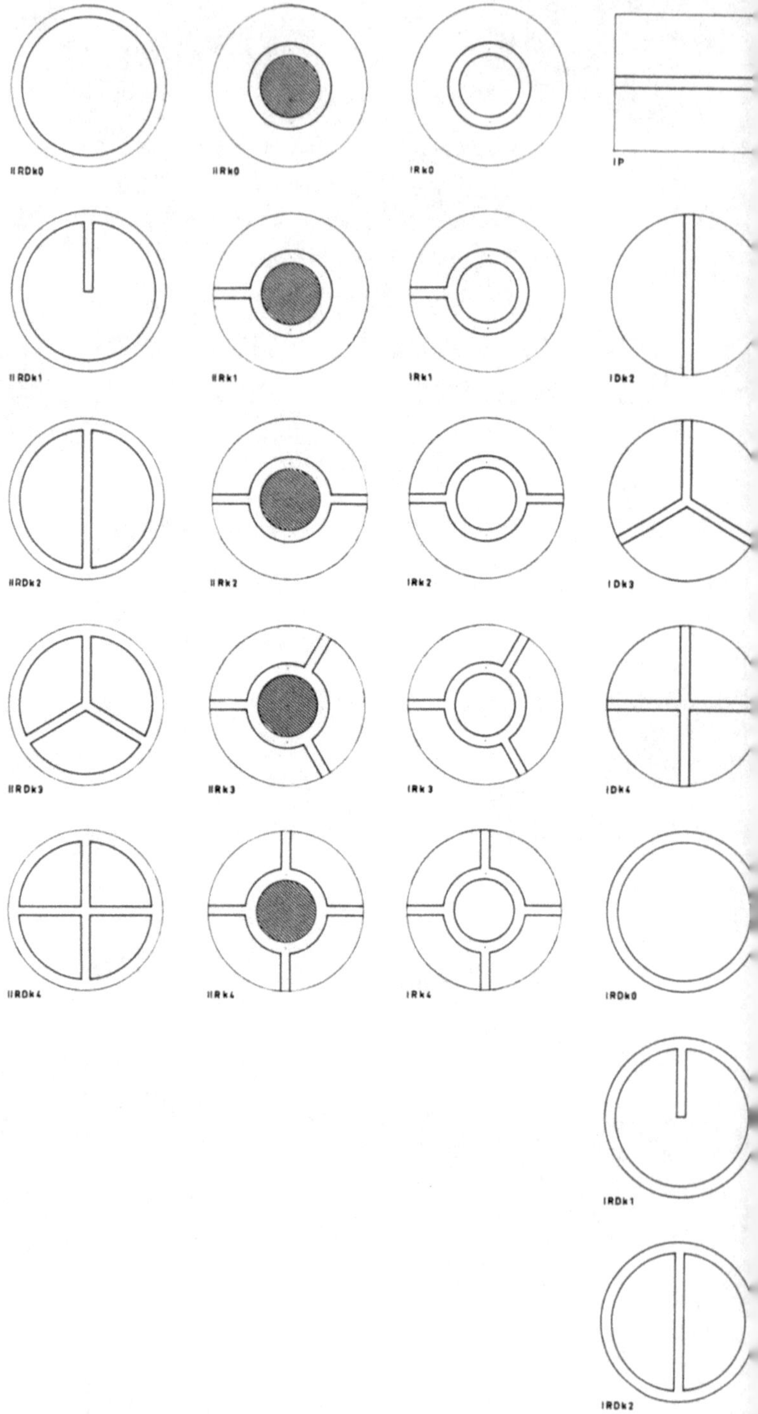
IIRDk0
IIRk0
IRk0
IP
IIRDk1
IIRk1
IRk1
IDk2
IIRDk2
IIRk2
IRk2
IDk3
IIRDk3
IIRk3
IRk3
IDk4
IIRDk4
IIRk4
IRk4
IRDk0
IRDk1
IRDk2

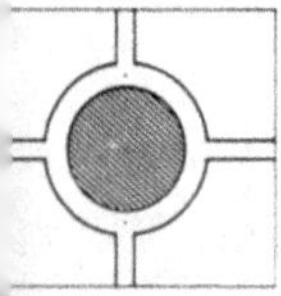

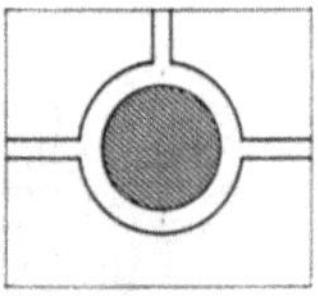

II Rr3

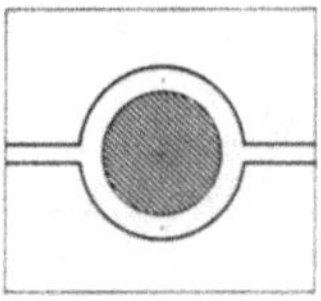

II Rr2

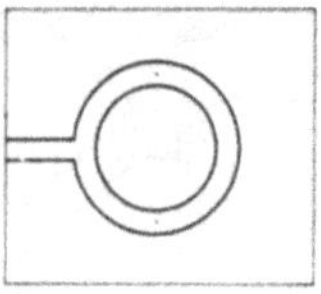

I Rr1

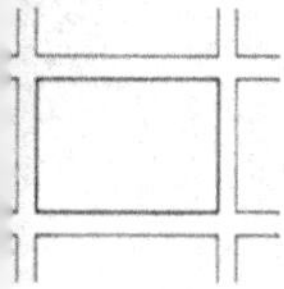

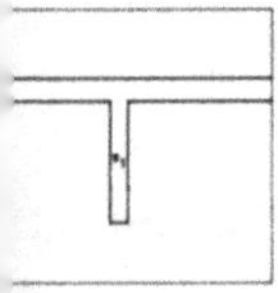

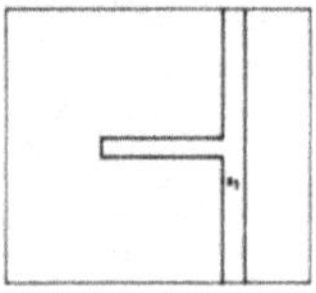

I Sb

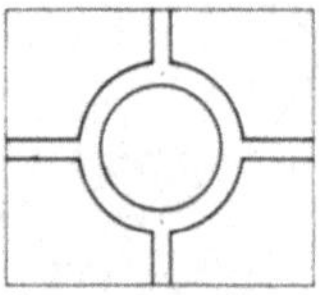

I Rr4

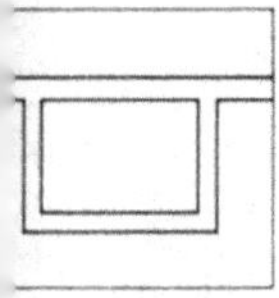

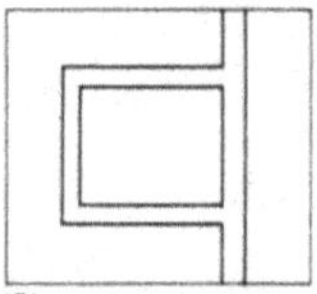

I Fb

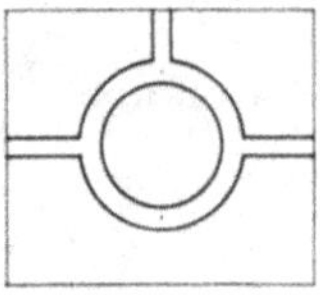

I Rr3

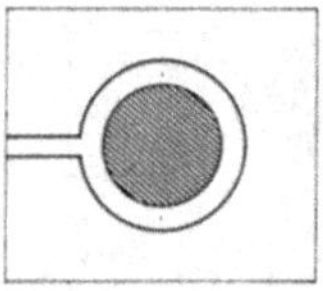

II Rr1

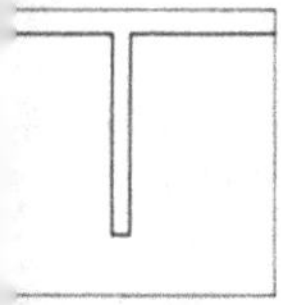

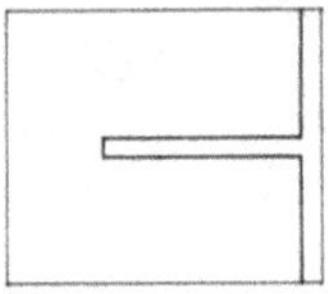

II Sb

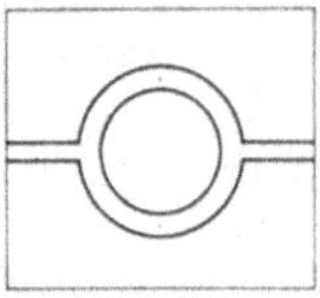

I Rr2

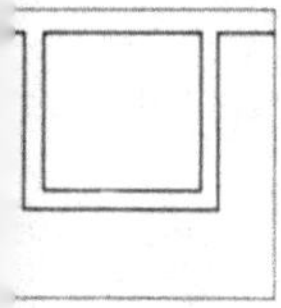

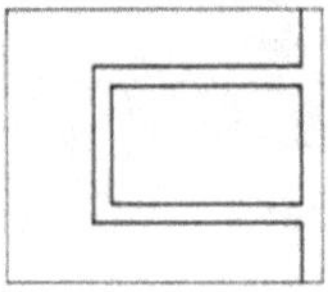

II Fb

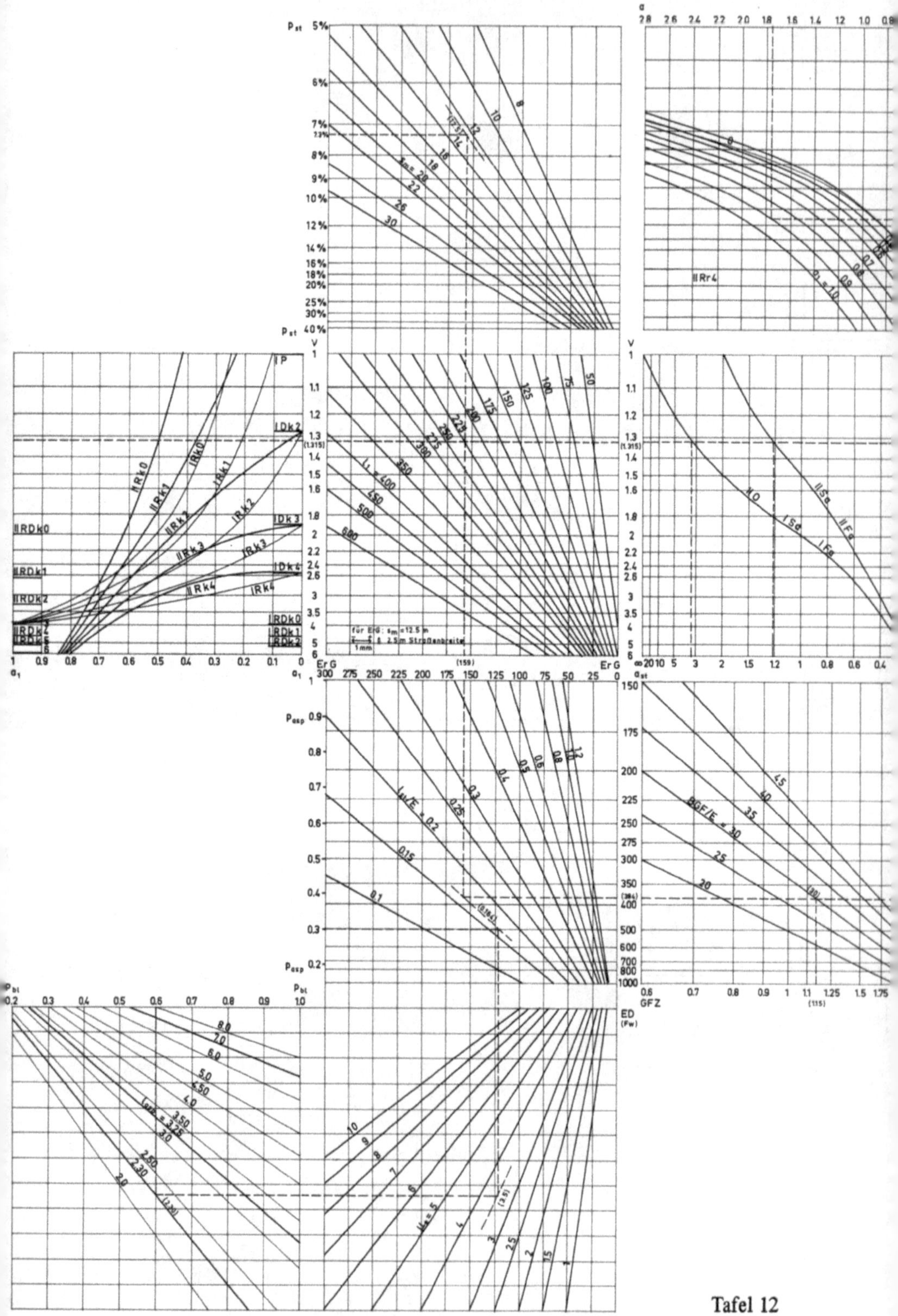

p_{st}
5%
6%
7%
8%
9%
10%
12%
14%
16%
18%
20%
25%
30%
40%
s_m = 28
α
IIRr4
V
IP
IDk2
IRk0
IIRk0
IRk1
IIRk1
IRk2
IIRk2
IDk3
IIRk3
IRk3
IDk4
IIRk4
IRk4
IIRDk0
IIRDk1
IIRDk2
IRDk0
IRDk1
IRDk2
a_1
L_1 = 400
für ErG: s_m = 12.5 m
≙ 2.5 m Straßenbreite
1 mm
ErG
KO
IISa
IIFa
ISa
IFa
a_{st}
p_{asp}
L_1/E = 0.2
BGF/E = 30
GFZ
p_{bl}
L_{ges} = 3.25
ED (Fw)
L_E = 5

Tafel 12

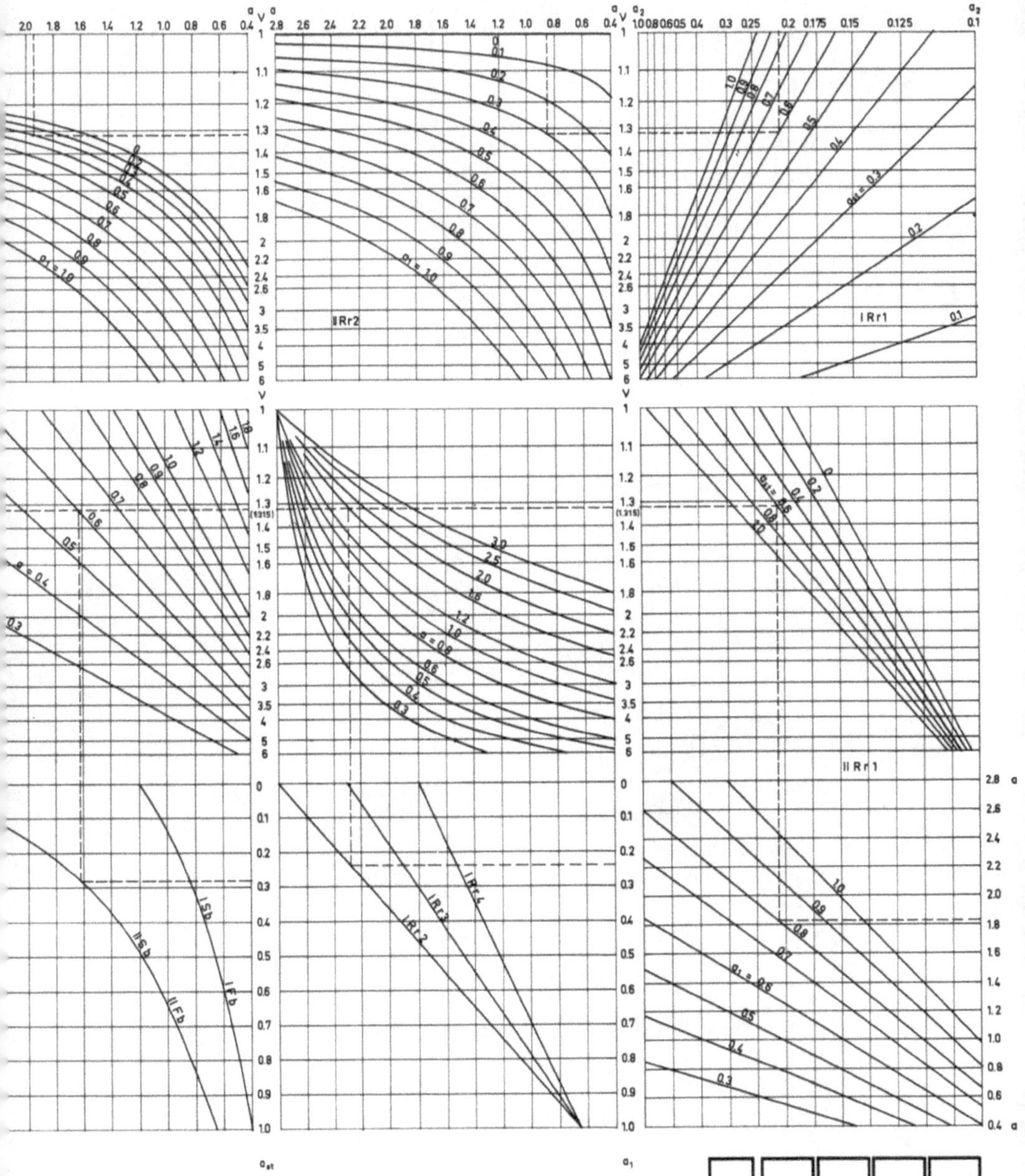

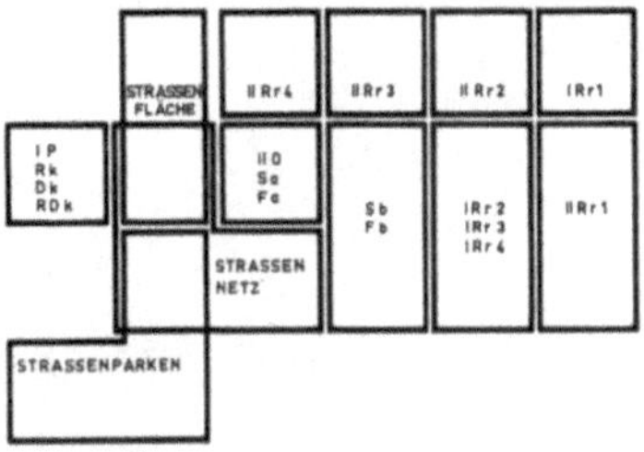

$a = \frac{l_2}{l_1}$

$a_{st} = \frac{l_{st\,2}}{l_{st\,1}}$

$a_1 = \frac{l_{st\,1}}{l_1}$

$a_2 = \frac{l_{st\,2}}{l_2}$

STRASSENSYSTEM

Der Anteil des Straßenlandes wird nach Formel 55b bestimmt:

$$p_{st} = \frac{1{,}315 \cdot 12{,}5}{225} = 0{,}073 \triangleq 7{,}3\,\%$$

Diese Ergebnisse können auf Tafel 12 abgelesen werden.

2. Die bisherigen Überlegungen gingen von einer aus Kapitel *Parksystem und Freiraum* hervorgegangenen Geschoßflächenzahl aus und lieferten das erforderliche Straßensystem. Wird jedoch ein Straßensystem vorgegeben (ErG), so muß der mögliche Anteil des Straßenparkens erst berechnet werden, um daraus dann die Geschoßflächenzahl bestimmen zu können. Es werden folgende Sekundärdaten angenommen:

$$\begin{aligned}
BGF/E &= 30\ m^2\\
EF/E &= 15\ m^2\\
PF_{asp}/WEP &= 12{,}5\ m^2\\
PF_{asp1}/WEP &= 25\ m^2\\
\mu_e &= 3{,}5\\
GZ &= 6\\
l_{asp} &= 2{,}30\\
p_{bl} &= 0{,}6\\
ErG &= 125
\end{aligned}$$

Zunächst werden aus den Tabellen bestimmt:

$$\alpha_{asp\,1} = \frac{25}{12{,}5} = 2 \qquad \text{(s. S. 22)}$$

$$\delta = 1 - 2 = -1 \qquad \text{(s. S. 101)}$$

Der Anteil des Straßenparkens wird nach Formel 53:

$$p_{asp} = \frac{1 + \frac{3{,}5}{12{,}5}\left(\frac{30}{6} + 15\right) + 1}{\frac{2{,}30 \cdot 125}{2 \cdot 0{,}6 \cdot 12{,}5} + 1} = 0{,}377 \quad \text{(s. a. Tafel 11)}$$

Ergebnis: 37,7 % der Wageneinstellplätze können für das Straßenparken vorgesehen werden. Daraus folgt, daß 62,3 % als größere Abstellplätze vorzusehen sind ($p_{asp\,1} = 0{,}623$).

Für die Berechnung der Geschoßflächenzahl wird zunächst der Koeffizient φ bestimmt (s. S. 26):

$$\varphi = 1 + 0{,}623\,(2 - 1) = 1{,}623$$

Die Geschoßflächenzahl wird dann nach Formel 20:

$$GFZ = \frac{1}{\frac{1}{6} + \frac{\frac{12{,}5}{3{,}5} \cdot 1{,}623 + 15}{30}} = 1{,}165$$

Zur Probe:

nach (49) wird: $$l_{st}/E = \frac{30}{1{,}165 \cdot 125} = 0{,}206 \text{ m/E}$$

nach (52) wird: $$l_{st}/E = \frac{0{,}377 \cdot 2{,}30}{2 \cdot 0{,}6 \cdot 3{,}5} = 0{,}206 \text{ m/E}$$

Straßensystem: IP

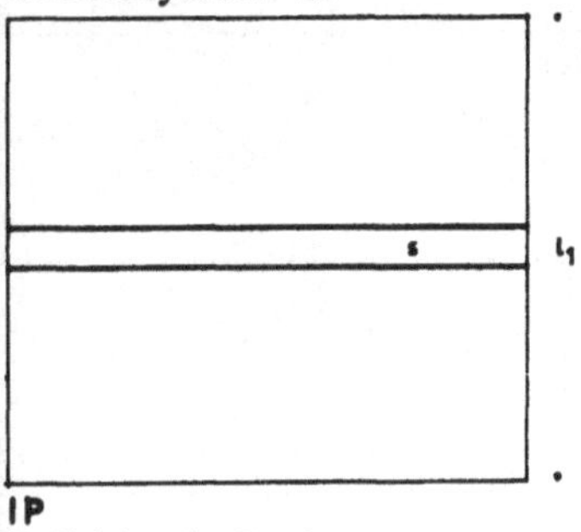

Definition des Straßennetzes

Koeffizienten	
ν	1
c_{st}	$s_m = s$
	für $\frac{s}{l} = 0$
ν	
c_{st}	

Straßensystem: II0

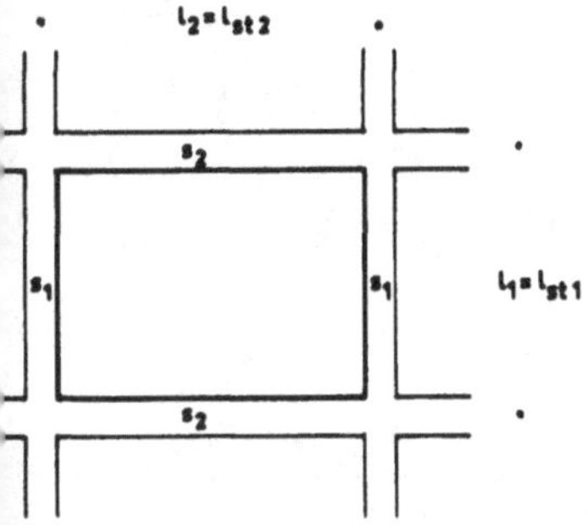

Definition des Straßennetzes

Koeffizienten	
ν	$1 + \frac{1}{a_{st}} - \frac{s_2}{l_2}$
c_{st}	$\dfrac{1 + \sigma \cdot (a_{st} - \frac{s_1}{l_1})}{1 + a_{st} - \frac{\sigma \cdot s_1}{l_1}}$
	für $\frac{s}{l} = 0$
ν	$1 + \frac{1}{a_{st}}$
c_{st}	$\dfrac{1 + a_{st} \cdot \sigma}{1 + a_{st}}$

Verhältniszahlen:

$a = \frac{l_2}{l_1}$ $\quad a_{st} = \frac{l_{st2}}{l_{st1}}$ $\quad a_1 = \frac{l_{st1}}{l_1}$ $\quad a_2 = \frac{l_{st2}}{l_2}$ $\quad \sigma = \frac{s_2}{s_1}$ $\quad$ daraus folgt: $a = \frac{a_1}{a_2} \cdot a_{st}$

Straßensystem: ISa

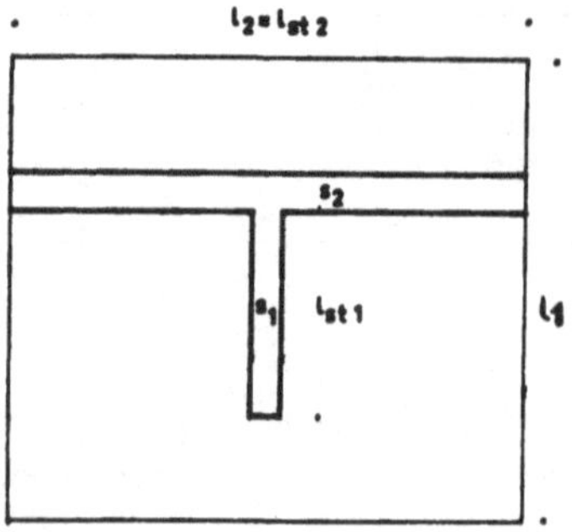

ISa

Definition des Straßennetzes

Koeffizienten	
ν	$1 + \frac{1}{a_{st}}$
c_{st}	$\frac{1 + a_{st} \cdot \sigma}{1 + a_{st}}$
	für $\frac{s}{l} = 0$
ν	
c_{st}	

Straßensystem: IFa

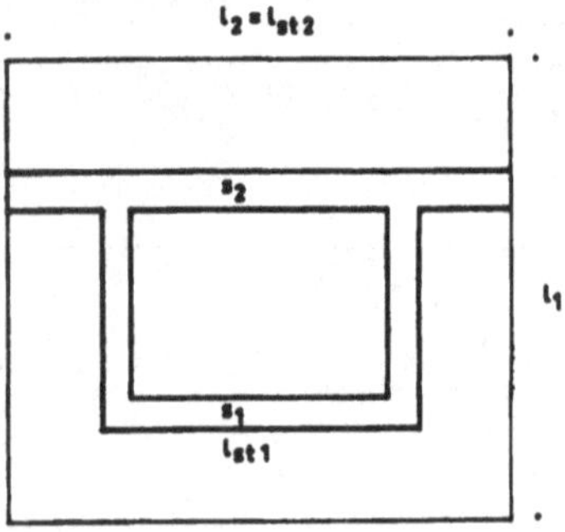

IFa

Definition des Straßennetzes

Koeffizienten	
ν	$1 + \frac{1}{a_{st}}$
c_{st}	$\frac{1 + a_{st} \cdot \sigma}{1 + a_{st}}$
	für $\frac{s}{l} = 0$
ν	
c_{st}	

Verhältniszahlen:

$a = \frac{l_2}{l_1}$ $a_{st} = \frac{l_{st2}}{l_{st1}}$ $a_1 = \frac{l_{st1}}{l_1}$ $a_2 = \frac{l_{st2}}{l_2}$ $\sigma = \frac{s_2}{s_1}$ daraus folgt: $a = \frac{a_1}{a_2} \cdot a_{st}$

Straßensystem: ISb

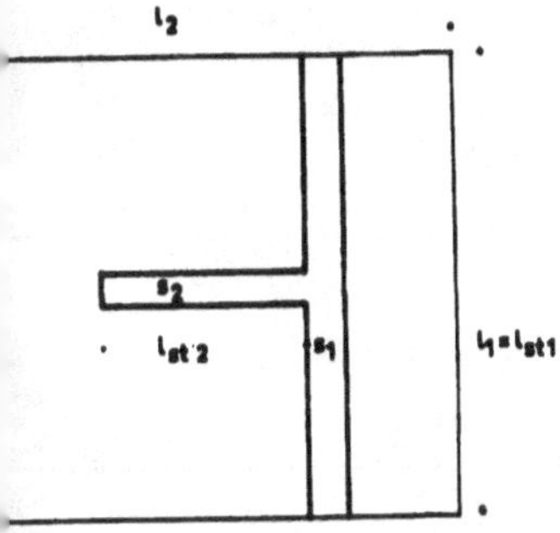

Definition des Straßennetzes

Koeffizienten	
ν	$\frac{1 + a_{st}}{a}$
c_{st}	$\frac{1 + a_{st} \cdot \sigma}{1 + a_{st}}$
	für $\frac{s}{l} = O$
ν	
c_{st}	

Straßensystem: IFb

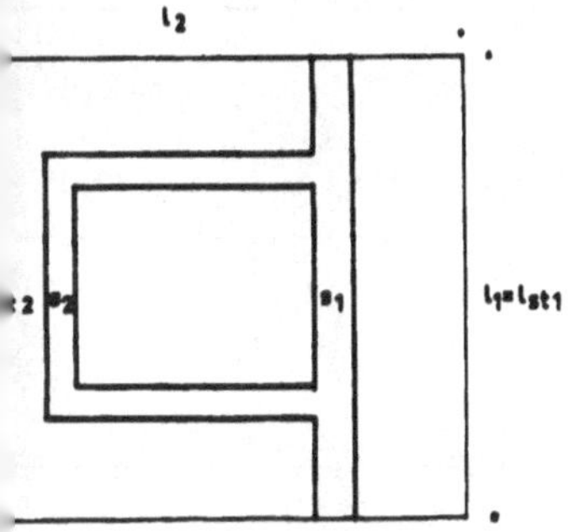

Definition des Straßennetzes

Koeffizienten	
ν	$\frac{1 + a_{st}}{a}$
c_{st}	$\frac{1 + a_{st} \cdot \sigma}{1 + a_{st}}$
	für $\frac{s}{l} = O$
ν	
c_{st}	

Verhältniszahlen:

$a = \frac{l_2}{l_1}$ $\quad a_{st} = \frac{l_{st2}}{l_{st1}}$ $\quad a_1 = \frac{l_{st1}}{l_1}$ $\quad a_2 = \frac{l_{st2}}{l_2}$ $\quad \sigma = \frac{s_2}{s_1}$ $\quad$ daraus folgt: $a = \frac{a_1}{a_2} \cdot a_{st}$

Straßensystem: IISa

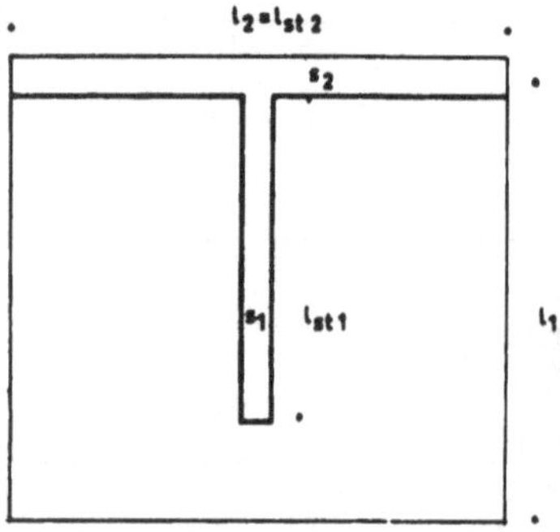

II Sa

Definition des Straßennetzes

Koeffizienten	
ν	$0{,}5 + \frac{1}{a_{st}}$
c_{st}	$\frac{2 + a_{st} \cdot \sigma}{2 + a_{st}}$
	für $\frac{s}{l} = 0$
ν	
c_{st}	

Straßensystem: IIFa

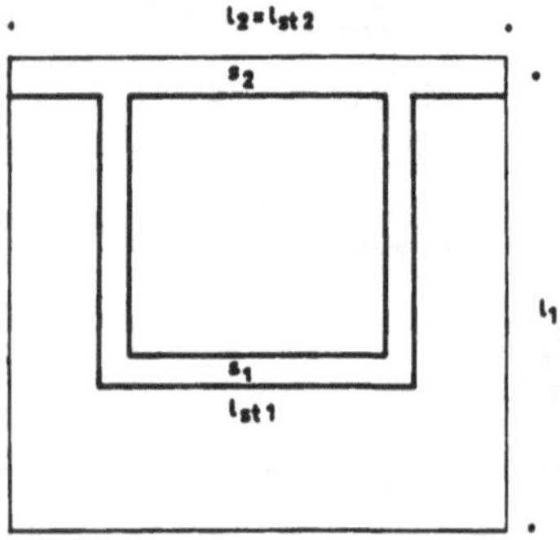

II Fa

Definition des Straßennetzes

Koeffizienten	
ν	$0{,}5 + \frac{1}{a_{st}}$
c_{st}	$\frac{2 + a_{st} \cdot \sigma}{2 + a_{st}}$
	für $\frac{s}{l} = 0$
ν	
c_{st}	

Verhältniszahlen:

$a = \frac{l_2}{l_1}$ $\quad a_{st} = \frac{l_{st2}}{l_{st1}}$ $\quad a_1 = \frac{l_{st1}}{l_1}$ $\quad a_2 = \frac{l_{st2}}{l_2}$ $\quad \sigma = \frac{s_2}{s_1}$ $\quad$ daraus folgt: $a = \frac{a_1}{a_2} \cdot a_{st}$

Straßensystem: IISb

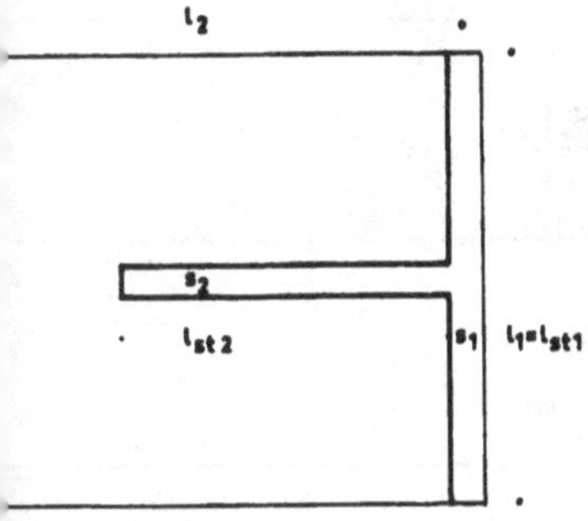

b

Definition des Straßennetzes

Koeffizienten	
ν	$\frac{0{,}5 + a_{st}}{a}$
c_{st}	$\frac{0{,}5 + a_{st} \cdot \sigma}{0{,}5 + a_{st}}$
	für $\frac{s}{l} = 0$
ν	
c_{st}	

Straßensystem: IIFb

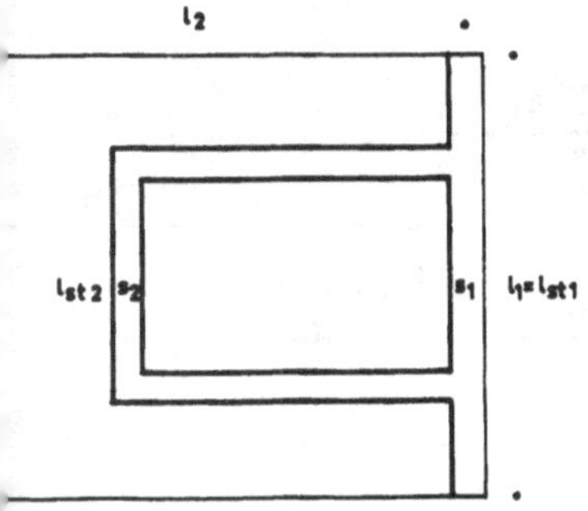

Fb

Definition des Straßennetzes

Koeffizienten	
ν	$\frac{0{,}5 + a_{st}}{a}$
c_{st}	$\frac{0{,}5 + a_{st} \cdot \sigma}{0{,}5 + a_{st}}$
	für $\frac{s}{l} = 0$
ν	
c_{st}	

Verhältniszahlen:

$a = \frac{l_2}{l_1}$ $a_{st} = \frac{l_{st2}}{l_{st1}}$ $a_1 = \frac{l_{st1}}{l_1}$ $a_2 = \frac{l_{st2}}{l_2}$ $\sigma = \frac{s_2}{s_1}$ daraus folgt: $a = \frac{a_1}{a_2} \cdot a_{st}$

Straßensystem: IRr1

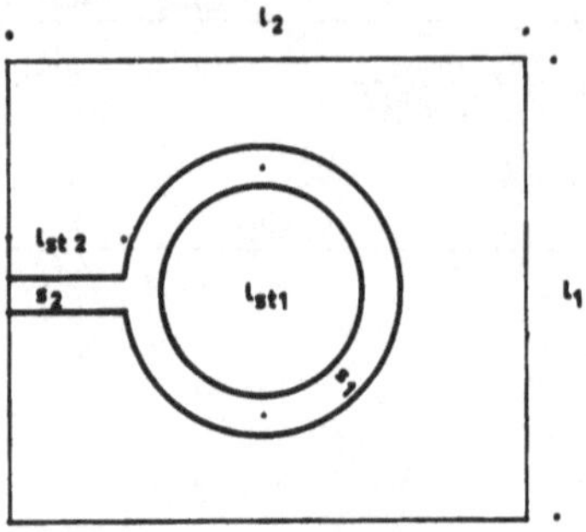

IRr1
Definition des Straßennetzes

Koeffizienten	
ν	$a_2 \left(1 + \frac{3{,}14}{a_{st}}\right)$
c_{st}	$\frac{3{,}14 + a_{st} \cdot \sigma}{3{,}14 + a_{st}}$
	für $\frac{s}{l} = O$
ν	
c_{st}	

Straßensystem: IRr2

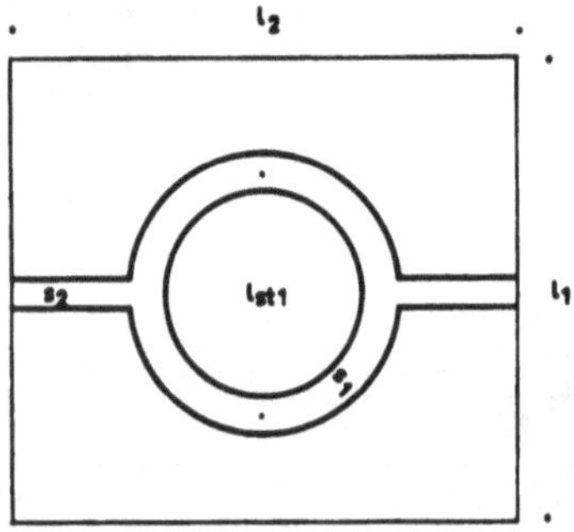

IRr2
Definition des Straßennetzes

Koeffizienten	
ν	$1 + \frac{2{,}14 \cdot a_1}{a} - \frac{s_1}{l_2}$
c_{st}	$\frac{\sigma \cdot (a - \frac{s_1}{l_1}) + a_1\,(3{,}14 - \sigma)}{(a - \frac{s_1}{l_1}) + 2{,}14 \cdot a_1}$
	für $\frac{s}{l} = O$
ν	$1 + \frac{2{,}14 \cdot a_1}{a}$
c_{st}	$\frac{a \cdot \sigma + a_1\,(3{,}14 - \sigma)}{a + 2{,}14 \cdot a_1}$

Verhältniszahlen:

$a = \frac{l_2}{l_1}$ $\quad a_{st} = \frac{l_{st2}}{l_{st1}}$ $\quad a_1 = \frac{l_{st1}}{l_1}$ $\quad a_2 = \frac{l_{st2}}{l_2}$ $\quad \sigma = \frac{s_2}{s_1}$ $\quad$ daraus folgt: $a = \frac{a_1}{a_2} \cdot a_{st}$

Straßensystem: IRr3

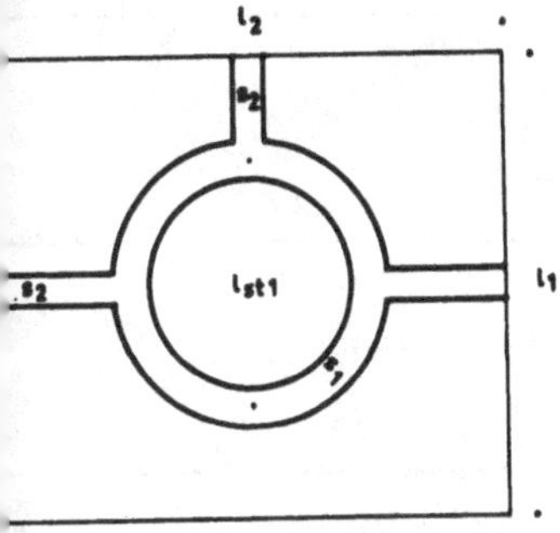

Rr3
Definition des Straßennetzes

Koeffizienten	
ν	$1 + \dfrac{0{,}5 + 1{,}64 \cdot a_1}{a} - 1{,}5 \cdot \dfrac{s_1}{l_2}$
c_{st}	$\dfrac{\sigma \cdot (a + 0{,}5 - 1{,}5 \cdot \frac{s_1}{l_1}) + a_1\,(3{,}14 - 1{,}5 \cdot \sigma)}{(a + 0{,}5 - 1{,}5 \cdot \frac{s_1}{l_1}) + 1{,}64 \cdot a_1}$
	für $\frac{s}{l} = 0$
ν	$1 + \dfrac{0{,}5 + 1{,}64 \cdot a_1}{a}$
c_{st}	$\dfrac{\sigma \cdot (a + 0{,}5) + a_1\,(3{,}14 - 1{,}5 \cdot \sigma)}{(a + 0{,}5) + 1{,}64 \cdot a_1}$

Straßensystem: IRr4

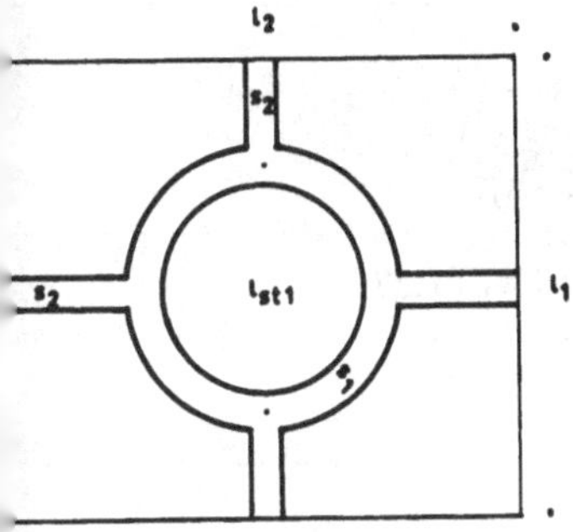

IRr4
Definition des Straßennetzes

Koeffizienten	
ν	$1 + \dfrac{1 + 1{,}14 \cdot a_1}{a} - 2 \cdot \dfrac{s_1}{l_2}$
c_{st}	$\dfrac{\sigma\,(a + 1 - 2 \cdot \frac{s_1}{l_1}) + a_1\,(3{,}14 - 2 \cdot \sigma)}{(a + 1 - 2 \cdot \frac{s_1}{l_1}) + 1{,}14 \cdot a_1}$
	für $\frac{s}{l} = 0$
ν	$1 + \dfrac{1 + 1{,}14 \cdot a_1}{a}$
c_{st}	$\dfrac{\sigma\,(a + 1) + a_1\,(3{,}14 - 2 \cdot \sigma)}{(a + 1) + 1{,}14 \cdot a_1}$

Verhältniszahlen:

$a = \dfrac{l_2}{l_1}$ $\quad a_{st} = \dfrac{l_{st2}}{l_{st1}}$ $\quad a_1 = \dfrac{l_{st1}}{l_1}$ $\quad a_2 = \dfrac{l_{st2}}{l_2}$ $\quad \sigma = \dfrac{s_2}{s_1}$ $\quad$ daraus folgt: $a = \dfrac{a_1}{a_2} \cdot a_{st}$

Straßensystem: IIRr1

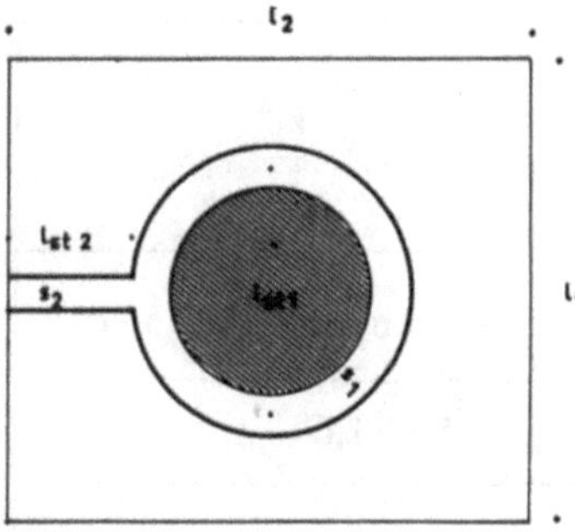

IIRr1
Definition des Straßennetzes

Koeffizienten	
ν	$\dfrac{a_1\,(1{,}57 + a_{st})}{a - 0{,}785 \cdot a_1^2}$
c_{st}	$\dfrac{1{,}57 + a_{st} \cdot \sigma}{1{,}57 + a_{st}}$
	für $\frac{s}{l} = 0$
ν	
c_{st}	

Straßensystem: IIRr2

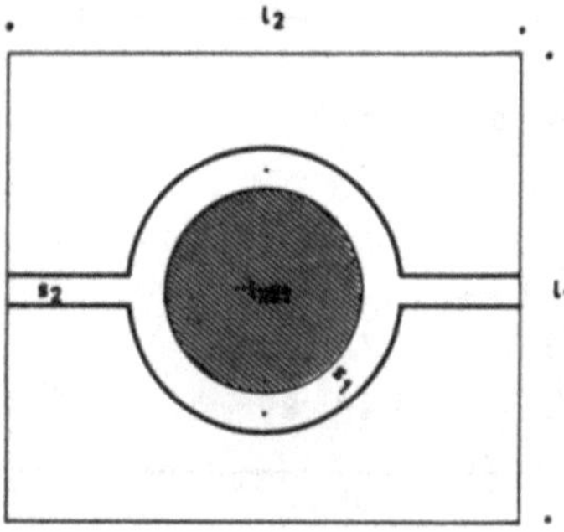

IIRr2
Definition des Straßennetzes

Koeffizienten	
ν	$\dfrac{a + 0{,}57 \cdot a_1 - \frac{s_1}{l_1}}{a - 0{,}785 \cdot a_1^2}$
c_{st}	$\dfrac{\sigma \cdot (a - \frac{s_1}{l_1}) + a_1\,(1{,}57 - \sigma)}{(a - \frac{s_1}{l_1}) + 0{,}57 \cdot a_1}$
	für $\frac{s}{l} = 0$
ν	$\dfrac{a + 0{,}57 \cdot a_1}{a - 0{,}785 \cdot a_1^2}$
c_{st}	$\dfrac{\sigma \cdot a + a_1\,(1{,}57 - \sigma)}{a + 0{,}57 \cdot a_1}$

Verhältniszahlen:

$a = \frac{l_2}{l_1}$ $\quad a_{st} = \frac{l_{st2}}{l_{st1}}$ $\quad a_1 = \frac{l_{st1}}{l_1}$ $\quad a_2 = \frac{l_{st2}}{l_2}$ $\quad \sigma = \frac{s_2}{s_1}$ $\quad$ daraus folgt: $a = \frac{a_1}{a_2} \cdot a_{st}$

traßensystem: IIRr3

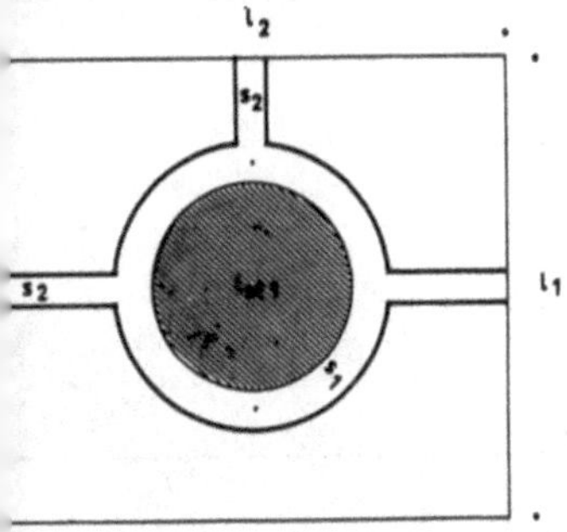

Rr3
efinition des Straßennetzes

Koeffizienten	
ν	$\dfrac{0{,}5 + a + 0{,}07 \cdot a_1 - 1{,}5 \cdot \dfrac{s_1}{l_1}}{a - 0{,}785 \cdot a_1^2}$
c_{st}	$\dfrac{\sigma \cdot (0{,}5 + a - 1{,}5 \cdot \frac{s_1}{l_1}) + a_1\,(1{,}57 - 1{,}5 \cdot \sigma)}{(0{,}5 + a - 1{,}5 \cdot \frac{s_1}{l_1}) + 0{,}07 \cdot a_1}$
	für $\frac{s}{l} = 0$
ν	$\dfrac{0{,}5 + a + 0{,}07 \cdot a_1}{a - 0{,}785 \cdot a_1^2}$
c_{st}	$\dfrac{\sigma\,(0{,}5 + a) + a_1\,(1{,}57 - 1{,}5 \cdot \sigma)}{(0{,}5 + a) + 0{,}07 \cdot a_1}$

traßensystem: IIRr4

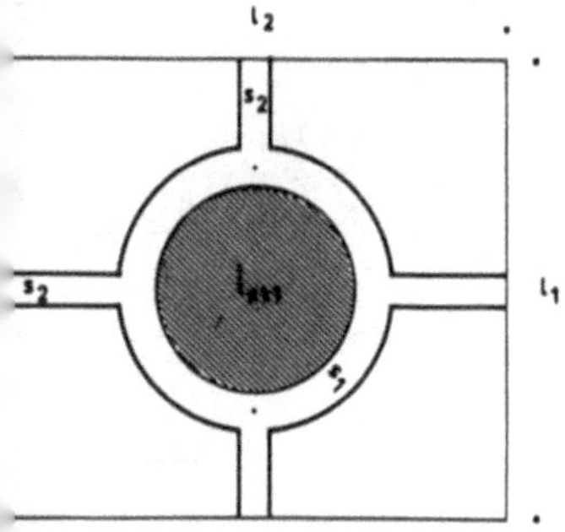

Rr4
Definition des Straßennetzes

Koeffizienten	
ν	$\dfrac{1 + a - 0{,}43 \cdot a_1 - 2 \cdot \dfrac{s_1}{l_1}}{a - 0{,}785 \cdot a_1^2}$
c_{st}	$\dfrac{\sigma \cdot (1 + a - 2 \cdot \frac{s_1}{l_1}) - a_1\,(2 \cdot \sigma - 1{,}57)}{(1 + a - 2 \cdot \frac{s_1}{l_1}) - 0{,}43 \cdot a_1}$
	für $\frac{s}{l} = 0$
ν	$\dfrac{1 + a - 0{,}43 \cdot a_1}{a - 0{,}785 \cdot a_1^2}$
c_{st}	$\dfrac{\sigma \cdot (1 + a) - a_1\,(2 \cdot \sigma - 1{,}57)}{(1 + a) - 0{,}43 \cdot a_1}$

Verhältniszahlen:

$a = \frac{l_2}{l_1}$ $\quad a_{st} = \frac{l_{st2}}{l_{st1}}$ $\quad a_1 = \frac{l_{st1}}{l_1}$ $\quad a_2 = \frac{l_{st2}}{l_2}$ $\quad \sigma = \frac{s_2}{s_1}$ $\quad$ daraus folgt: $a = \frac{a_1}{a_2} \cdot a_{st}$

Straßensystem: IRk0

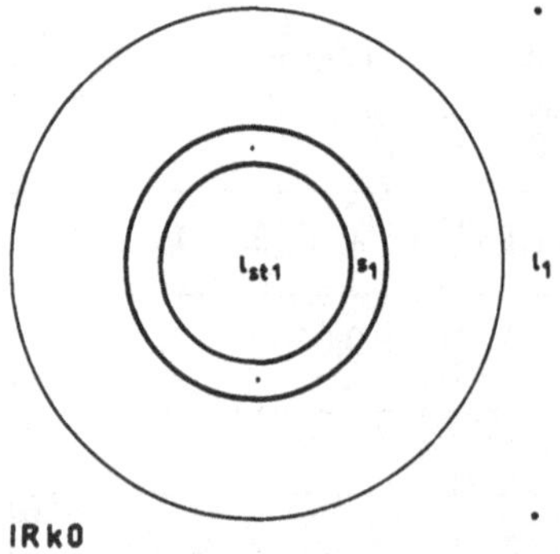

IRk0

Definition des Straßennetzes

Koeffizienten	
ν	$4\,a_1$
c_{st}	$s_m = s_1$
	für $\frac{s}{l} = 0$
ν	
c_{st}	

Straßensystem: IRk1

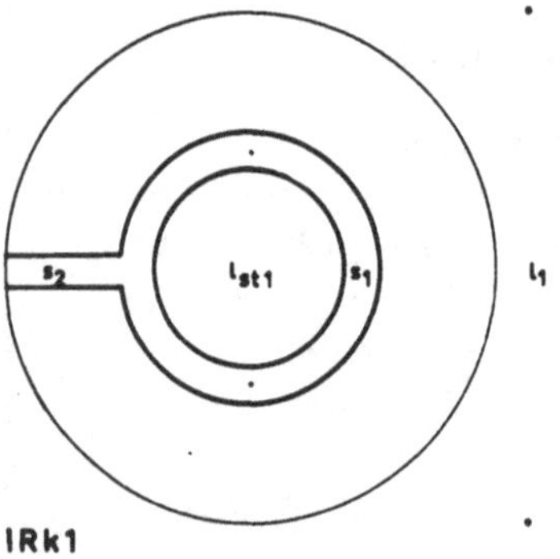

IRk1

Definition des Straßennetzes

Koeffizienten	
ν	$0{,}637\,(1 - \frac{s_1}{l_1}) + 3{,}363 \cdot a_1$
c_{st}	$\dfrac{\sigma \cdot (1 - \frac{s_1}{l_1}) + a_1\,(6{,}28 - \sigma)}{(1 - \frac{s_1}{l_1}) + 5{,}28 \cdot a_1}$
	für $\frac{s}{l} = 0$
ν	$0{,}637 + 3{,}363 \cdot a_1$
c_{st}	$\dfrac{\sigma + a_1\,(6{,}28 - \sigma)}{1 + 5{,}28 \cdot a_1}$

Verhältniszahlen:

$a = \frac{l_2}{l_1}$ $\quad a_{st} = \frac{l_{st2}}{l_{st1}}$ $\quad a_1 = \frac{l_{st1}}{l_1}$ $\quad a_2 = \frac{l_{st2}}{l_2}$ $\quad \sigma = \frac{s_2}{s_1}$ $\quad$ daraus folgt: $a = \frac{a_1}{a_2} \cdot a_{st}$

Straßensystem: IRk2

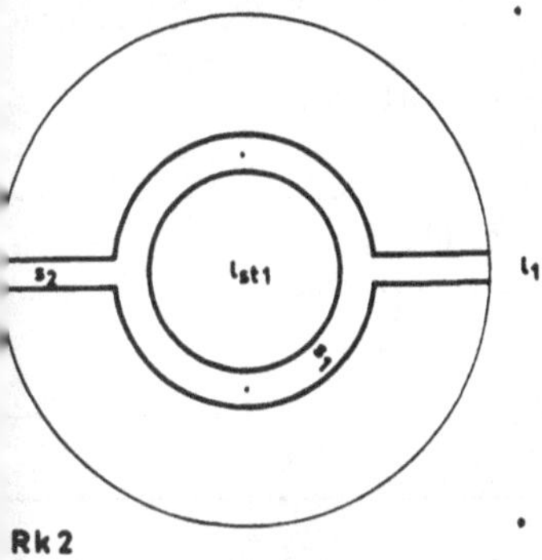

IRk 2

Definition des Straßennetzes

Koeffizienten	
ν	$1{,}275\,(1 - \frac{s_1}{l_1}) + 2{,}725 \cdot a_1$
c_{st}	$\frac{\sigma \cdot (1 - \frac{s_1}{l_1}) + a_1\,(3{,}14 - \sigma)}{(1 - \frac{s_1}{l_1}) + 2{,}14 \cdot a_1}$
	für $\frac{s}{l} = O$
ν	$1{,}275 + 2{,}725 \cdot a_1$
c_{st}	$\frac{\sigma + a_1\,(3{,}14 - \sigma)}{1 + 2{,}14 \cdot a_1}$

Straßensystem: IRk3

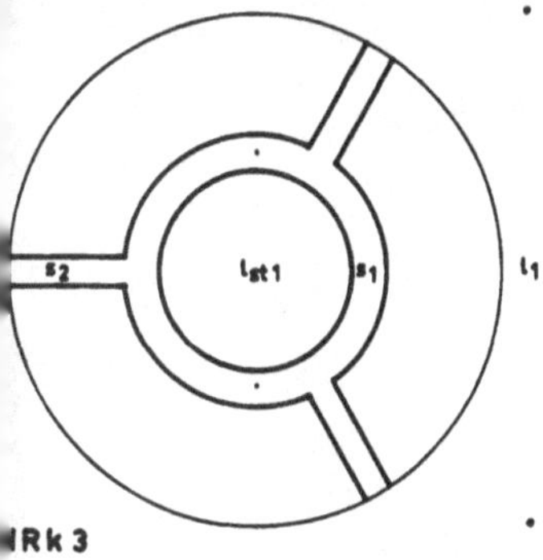

IRk 3

Definition des Straßennetzes

Koeffizienten	
ν	$1{,}91\,(1 - \frac{s_1}{l_1}) + 2{,}09 \cdot a_1$
c_{st}	$\frac{\sigma\,(1 - \frac{s_1}{l_1}) + a_1\,(2{,}09 - \sigma)}{(1 - \frac{s_1}{l_1}) + 1{,}09 \cdot a_1}$
	für $\frac{s}{l} = O$
ν	$1{,}91 + 2{,}09 \cdot a_1$
c_{st}	$\frac{\sigma + a_1\,(2{,}09 - \sigma)}{1 + 1{,}09 \cdot a_1}$

Verhältniszahlen:

$a = \frac{l_2}{l_1}$ $a_{st} = \frac{l_{st2}}{l_{st1}}$ $a_1 = \frac{l_{st1}}{l_1}$ $a_2 = \frac{l_{st2}}{l_2}$ $\sigma = \frac{s_2}{s_1}$ daraus folgt: $a = \frac{a_1}{a_2} \cdot a_{st}$

Straßensystem: IRk4

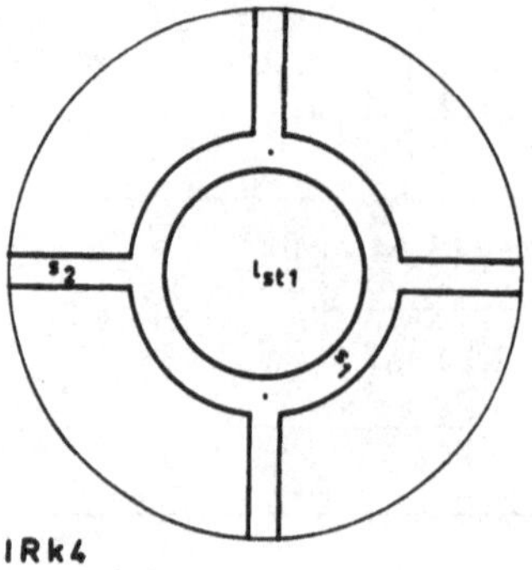

IRk4

Definition des Straßennetzes

Koeffizienten	
ν	$2{,}55\,(1 - \frac{s_1}{l_1}) + 1{,}45 \cdot a_1$
c_{st}	$\frac{\sigma\,(1 - \frac{s_1}{l_1}) + a_1\,(1{,}57 - \sigma)}{(1 - \frac{s_1}{l_1}) + 0{,}57 \cdot a_1}$
	für $\frac{s}{l} = 0$
ν	$2{,}55 + 1{,}45 \cdot a_1$
c_{st}	$\frac{\sigma + a_1\,(1{,}57 - \sigma)}{1 + 0{,}57 \cdot a_1}$

Verhältniszahlen:

$a = \frac{l_2}{l_1}$ $a_{st} = \frac{l_{st2}}{l_{st1}}$ $a_1 = \frac{l_{st1}}{l_1}$ $a_2 = \frac{l_{st2}}{l_2}$ $\sigma = \frac{s_2}{s_1}$ daraus folgt: $a = \frac{a_1}{a_2} \cdot a_{st}$

traßensystem: IIRk0

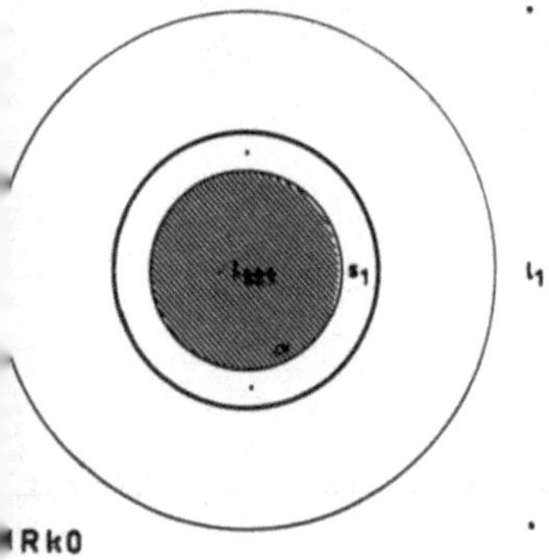

IRk0

Definition des Straßennetzes

Koeffizienten	
ν	$\frac{2 \cdot a_1}{1 - a_1^2}$
c_{st}	$s_m = s_1$
	für $\frac{s}{l} = 0$
ν	
c_{st}	

Straßensystem: IIRk1

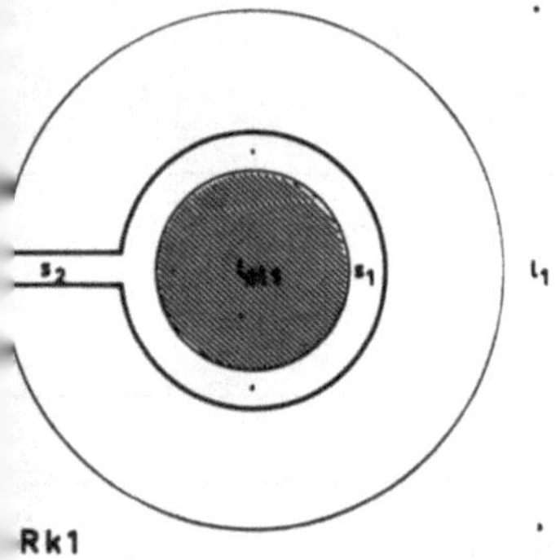

Rk1

Definition des Straßennetzes

Koeffizienten	
ν	$\frac{0{,}637\,(1 - \frac{s_1}{l_1}) + 1{,}363 \cdot a_1}{1 - a_1^2}$
c_{st}	$\frac{\sigma \cdot (1 - \frac{s_1}{l_1}) + a_1\,(3{,}14 - \sigma)}{(1 - \frac{s_1}{l_1}) + 2{,}14 \cdot a_1}$
	für $\frac{s}{l} = 0$
ν	$\frac{0{,}637 + 1{,}363 \cdot a_1}{1 - a_1^2}$
c_{st}	$\frac{\sigma + a_1\,(3{,}14 - \sigma)}{1 + 2{,}14 \cdot a_1}$

Verhältniszahlen:

$a = \frac{l_2}{l_1}$ $a_{st} = \frac{l_{st2}}{l_{st1}}$ $a_1 = \frac{l_{st1}}{l_1}$ $a_2 = \frac{l_{st2}}{l_2}$ $\sigma = \frac{s_2}{s_1}$ daraus folgt: $a = \frac{a_1}{a_2} \cdot a_{st}$

Straßensystem: IIRk2

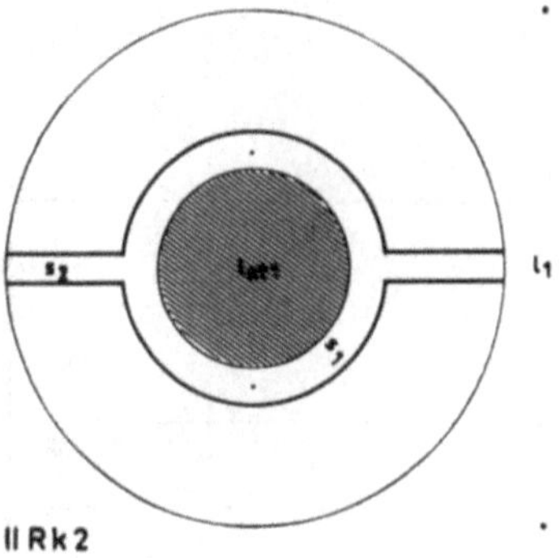

IIRk2

Definition des Straßennetzes

Koeffizienten	
ν	$$\frac{1{,}275\,(1-\frac{s_1}{l_1})+0{,}725\cdot a_1}{1-a_1^2}$$
c_{st}	$$\frac{\sigma\cdot(1-\frac{s_1}{l_1})+a_1\,(1{,}57-\sigma)}{(1-\frac{s_1}{l_1})+0{,}57\cdot a_1}$$
	für $\frac{s}{l}=0$
ν	$$\frac{1{,}275+0{,}725\cdot a_1}{1-a_1^2}$$
c_{st}	$$\frac{\sigma+a_1\,(1{,}57-\sigma)}{1+0{,}57\cdot a_1}$$

Straßensystem: IIRk3

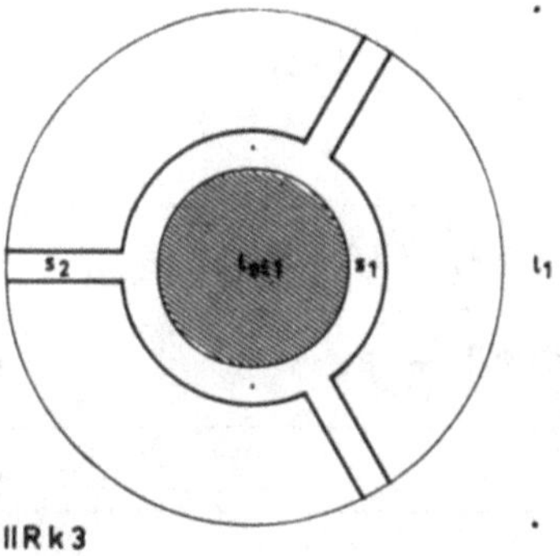

IIRk3

Definition des Straßennetzes

Koeffizienten	
ν	$$\frac{1{,}91\,(1-\frac{s_1}{l_1})+0{,}09\cdot a_1}{1-a_1^2}$$
c_{st}	$$\frac{\sigma\cdot(1-\frac{s_1}{l_1})+a_1\,(1{,}05-\sigma)}{(1-\frac{s_1}{l_1})+0{,}05\cdot a_1}$$
	für $\frac{s}{l}=0$
ν	$$\frac{1{,}91+0{,}09\cdot a_1}{1-a_1^2}$$
c_{st}	$$\frac{\sigma+a_1\,(1{,}05-\sigma)}{1+0{,}05\cdot a_1}$$

Verhältniszahlen:

$a=\frac{l_2}{l_1}$ $\quad a_{st}=\frac{l_{st2}}{l_{st1}}$ $\quad a_1=\frac{l_{st1}}{l_1}$ $\quad a_2=\frac{l_{st2}}{l_2}$ $\quad \sigma=\frac{s_2}{s_1}$ $\quad$ daraus folgt: $a=\frac{a_1}{a_2}\cdot a_{st}$

traßensystem: IIRk4

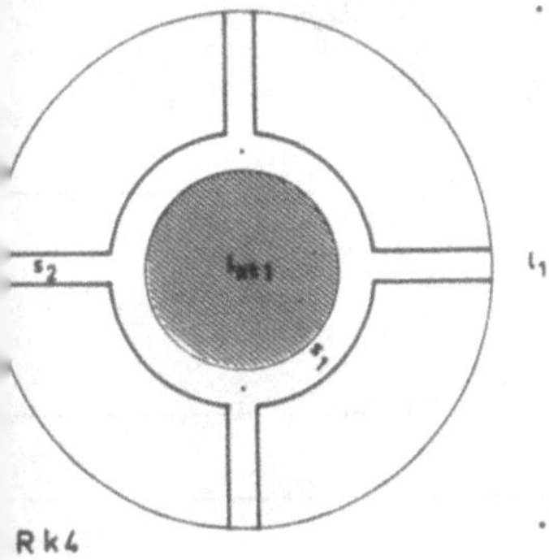

Rk4

efinition des Straßennetzes

Koeffizienten	
ν	$\dfrac{2{,}55\,(1-\frac{s_1}{l_1}) - 0{,}55 \cdot a_1}{1 - a_1^2}$
c_{st}	$\dfrac{\sigma \cdot (1-\frac{s_1}{l_1}) - a_1\,(\sigma - 0{,}785)}{(1-\frac{s_1}{l_1}) - 0{,}215 \cdot a_1}$
	für $\frac{s}{l} = 0$
ν	$\dfrac{2{,}55 - 0{,}55 \cdot a_1}{1 - a_1^2}$
c_{st}	$\dfrac{\sigma - a_1\,(\sigma - 0{,}785)}{1 - 0{,}215 \cdot a_1}$

erhältniszahlen:

$= \frac{l_2}{l_1}$ $\quad a_{st} = \frac{l_{st2}}{l_{st1}}$ $\quad a_1 = \frac{l_{st1}}{l_1}$ $\quad a_2 = \frac{l_{st2}}{l_2}$ $\quad \sigma = \frac{s_2}{s_1}$ $\quad$ daraus folgt: $a = \frac{a_1}{a_2} \cdot a_{st}$

Straßensystem: IDk2

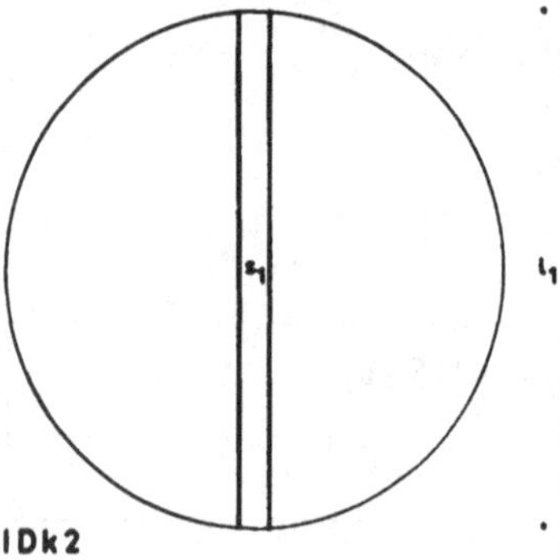

IDk2

Definition des Straßennetzes

Koeffizienten	
ν	1,27
c_{st}	$s_m = s_1$
	für $\frac{s}{l} = O$
ν	
c_{st}	

Straßensystem: IDk3

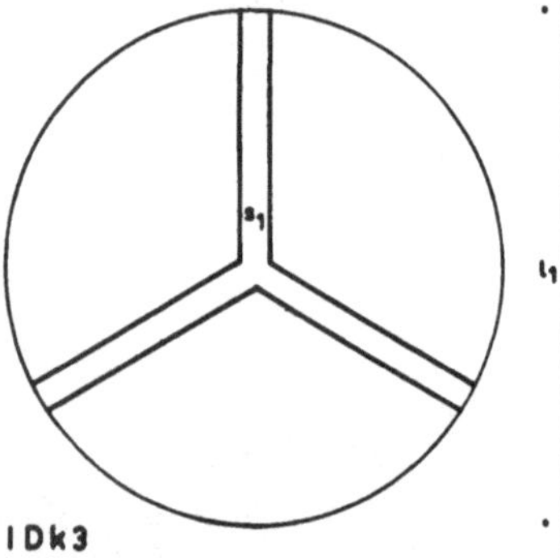

IDk3

Definition des Straßennetzes

Koeffizienten	
ν	1,91
c_{st}	$s_m = s_1$
	für $\frac{s}{l} = O$
ν	
c_{st}	

Verhältniszahlen:

$a = \frac{l_2}{l_1}$ $a_{st} = \frac{l_{st2}}{l_{st1}}$ $a_1 = \frac{l_{st1}}{l_1}$ $a_2 = \frac{l_{st2}}{l_2}$ $\sigma = \frac{s_2}{s_1}$ daraus folgt: $a = \frac{a_1}{a_2} \cdot a_{st}$

Straßensystem: IDk4

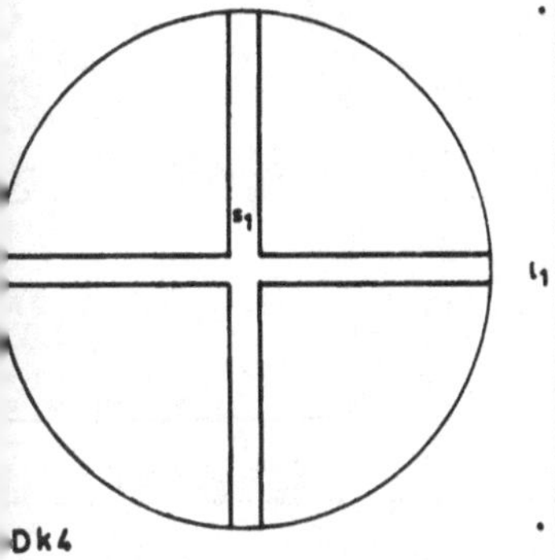

IDk4

Definition des Straßennetzes

Koeffizienten	
ν	2,55
c_{st}	$s_m = s_1$
	für $\frac{s}{l} = 0$
ν	
c_{st}	

Verhältniszahlen:

$a = \frac{l_2}{l_1}$ $a_{st} = \frac{l_{st2}}{l_{st1}}$ $a_1 = \frac{l_{st1}}{l_1}$ $a_2 = \frac{l_{st2}}{l_2}$ $\sigma = \frac{s_2}{s_1}$ daraus folgt: $a = \frac{a_1}{a_2} \cdot a_{st}$

Straßensystem: IIRDk0

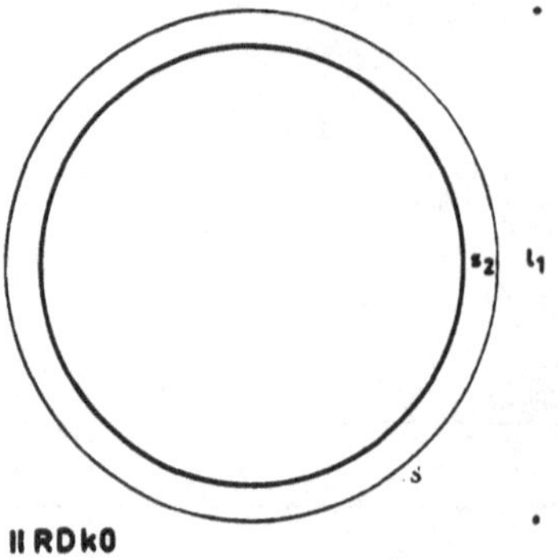

II RDk0

Definition des Straßennetzes

Koeffizienten	
ν	2
c_{st}	$s_m = s_2$
	für $\frac{s}{l} = 0$
ν	
c_{st}	

Straßensystem: IIRDk1

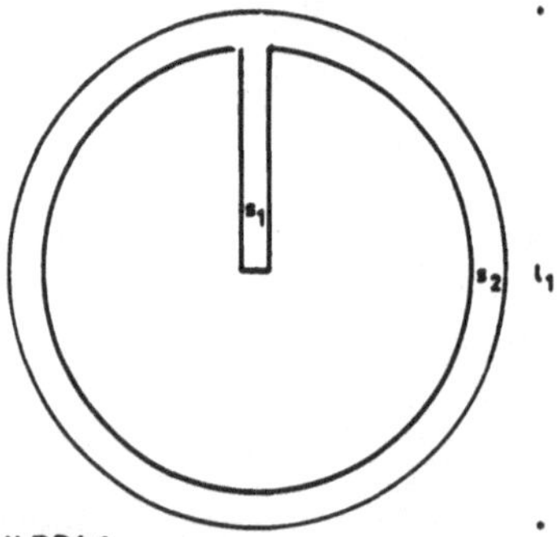

II RDk1

Definition des Straßennetzes

Koeffizienten	
ν	$2{,}637 - 0{,}637 \cdot \frac{s_2}{l_1}$
c_{st}	$\frac{\sigma + 0{,}318\,(1 - \frac{s_2}{l_1})}{1{,}318 - 0{,}318 \cdot \frac{s_2}{l_1}}$
	für $\frac{s}{l} = 0$
ν	2,637
c_{st}	$\frac{\sigma + 0{,}318}{1{,}318}$

Verhältniszahlen:

$a = \frac{l_2}{l_1}$ $a_{st} = \frac{l_{st2}}{l_{st1}}$ $a_1 = \frac{l_{st1}}{l_1}$ $a_2 = \frac{l_{st2}}{l_2}$ $\sigma = \frac{s_2}{s_1}$ daraus folgt: $a = \frac{a_1}{a_2} \cdot a_{st}$

Straßensystem: IIRDk2

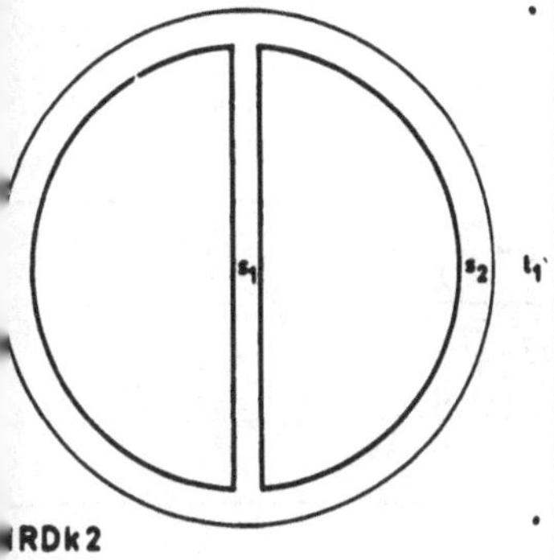

IIRDk2

Definition des Straßennetzes

Koeffizienten	
ν	$3{,}273 - 1{,}27 \cdot \frac{s_2}{l_1}$
c_{st}	$\frac{\sigma + 0{,}637\,(1 - \frac{s_2}{l_1})}{1{,}637 - 0{,}637 \cdot \frac{s_2}{l_1}}$
	für $\frac{s}{l} = 0$
ν	$3{,}273$
c_{st}	$\frac{\sigma + 0{,}637}{1{,}637}$

Straßensystem: IIRDk3

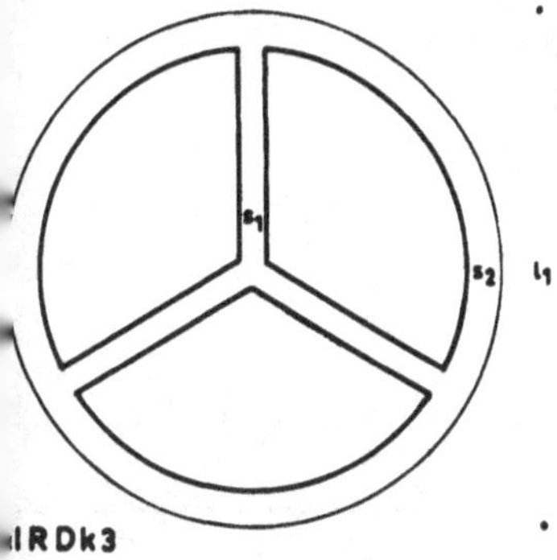

IIRDk3

Definition des Straßennetzes

Koeffizienten	
ν	$3{,}91 - 1{,}91 \cdot \frac{s_2}{l_1}$
c_{st}	$\frac{\sigma + 0{,}955\,(1 - \frac{s_2}{l_1})}{1{,}955 - 0{,}955 \cdot \frac{s_2}{l_1}}$
	für $\frac{s}{l} = 0$
ν	$3{,}91$
c_{st}	$\frac{\sigma + 0{,}955}{1{,}955}$

Verhältniszahlen:

$a = \frac{l_2}{l_1}$ $\quad a_{st} = \frac{l_{st2}}{l_{st1}}$ $\quad a_1 = \frac{l_{st1}}{l_1}$ $\quad a_2 = \frac{l_{st2}}{l_2}$ $\quad \sigma = \frac{s_2}{s_1}$ $\quad$ daraus folgt: $a = \frac{a_1}{a_2} \cdot a_{st}$

Straßensystem: IIRDk4

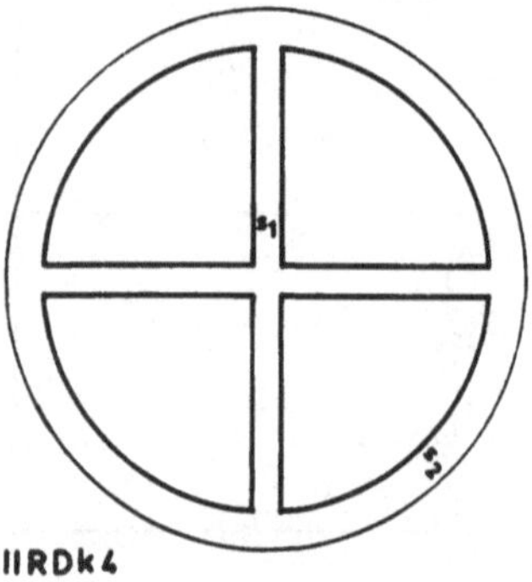

IIRDk4

Definition des Straßennetzes

Koeffizienten	
ν	$4{,}55 - 2{,}55 \cdot \frac{s_2}{l_1}$
c_{st}	$\dfrac{\sigma + 1{,}27\,(1 - \frac{s_2}{l_1})}{2{,}27 - 1{,}27 \cdot \frac{s_2}{l_1}}$
	für $\frac{s}{l} = 0$
ν	$4{,}55$
c_{st}	$\dfrac{\sigma + 1{,}27}{2{,}27}$

l_1

Straßensystem: IRDk0

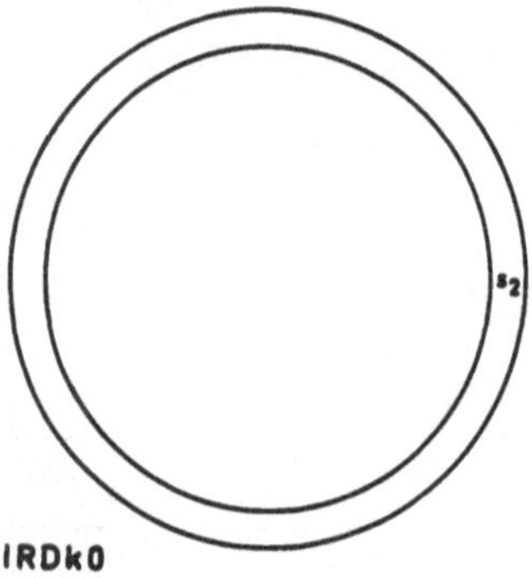

IRDk0

Definition des Straßennetzes

Koeffizienten	
ν	$4\,(1 - \frac{s_2}{l_1})$
c_{st}	$s_m = s_2$
	für $\frac{s}{l} = 0$
ν	4
c_{st}	$s_m = s_2$

l_1

Verhältniszahlen:

$a = \frac{l_2}{l_1}$ $\quad a_{st} = \frac{l_{st2}}{l_{st1}}$ $\quad a_1 = \frac{l_{st1}}{l_1}$ $\quad a_2 = \frac{l_{st2}}{l_2}$ $\quad \sigma = \frac{s_2}{s_1}$ $\quad$ daraus folgt: $a = \frac{a_1}{a_2} \cdot a_{st}$

traßensystem: IRDk1

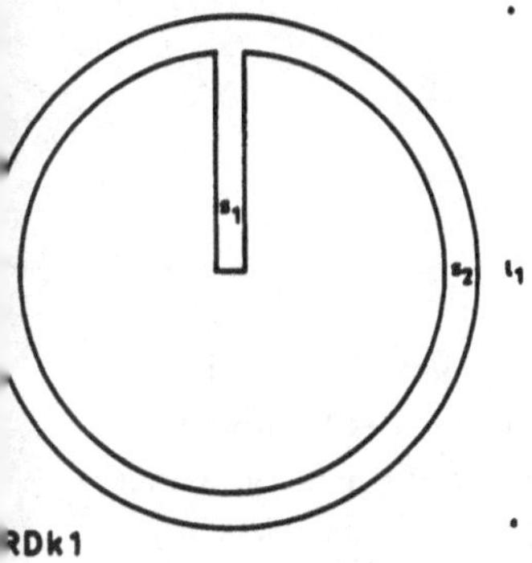

RDk1

efinition des Straßennetzes

Koeffizienten	
ν	$4{,}637 - 5{,}274 \cdot \frac{s_2}{l_1}$
c_{st}	$\frac{\sigma + 0{,}159 - \frac{s_2}{l_1}\,(\sigma + 0{,}318)}{1{,}159 - 1{,}318 \cdot \frac{s_2}{l_1}}$
	für $\frac{s}{l} = O$
ν	$4{,}637$
c_{st}	$\frac{\sigma + 0{,}159}{1{,}159}$

traßensystem: IRDk2

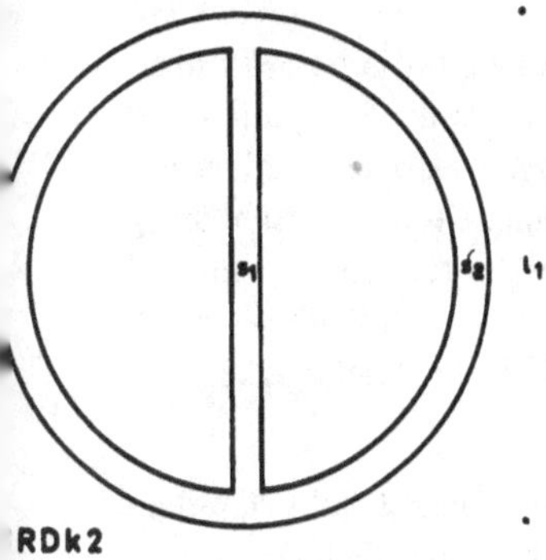

RDk2

efinition des Straßennetzes

Koeffizienten	
ν	$5{,}273 - 6{,}55 \cdot \frac{s_2}{l_1}$
c_{st}	$\frac{\sigma + 0{,}318 - \frac{s_2}{l_1}\,(\sigma + 0{,}637)}{1{,}318 - 1{,}637 \cdot \frac{s_2}{l_1}}$
	für $\frac{s}{l} = O$
ν	$5{,}273$
c_{st}	$\frac{\sigma + 0{,}318}{1{,}318}$

Verhältniszahlen:

$a = \frac{l_2}{l_1}$ $\quad a_{st} = \frac{l_{st2}}{l_{st1}}$ $\quad a_1 = \frac{l_{st1}}{l_1}$ $\quad a_2 = \frac{l_{st2}}{l_2}$ $\quad \sigma = \frac{s_2}{s_1}$ $\quad$ daraus folgt: $a = \frac{a_1}{a_2} \cdot a_{st}$

6 Mathematisches Modell

Die Kapitel *Parksystem und Freiraum* und *Bebauungssystem* behandeln die Relationen planungsrelevanter Faktoren des Grundstückes bzw. des Nettowohnbaulandes als Summe aller Einzelgrundstücke. Bei der Betrachtung einer größeren Siedlungseinheit sind jedoch auch Wohnfolgeeinrichtungen mit zu berücksichtigen. Diese werden durch die steigenden kulturellen und sozialen Bedürfnisse der Bewohner als Planungskriterien ein immer wichtiger werdender Faktor im Planungsprozeß sein.

6.1 Wohnfolgeland

Die erforderlichen Flächen für den Gemeinbedarf wie Schulen, Kindertagesstätten, Jugend- und Altenheime, sowie für Sport und Grünflächen etc. können als Wohnfolgeland pro Einwohner definiert werden. Dieser Wert, der die auf den Einwohner bezogene erforderliche Grundstücksfläche angibt, ist eine typische Sekundärfunktion und muß als Richtwert festgelegt werden. Die Statistik, Analysen und Befragungen können zur Ermittlung dieser Richtwerte herangezogen werden. Es muß darauf hingewiesen werden, daß Sekundärfunktionen zeit- und ortsabhängige Ausdrücke sind und eine kritiklose Übernahme von „repräsentativen" Norm- und Richtzahlen zu schwerwiegenden Planungsfehlern führen kann. Deshalb sei auf die Ermittlung dieser Richtwerte besonders eingegangen, damit die Abhängigkeiten deutlich werden.

Es kristallisieren sich dabei zwei Themenkomplexe heraus. Einmal stellt sich die Frage nach der erforderlichen Grundstücksfläche pro Einwohner, da hiermit die Flächen der Wohnfolgeeinrichtungen ausgewiesen werden können, zum anderen wird die Kenntnis des Einzugsbereiches einer Wohnfolgeeinrichtung, d. h. die Feststellung der Einwohnerzahl, die einem Standort, eben einer einwohnerabhängigen Einrichtung, zugeordnet werden kann, wichtig.

Es werden folgende Kurzbezeichnungen verwendet:

E = Einwohner in den Wohnzonen
E_{gb} = Bewohner der Gemeinbedarfseinrichtungen
E_{ges} = Gesamteinwohner
EH = Die Einheit einer Wohnfolgeeinrichtung (z. B. pro Kindertagesstätte, pro Schule etc.)

GSF = Grundstücksfläche

f_o = erforderliche Grundstücksfläche pro Platz in einer Wohnfolgeeinrichtung (empirischer Wert, z. B. 25 m^2/Beteiligten)

j = Zahl der beteiligten Jahrgänge an einer Wohnfolgeeinrichtung (empirischer Wert)

n = erforderliche Grundstücksfläche aller Wohnfolgeeinrichtungen pro Einwohner (WFL/E)

n' = erforderliche Grundstücksfläche aller Wohnfolgeeinrichtungen pro Gesamteinwohner (WFL/E)

n_o = erforderliche Grundstücksfläche *einer* Wohnfolgeeinrichtung pro Gesamteinwohner (WFL/E in m^2, z. B. 0,15 m^2/E)

p_j = Anteil der Beteiligten an einer Wohnfolgeeinrichtung pro Jahrgang (empirischer Wert)

p_o = Anteil der Beteiligten einer Wohnfolgeeinrichtung an der Gesamtbevölkerung

Z = Zahl der Beteiligten

6.11 Ermittlung des Wohnfolgelandes pro Einwohner

Erforderlich werden hierfür statistische Angaben über die erforderliche Grundstücksfläche pro Beteiligten (f_o) und den prozentualen Anteil der Beteiligten an der Gesamtbevölkerung (p_o). Für den letzteren Wert kommen auch Angaben über die Anzahl der Jahrgänge, die für eine Wohnfolgeeinrichtung angesetzt werden müssen, und den Anteil der Beteiligten pro Jahrgang in Betracht (j und p_j bei Schulen, Kindertagesstätten etc.).

Es ergeben sich dann folgende Beziehungen:
Der Anteil der Beteiligten einer Wohnfolgeeinrichtung an der Gesamtbevölkerung wird:

$$p_o = p_j \cdot j \tag{57}$$

Die Grundstücksfläche einer Wohnfolgeeinrichtung pro Gesamteinwohner wird dann:

$$n_o = p_o \cdot f_o \tag{58}$$

Das gesamte Wohnfolgeland pro Gesamteinwohner wird:

$$n' = \Sigma\, n_o \tag{59}$$

Für die Ermittlung der Grundstücksfläche pro Platz (f_o) können vorhandene Typen herangezogen werden, bei denen die Zahl der Plätze sowie die erforderliche Grundstücksfläche der Wohnfolgeeinrichtung bekannt sind.

$$f_o = \frac{GSF/EH}{Z/EH} \tag{60}$$

Da zur Ermittlung der *Richtwerte* die Statistik mit herangezogen wird, dort aber die Daten über die Bevölkerungszusammensetzung sich auf die Gesamteinwohner beziehen, erhält man bei einer Auswertung zunächst den Wert n'. Im mathematischen Modell wird jedoch n' als auch n erforderlich, so daß eine Umrechnung erfolgen muß:

$$n = \frac{n'}{1 - \Sigma \frac{n_o}{f_o}} \tag{61}$$

Die Relationen sind in Tafel 13 *Wohnfolgeland pro Einwohner* grafisch dargestellt.

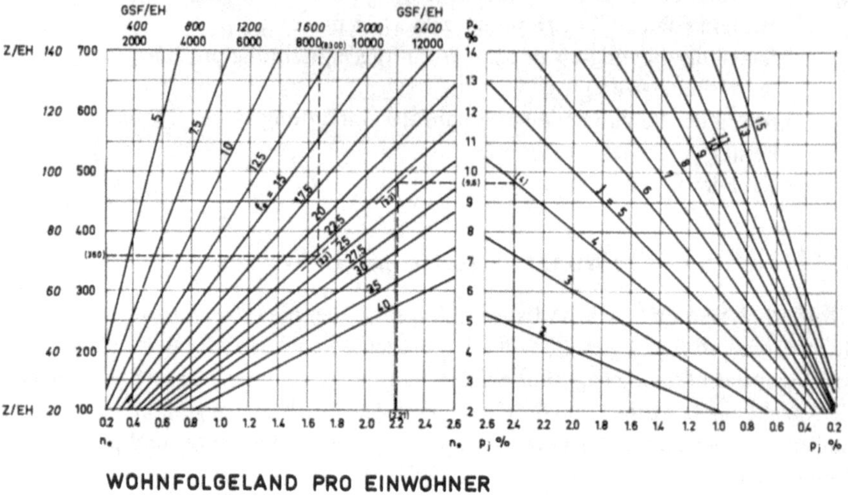

Tafel 13

6.12 Einzugsbereich einer Wohnfolgeeinrichtung

Für die Bestimmung der zugeordneten Einwohnerzahlen lassen sich die im Abschnitt 6.11 behandelten Richtwerte heranziehen und folgende Beziehungen aufstellen:

$$E/EH = \frac{Z/EH}{p_o} \tag{62}$$

oder

$$E/EH = \frac{GSF/EH}{n_o} \tag{63}$$

Diese Relationen sind in Tafel 14 *Einzugsbereich einer Wohnfolgeeinrichtung* grafisch dargestellt.

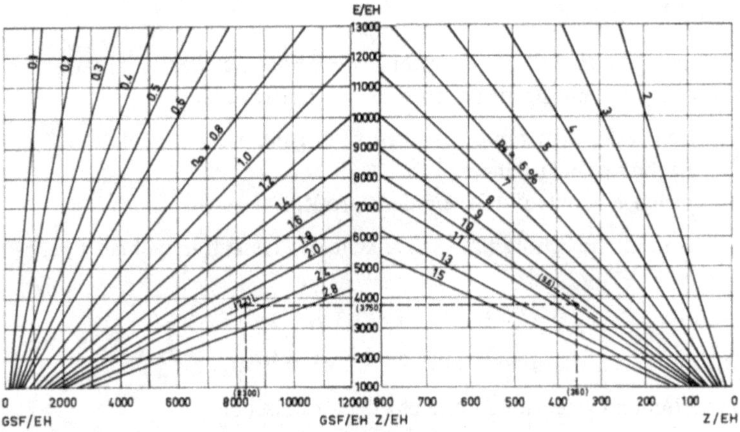

EINZUGSBEREICH EINER WOHNFOLGEEINRICHTUNG

Tafel 14

6.13 Bewohner von Wohnfolgeeinrichtungen und Gesamteinwohner

Die Gesamteinwohnerzahl setzt sich aus den in den Wohnzonen vorhandenen Einwohnern (E) und den Bewohnern der Gemeinbedarfseinrichtungen wie Wohnheimen, Altenheimen etc. zusammen:

$$E_{ges} = E + \Sigma E_{gb} \tag{64}$$

Da im mathematischen Modell z. T. die Einwohnerzahl in den Wohnzonen errechnet wird (E), muß die Gesamteinwohnerzahl aus den Einwohnern der Wohnzonen bestimmt werden können. Hierfür gilt die Formel:

$$E_{ges} = \frac{E}{1 - \Sigma \frac{n_o}{f_o}} \tag{65}$$

Der Ausdruck $\Sigma \frac{n_o}{f_o}$ bezieht sich nur auf die Werte von Wohnfolgeeinrichtungen, die Bewohner ständig aufnehmen.

Die Zahl der Bewohner von Wohnfolgeeinrichtungen wird, wenn die Gesamteinwohner bekannt sind, errechnet mit der Formel:

$$\Sigma E_{gb} = \Sigma \frac{n_o}{f_o} \cdot E_{ges} \tag{66}$$

Wenn von der Einwohnerzahl der Wohnzonen ausgegangen wird, lautet die Formel:

$$\Sigma E_{gb} = \frac{\Sigma \frac{n_o}{f_o}}{1 - \Sigma \frac{n_o}{f_o}} \cdot E \tag{67}$$

Beispiele: *zu 6.1 Wohnfolgeland*

1. Eine vierklassige Grundschule ist zu untersuchen. Folgende Sekundärdaten aus Statistiken, Analysen und Befragungen sind ermittelt worden:

   Schulpflichtige Kinder 6-15 Jahre: 2,4 % pro Jahrgang (Neubaugebiete)
   Grundstücksfläche pro Schulkind: 23 m^2
   Schultyp: dreizügige Schule mit 30 Kindern pro Klasse

a) Es soll die erforderliche Schulgrundstücksfläche pro Gesamteinwohner errechnet werden.

   nach (57) wird: $p_o = 0{,}024 \cdot 4 = 0{,}096 \mathrel{\hat{=}} 9{,}6\ \%$

   nach (58) wird: $n_o = 0{,}096 \cdot 23 = 2{,}21\ m^2/E_{ges}$

b) Welche planerischen Dimensionen erreicht die Grundschule?

   An Schülern können untergebracht werden:

   $$Z/EH = 3 \cdot 30 \cdot 4 = 360 \text{ Schüler}$$

   Die Größe des Schulgrundstückes wird:

   $$GSF/EH = 360 \cdot 23 = 8300\ m^2$$ (s. a. Tafel 13)

   Ist Schulgebäude und Schulgrundstück bekannt (durch Verwendung von bewährten Typengrundrissen), so ergibt sich daraus die Grundstücksfläche pro Schüler (f_o); Damit würde der Wert 23 m^2 modifiziert werden.

c) Wie groß wird der Einflußbereich der Schule sein?

   nach (62) wird: $E/EH = \dfrac{360}{0{,}096} = 3750\ E$

   oder nach (63) $E/EH = \dfrac{8300}{2{,}21} = 3750\ E$ (s. a. Tafel 14)

2. Für ein Altenheim soll der Richtwert n_o (WFL/E) ermittelt werden. Folgende Sekundärdaten sind zu berücksichtigen:

   über 65 Jahre: ≈ 12 % der Bevölkerung (Neubaugebiete!)
   Grundstücksfläche pro Platz: 34 m^2
   15 % der über 65jährigen werden im Altenheim untergebracht.

   Aus diesen Angaben folgt: $p_o = 0{,}15 \cdot 0{,}12 = 0{,}018$

   nach (58) wird: $n_o = 0{,}018 \cdot 34 = 0{,}61\ m^2/E_{ges}$

3. Für ein Areal mit 35 000 Einwohnern (E_{ges}) sollen die Bewohner in Wohnfolgeeinrichtungen bestimmt werden. Es sind vorgesehen:

   Altenheim: $n_o = 0{,}61\ m^2/E_{ges}$ (Aufgabe 2)
   $f_o = 34\ m^2/\text{Platz}$

Wohnstift: $n_o = 0{,}26\ m^2/E_{ges}$

$f_o = 41\ m^2/\text{Platz}$

Zunächst ist jeweils $\frac{n_o}{f_o}$ zu berechnen:

also $\frac{0{,}61}{34} = 0{,}0180$

$\frac{0{,}26}{41} = 0{,}0064$

$$p_o = \Sigma \frac{n_o}{f_o} = 0{,}0244$$

Das bedeutet, daß 2,44 % der Gesamteinwohner in Wohnfolgeeinrichtungen wohnen.

nach (66) wird: $E_{gb} = 0{,}0244 \cdot 35000 = 850$

6.2 Flächendefinitionen

Das Mathematische Modell veranschaulicht die Zusammenhänge einer städtebaulichen Einheit. Bei dei Bearbeitung muß vor Anwendung des Modells die Gesamtfläche in Konstantfläche und Relativfläche unterteilt werden. Die Konstantfläche ist dabei die von der örtlichen Einwohnerzahl unabhängige Fläche, die somit von der unbekannten, eben zu errechnenden Einwohnerzahl unbeeinflußt bleibt. Die Relativfläche ist die verbleibende Restfläche, die durch die Anwendung des mathematischen Modells in Wohnland und Wohnfolgeland aufgeteilt wird. Dabei wächst die Fläche für die Wohnfolgeeinrichtungen proportional zur Einwohnerzahl. Die Einteilung in Konstantfläche und Relativfläche hängt von der Einzelsituation ab und muß als vorgegebene Entscheidung in den Planungsprozeß einfließen. Ein Hallenbad, kirchliche Zentren oder ein Gymnasium können z. B. durch ihren möglichen überörtlichen Charakter als konstante Flächen ausgewiesen werden.

$$F_{ges} = F_k + F_{rel} \tag{68}$$

F_k = Konstantflächen, d. s. Flächen, die als unabhängig von der örtlichen Einwohnerzahl definiert werden.

F_{rel} = Relativflächen, d. s. Flächen, die als abhängig von der Zahl der örtlichen Einwohner definiert werden.

Für die weitere Behandlung im Rahmen einer Planungsaufgabe wird die Relativfläche wichtig. Diese wird nun unterteilt in definierte und undefinierte Flächen.

Im mathematischen Modell wird eine Fläche definiert durch:

1. Größe (ist in ihrer Fläche quantitativ festzulegen)
2. Maß der Nutzung (kann durch die Geschoßflächenzahl definiert werden)
3. Art der Nutzung (z. B. Wohnen, Gewerbe, Wohnfolgeeinrichtungen etc.)

Sind diese drei Bestimmungsgrößen gegeben, so wird die zu klassifizierende Fläche in die Gruppe der definierten Flächen (F_d) eingeordnet. Fehlt bei der Definition einer Fläche eine der drei Bestimmungsgrößen, so handelt es sich um eine undefinierte Fläche (F_u).

$$F_{rel} = F_d + F_u \qquad (69)$$

F_d = eindeutig umgrenzte und definierte Fläche
F_u = Restfläche, die in ihrer Definition unbestimmt ist

Die undefinierte Fläche muß dann weiterhin in Wohnland und Wohnfolgeland gegliedert werden.

$$F_u = F_{w'} + F_{wfe} \qquad (70)$$

$F_{w'}$ = Wohnzone
F_{wfe} = Wohnfolgeland

Das Schema der Flächendefinitionen sieht dann wie folgt aus:

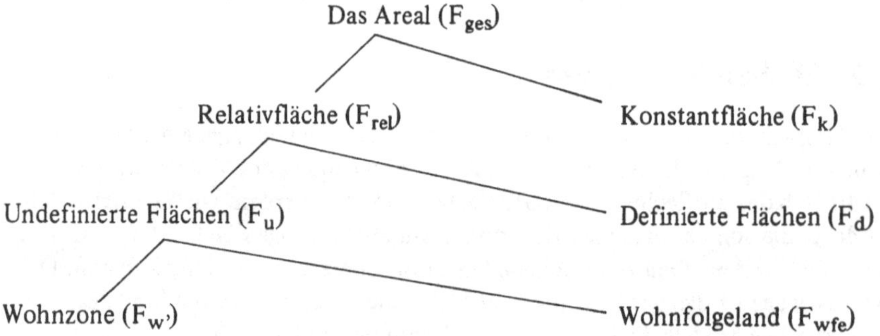

Zu beachten ist, daß das Wohnfolgeland (F_{wfe}) sowohl als Konstantfläche als auch als Relativfläche ausgewiesen werden kann. Die Entscheidung hängt letztlich davon ab, ob eine ausschließliche Beziehung zu den auf dem Areal möglichen Einwohnern definiert werden kann.

Wohnfolgeland: Gemeinbedarf, Grünflächen, Wasserflächen, Verkehrsflächen, Versorgungsflächen, Industrieflächen, Gewerbeflächen etc.

Im weiteren Verlauf der Planung, nach Anwendung des Mathematischen Modells, wird eine Fläche dann endgültig definiert durch:

1. Größe
2. Maß der Nutzung
3. Art der Nutzung
4. Lage (durch die Lokalisation im Plan)

6.3 Verschiedene Modelldarstellungen

Bei der Berechnung einer Planungskonzeption können unterschiedliche Kriterien für das Ziel der Arbeit maßgebend sein. In den Fragestellungen können dabei hauptsächlich drei Unterscheidungen getroffen werden, die als mögliche Ausgangsforderungen das Modell bestimmen werden:

1. Die numerische Flächenaufteilung
2. Die prozentuale Flächenaufteilung
3. Die prozentuale Einwohneraufteilung

Da bei einer Wohnsiedlung Zonen verschiedenartiger Nutzung beachtet werden müssen, z. B. Einfamilienhausgebiete, mehrstöckige Mietwohnungen, Hochhausgruppen oder Zonen gewerblicher Verdichtung (Zentren), ergeben sich umfangreiche mathematische Ansätze zum Flächennutzungsmodell.

Als Variable werden in den mathematischen Modellen verwendet:

BGF_{ge}	= Bruttogeschoßfläche des von der örtlichen Einwohnerzahl unabhängigen Gewerbes.
BGF_{nv}/E	= Bruttogeschoßfläche Nahversorgung pro Einwohner
$\Delta BGF_{nv}/E$	= Bruttogeschoßfläche Nahversorgung pro Einwohner, die in gewerblich verdichtete Gebiete umgelegt wird.
BGF_w/E	= Bruttogeschoßfläche Wohnen pro Einwohner
E	= Einwohner
E_{ges}	= Gesamteinwohner
F	= Fläche (m^2)
GFZ	= Geschoßflächenzahl
p	= Anzahl an einer Gesamtheit
WFL/E	= Wohnfolgeland pro Einwohner

Für den Formelausdruck werden folgende Variablen vereinfacht dargestellt:

BGF_{ge}	= G
BGF_{nv}/E	= g
$\Delta BGF_{nv}/E$	= Δg
BGF_w/E	= b
WFL/E	= n bzw. n'

Für die Zuordnung erforderlich werdender Flächen ergeben sich somit folgende Möglichkeiten der Definition:

1. Konstante Flächen
   a) als Grundstücksflächen → Konstantfläche
   b) als Geschoßflächen
      α) auf dem Nettowohnbauland (z. B. Mischnutzungen) → BGF_{ge} (G)
      β) auf sonstigem Gelände
         $F_{erf} = \frac{BGF}{GFZ}$ → Konstantfläche
2. Relative Flächen
   a) als Grundstücksflächen → WFL/E (n)

b) als Geschoßflächen
   α) auf dem Nettowohnbauland → BGF_w/E (b)
   (z. B. Mischnutzungen) → BGF_{nv}/E (g)
   β) auf sonstigem Gelände

$$F_{erf} = \frac{BGF/E}{GFZ} \quad \rightarrow WFL/E \text{ (n)}$$

Nach diesem Schema sind alle zu planenden Flächen der verschiedenen Nutzungen aufzuteilen und im Modell zu berücksichtigen.

6.31 Numerische Flächenaufteilung

Hier werden vorhandene und damit gegebene definierte Flächen wie bestehende Wohnkomplexe oder Zentren in ihrer Ausdehnung numerisch angegeben.

6.311 Allgemeines Modell

Mit den aufbereiteten Flächenwerten und den erforderlichen Richt- und Normzahlen wird die Einwohnerzahl errechnet mit der Formel:

$$E = \frac{\Sigma\left(\frac{F \cdot GFZ - G}{b + g - \Delta g} \cdot \frac{b_v + g_v - \Delta g}{b_v + g_v}\right)^{1}}{1 + \frac{n \cdot GFZ_{w'}}{b_{w'} + g_{w'} - \Delta g_{w'}} \cdot \frac{b_v + g_v - \Delta g_{w'}}{b_v + g_v}} \tag{71}$$

Ist durch Formel 71 die Einwohnerzahl bekannt, so gliedert sich der weitere Rechengang wie folgt:

$$F_{wfe} = E \cdot n \tag{72}$$

nach (70):

$$F_{w'} = F_u - F_{wfe} \tag{70.1}$$

$$E_{w'} = \frac{F_{w'} \cdot GFZ_{w'} - G_{w'}}{b_{w'} + g_{w'} - \Delta g_{w'}} \tag{73}$$

$$\Sigma E_d = \Sigma \frac{F_d \cdot GFZ_d - G_d}{b_d + g_d - \Delta g_d} \tag{74}$$

$$E_v = \frac{F_v \cdot GFZ_v - G_v - (\Sigma E_d \cdot \Delta g_d + E_{w'} \cdot \Delta g_{w'})}{b_v + g_v} \tag{75}$$

[1] Es gilt für:

	F	GFZ	G	b	g	Δg
die Wohnzone	F_u	$GFZ_{w'}$	$G_{w'}$	$b_{w'}$	$g_{w'}$	$\Delta g_{w'}$
die definierten Zonen	F_d	GFZ_d	G_d	b_d	g_d	Δg_d
die verdichtete Zone	F_v	GFZ_v	G_v	b_v	g_v	0

Dabei ist: $E = E_{w'} + \Sigma E_d + E_v$ (76)

und $E_{ges} = E + \Sigma E_{gb}$ (s. Formel 67) (64)

Mit Hilfe der Formel 71 wird es möglich, die Zahl der Einwohner zu bestimmen. Wird jedoch die Einwohnerzahl als Forderung festgelegt oder fixiert, so müssen die anderen Variablen explizit dargestellt werden.

Wenn das mögliche Wohnfolgeland pro Einwohner errechnet werden soll, so ist:

$$n = \left[\frac{(b_{w'} + g_{w'} - \Delta g_{w'})\,(b_v + g_v)}{E \cdot GFZ_{w'}\,(b_v + g_v - \Delta g_{w'})}\right] \cdot \left[\Sigma\left(\frac{F \cdot GFZ - G}{b + g - \Delta g} \cdot \frac{b_v + g_v - \Delta g}{b_v + g_v}\right) - E\right] \quad (77)$$ [1]

Liegt eine Aufgabe vor, bei der die Einwohnerzahl und das Wohnfolgeland pro Einwohner gegeben sind, so kann mit diesen Angaben das Wohnfolgeland errechnet werden.

$$F_{wfe} = E \cdot n \quad (72)$$

Daraus folgt die Angabe der Wohnzone:

$$F_{w'} = F_u - F_{wfe} \quad (70.1)$$

Die Angabe der Wohnzonenfläche ermöglicht dann weiterhin die Berechnung der unbekannten Variablen einer undefinierten Fläche.

Für die Berechnung einer unbekannten Variablen gilt eine der folgenden Formeln:

$$GFZ = \frac{(b + g - \Delta g) \cdot E_o + G}{F} \quad (78)$$ [2]

$$F = \frac{(b + g - \Delta g) \cdot E_o + G}{GFZ} \quad (78.1)$$ [2]

$$G = F \cdot GFZ - (b + g - \Delta g) \cdot E_o \quad (78.2)$$ [2]

$$b + g - \Delta g = \frac{F \cdot GFZ - G}{E_o} \quad (78.3)$$ [2]

E_o = Einwohnerzahl in dem Wohnbereich, für den die Unbekannte errechnet werden soll.

[1] s. Fußnote auf S. 136.

[2] Bei der Berechnung eines unbekannten Wertes gilt für:

	F	GFZ	G	b	g	Δg	E_o
die Wohnzone	$F_{w'}$	$GFZ_{w'}$	$G_{w'}$	$b_{w'}$	$g_{w'}$	$\Delta g_{w'}$	$E_{w'}$
die definierten Zonen	F_d	GFZ_d	G_d	b_d	g_d	Δg_d	E_d
die verdichtete Zone	F_v	GFZ_v	G_v	b_v	g_v	0	E_v

Diese Einwohnerzahl wird:

$$E_o = \left[\frac{b_v + g_v}{b_v + g_v - \Delta g}\right] \cdot \left[E - \Sigma \frac{F \cdot GFZ - G}{b + g - \Delta g} \cdot \frac{b_v + g_v - \Delta g}{b_v + g_v}\right]^{3} \qquad (79)$$

6.312 Vereinfachtes Modell

Erfolgt keine Umlegung von Gewerbefläche der Nahversorgung ($\Delta g = 0$) in die gewerblich verdichtete Zone, so reduzieren sich die Formeln des „Allgemeinen Modells" zu vereinfachten Ausdrücken. Aus Formel (71) wird:

$$E = \frac{\Sigma \frac{F \cdot GFZ - G}{b + g}^{\;1}}{1 + \frac{n \cdot GFZ_{w'}}{b_{w'} + g_{w'}}} \qquad (80)$$

Der weitere Rechengang erfolgt wie im Abschnitt 6.311, lediglich die Formeln 73-75 können vereinfacht und zusammengefaßt werden. Es folgt dann:

$$F_{wfe} = E \cdot n \qquad (72)$$

$$F_{w'} = F_u - F_{wfe} \qquad (70.1)$$

$$E_o = \frac{F \cdot GFZ - G}{b + g}^{\;2} \qquad (81)$$

$$E = E_{w'} + \Sigma E_d + E_v \qquad (76)$$

$$E_{ges} = E + \Sigma E_{gb} \qquad \text{(s. Formel 67)} \qquad (64)$$

Wenn das mögliche Wohnfolgeland pro Einwohner errechnet werden soll, so ist:

$$n = \left(\frac{b_{w'} + g_{w'}}{E \cdot GFZ_{w'}}\right) \left[\Sigma \left(\frac{F \cdot GFZ - G}{b + g}\right) - E\right]^{1} \qquad (82)$$

Liegt eine Aufgabe vor, bei der die Einwohnerzahl und das Wohnfolgeland pro Einwohner gegeben sind, so kann mit diesen Angaben das Wohnfolgeland errechnet werden: (s. Formel 72). Daraus folgt die Angabe der Wohnzone: (s. Formel 70.1).

---

[3] Im Σ Ausdruck wird bei den ohne Index dargestellten Variablen (F, GFZ, G, b, g, Δg) die Zone, für die die unbekannte Größe errechnet werden soll, unberücksichtigt gelassen. Im Bruch $\left[\frac{b_v + g_v}{b_v + g_v - \Delta g}\right]$ wird das Δg der Zone gewählt, für die die unbekannte Variable errechnet werden soll. Darüber hinaus gilt Fußnote [2] analog (S. 137).

[1] s. Fußnote auf S. 136 (lediglich Δg entfällt)

[2] s. Fußnote auf S. 137 (lediglich Δg entfällt)

Für die Berechnung einer unbekannten Variablen einer undefinierten Fläche gilt eine der folgenden Formeln:

$$GFZ = \frac{(b + g) \cdot E_o + G}{F} \qquad (83)$$ [2]

$$F = \frac{(b + g) \cdot E_o + G}{GFZ} \qquad (83.1)$$ [2]

$$G = F \cdot GFZ - (b + g) \cdot E_o \qquad (83.2)$$ [2]

$$b + g = \frac{F \cdot GFZ - G}{E_o} \qquad (83.3)$$ [2]

E_o = Einwohnerzahl in dem Wohnbereich, für den die Unbekannte errechnet werden soll.

Diese Einwohnerzahl wird:

$$E_o = E - \Sigma \frac{F \cdot GFZ - G}{b + g} \qquad (84)$$ [3]

6.313 Elementares Modell

Der Unterschied zum „Vereinfachten Modell" liegt in folgenden Kriterien:

1. Eine konstante Gewerbefläche als übergeordnetes Gewerbe ist nicht zu berücksichtigen (G = 0).
2. Es entfallen die definierten Flächen. Die Gesamtfläche (F_{rel}) wird also in eine Wohnzone ($F_{w'}$) und in das Wohnfolgeland (F_{wfe}) aufgeteilt. ($F_{rel} = F_u$)
3. Es wird eine für die gesamte Wohnzone geltende Bruttogeschoßfläche pro Einwohner angenommen (BGF/E). Diese kann aus BGF_w/E und BGF_{nv}/E bestehen.

Aus Formel 80 folgt:

$$E = \frac{F_{rel}}{\frac{BGF/E}{GFZ} + WFL/E} \qquad (85)$$

Die Umformungen der Formel 85 lauten:

$$WFL/E = \frac{F_{rel}}{E} - \frac{BGF/E}{GFZ} \qquad (85.1)$$

$$GFZ = \frac{BGF/E}{\frac{F_{rel}}{E} - WFL/E} \qquad (85.2)$$

---

[2] s. Fußnote auf S. 137 (lediglich Δg entfällt)

[3] Bei dem Σ Ausdruck wird die Zone, für die die unbekannte Größe errechnet werden soll, unberücksichtigt gelassen. Darüber hinaus gilt Fußnote [2] analog.

$$BGF/E = GFZ\,(\frac{F_{rel}}{E} - WFL/E) \tag{85.3}$$

$$F_{rel} = E\,(\frac{BGF/E}{GFZ} + WFL/E) \tag{85.4}$$

Die Formeln 85-85.4 berücksichtigen als Variable die Einwohnerzahl und die Relativfläche. Soll dagegen die Einwohnerdichte (E/ha) in die Formeln einfließen, so wird aus Formel 85:

$$ED = \frac{10000}{\frac{BGF/E}{GFZ} + WFL/E} \tag{86}$$

Die Einwohnerdichte (ED) wird hier und in den folgenden Formeln (86.1-87.2) auf die Relativfläche bezogen.

Die Umformungen der Formel 86 lauten:

$$WFL/E = \frac{10000}{ED} - \frac{BGF/E}{GFZ} \tag{86.1}$$

$$GFZ = \frac{BGF/E}{\frac{10000}{ED} - WFL/E} \tag{86.2}$$

$$BGF/E = GFZ\,(\frac{10000}{ED} - WFL/E) \tag{86.3}$$

Die Einwohnerzahl errechnet sich mit Hilfe der Einwohnerdichte nach der Formel:

$$E = F_{rel} \cdot ED \tag{87}$$

Werden die anderen Variablen explizit dargestellt, so wird:

$$ED = \frac{E}{F_{rel}} \tag{87.1}$$

$$F_{rel} = \frac{E}{ED} \tag{87.2}$$

Das „Elementare Modell" simuliert durch die vereinfachten Annahmen eine gleichmäßige Verteilung der variablen Werte über das gesamte Planungsgebiet (F_{rel}). Da die Beziehungen in einfachster Form vorliegen, können leicht weitere Überlegungen über die Interdepedenzen der dargestellten Variablen angestellt werden.

Die auf die Relativfläche bezogene Einwohnerdichte gibt Formel 86 an. Die Formel 5 (Seite 16) zeigt die auf das Nettowohnbauland bezogene Einwohnerdichte. Das Verhältnis beider Einwohnerdichten wird als Reduzierungsfaktor e_o definiert ($e_o \leqq 1$). Es ist dann:

$$e_o = \frac{1}{1 + \frac{WFL/E \cdot GFZ}{BGF/E}} \tag{88}$$

e_o gibt auch den Anteil der Wohnflächen an der Relativfläche an:

$$e_o = \frac{F_{w'}}{F_{rel}} \tag{89}$$

Daraus folgt:

$$1 - e_o = \frac{F_{wfe}}{F_{rel}} \tag{89a}$$

$1 - e_o$ gibt somit den Anteil des Wohnfolgelandes an der Relativfläche an.

Durch die mit zu berücksichtigenden Wohnfolgeeinrichtungen folgt aus einer Erhöhung der Geschoßflächenzahl keine proportionale Erhöhung der Einwohnerzahl. Es wird das Verhältnis zweier Geschoßflächenzahlen mit z (Änderungsfaktor) und das Verhältnis der beiden daraus resultierenden Einwohnerzahlen mit e (Erhöhungsfaktor) bezeichnet. ($e \geqq 1$). Dann folgt:

$$e = \frac{1 + \frac{WFL/E \cdot GFZ}{BGF/E}}{\frac{1}{z} + \frac{WFL/E \cdot GFZ}{BGF/E}} \tag{90}$$

Wird z explizit dargestellt, so folgt:

$$z = \frac{e}{1 - \frac{WFL/E \cdot GFZ}{BGF/E}(e - 1)} \tag{90.1}$$

Die Beziehungen dieses Abschnittes werden in Tafel 15 *Elementares Modell* grafisch dargestellt.

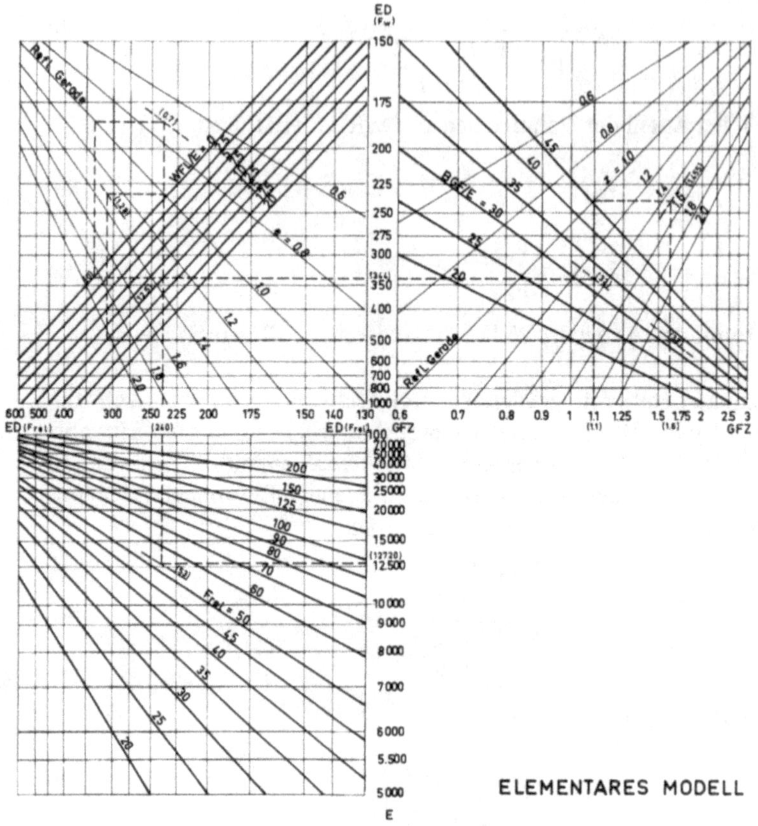

Tafel 15

Beispiel: *Zu 6.311 „Allgemeines Modell". Numerische Flächenaufteilung.*

Für ein Areal sind folgende generelle Daten gegeben:

$$n = 5\ m^2/E;\ g = 3\ m^2/E;\ F_{rel} = 180\,000\ m^2$$

Für die einzelnen Wohnbereiche gelten folgende Daten:

	d_1	d_2	w'	v	Dim.
F	30000	18000	100000 (F_u)	32000	m^2
GFZ	2,0	1,0	1,5	3,0	
b	30	40	33	45	m^2/E
Δg	1,0	2,0	2,0	0	m^2/E
G	3000	2000	20000	15000	m^2

1. Für dieses Areal ist die mögliche Einwohnerzahl zu errechnen.

Der Zähler der Formel 71 wird:

$$E_1 = \frac{30000 \cdot 2{,}0 - 3000}{30 + 3 - 1} \cdot \frac{45 + 3 - 1}{45 + 3} = 1745 \text{ E}$$

$$E_2 = \frac{18000 \cdot 1{,}0 - 2000}{40 + 3 - 2} \cdot \frac{45 + 3 - 2}{45 + 3} = 375 \text{ E}$$

$$E_3 = \frac{100000 \cdot 1{,}5 - 20000}{33 + 3 - 2} \cdot \frac{45 + 3 - 2}{45 + 3} = 3660 \text{ E}$$

$$E_4 = \frac{32000 \cdot 3{,}0 - 15000}{45 + 3 - 0} = 1685 \text{ E}$$

$$Z = E' = 7465 \text{ E}$$

Der Nenner der Formel 71 wird:

$$N = 1 + \frac{5 \cdot 1{,}5}{33 + 3 - 2} \cdot \frac{45 + 3 - 2}{45 + 3} = 1{,}21$$

Die Einwohnerzahl errechnet sich dann zu:

$$E = \frac{7465}{1{,}21} = 6160 \text{ E}$$

Weiter folgt nach Formel 72:

$$F_{wfe} = 6160 \cdot 5 = 30800 \text{ m}^2$$

(70.1) $$F_{w'} = 100000 - 30800 = 69200 \text{ m}^2$$

Die Einwohnerzahl in den einzelnen Wohnbereichen wird:

(73) $$E_{w'} = \frac{69200 \cdot 1{,}5 - 20000}{33 + 3 - 2} = 2460 \text{ E}$$

(74) $$E_{d1} = \frac{30000 \cdot 2{,}0 - 3000}{30 + 3 - 1} = 1780 \text{ E}$$

(74) $$E_{d2} = \frac{18000 \cdot 1{,}0 - 2000}{40 + 3 - 2} = 390 \text{ E}$$

(75) $$E_v = \frac{32000 \cdot 3{,}0 - 15000 - (1780 \cdot 1{,}0 + 390 \cdot 2{,}0 + 2460 \cdot 2{,}0)}{45 + 3} = 1530 \text{ E}$$

Als Probe: $E = 2460 + 1780 + 390 + 1530 = 6160$ E

Werden Bewohner in Heimen berücksichtigt, so erhöht sich die Einwohnerzahl. Es wird angenommen:

$$n_o = 0{,}39 \text{ m}^2/\text{E}$$

$$f_o = 35 \text{ m}^2/\text{Person}$$

Nach Formel (67) wird:

$$\Sigma E_{gb} = 6160 \cdot \frac{\frac{0{,}39}{35}}{1 - \frac{0{,}39}{35}} = 70$$

Es folgt nach Formel (64):

$$E_{ges} = 6160 + 70 = 6230 \text{ E}$$

2. In der Aufgabe 1 wird eine Einwohnerzahl von insgesamt 6230 E erreicht. Sollen nun z. B. 8000 Einwohner untergebracht werden, so müssen Sekundärdaten verändert werden. Aus der Vielzahl der Variationsmöglichkeiten seien nur einige herausgegriffen.

2a) Zunächst müssen die in Heimen untergebrachten Bewohner berücksichtigt werden. Nach Formel (66) wird:

$$E_{gb} = \frac{0{,}39}{35} \cdot 8000 = 90 \text{ E}$$

Es verbleiben also für die Wohnbereiche:

$$E = 8000 - 90 = 7910 \text{ E}$$

2b) Welches Wohnfolgeland pro Einwohner wäre möglich, wenn 7910 Einwohner in den Wohnbereichen untergebracht werden sollen?

Für die Errechnung des Wohnfolgelandes pro Einwohner wird Formel 77 benutzt. Der in dieser Formel vorkommende Σ Ausdruck wird wie in Formel 71 errechnet (s. Aufgabe 1).

Das Ergebnis lautet: E' = 7465

Es folgt dann nach Formel 77:

$$n = \left[\frac{(33 + 3 - 2)(45 + 3)}{7910 \cdot 1{,}5\,(45 + 3 - 2)}\right] \cdot [7465 - 7910] = -1{,}33 \text{ m}^2/\text{E}$$

2c) Welche Bruttogeschoßfläche pro Einwohner würde sich im undefinierten Bereich (w') ergeben, wenn kein Wohnfolgeland pro Einwohner berücksichtigt zu werden brauchte? (Damit wird $F_{w'} = F_u = 100000 \text{ m}^2$).

Für die Errechnung wird Formel 78.3 benutzt. Das in dieser Formel vorkommende E_o wird nach Formel 79 errechnet. Der dortige Σ Ausdruck lautet: (s. Aufgabe 1 auf S. 143)

$$\begin{aligned} E_1 &= 1745 \\ E_2 &= 375 \\ E_4 &= 1685 \\ \hline \Sigma .. &= 3805 \end{aligned}$$

Dann folgt nach Formel (79):

$$E_o = [\frac{45 + 3}{45 + 3 - 2}] \cdot [7910 - 3805] = 4283$$

Nach Formel (78.3) wird dann: (beachte $F_{w'} = F_u$)

$$b_{w'} + g_{w'} - \Delta g_{w'} = \frac{100000 \cdot 1{,}5 - 20000}{4283} = 30{,}4\ m^2/E$$

Daraus folgt für $b_{w'} = 30{,}4 - 3 + 2 = 29{,}4\ m^2/E$

Das negative Wohnfolgeland (Aufgabe 2b) würde durch Herabsetzen der Bruttogeschoßfläche pro Einwohner von 33 auf 29,4 m^2/E ausgeglichen und zu Null werden.

3. Muß ein Wohnfolgeland pro Einwohner von 5 m^2 berücksichtigt werden, so können die Variablen der einzelnen Wohnzonen verändert werden. Es soll hier exemplarisch die Wohnzone $F_{w'}$ herausgegriffen werden.

   Zunächst aber wird das Wohnfolgeland errechnet. Nach Formel (72) wird:

$$F_{wfe} = 7910 \cdot 5 = 39550\ m^2$$

   Dann folgt nach Formel (70.1):

$$F_{w'} = 100000 - 39550 = 60450\ m^2$$

   Da für die einzelnen Variablen die Formeln 78-78.3 gelten und darin jeweils E_o vorkommt, muß diese Größe nach Formel 79 errechnet werden. Der in dieser Formel vorkommende Σ Ausdruck lautet: (s. Aufgabe 1 auf S. 143)

$$\begin{aligned} E_1 &= 1745 \\ E_2 &= \ \ 375 \\ E_4 &= 1685 \\ \hline \Sigma.. &= 3805 \end{aligned}$$

   Dann folgt nach Formel (79):

$$E_o = [\frac{45 + 3}{45 + 3 - 2}] [7910 - 3805] = 4283 \qquad \text{(s. a. 2c)}$$

3a) Welche Geschoßflächenzahl wird für die undefinierte Wohnzone erforderlich?

   Nach Formel 78 wird:

$$GFZ_{w'} = \frac{(33 + 3 - 2) \cdot 4283 + 20000}{60450} = 2{,}75$$

3b) Welche Bruttogeschoßfläche für das konstante Gewerbe ($G_{w'}$) ergäbe sich?

   Nach Formel (78.2) wird:

$$G_{w'} = 60450 \cdot 1{,}5 - (33 + 3 - 2) \cdot 4283 = -\,54800\ m^2$$

3c) Welche Bruttogeschoßfläche pro Einwohner wäre notwendig, um 7910 Einwohner unterzubringen?

Nach Formel (78.3) wird:

$$b_{w'} + g_{w'} - \Delta g_{w'} = \frac{60450 \cdot 1{,}5 - 20000}{4283} = 16{,}5 \text{ m}^2$$

Daraus folgt: $b_{w'} = 16{,}5 - 3 + 2 = 15{,}5 \text{ m}^2/\text{E}$

3d) Welches zusätzliche Nettowohnbauland wird erforderlich, um das gesetzte Ziel zu erreichen?

Nach Formel (78.1) wird:

$$F_{w'} = \frac{(33 + 3 - 2) \cdot 4283 + 20000}{1{,}5} = 110\,000 \text{ m}^2$$

Da 60450 m^2 bereits vorhanden sind, ergibt sich ein zusätzlicher Bedarf von:

$$\Delta F_{w'} = 110000 - 60450 = 40550 \text{ m}^2$$

Unter Berücksichtigung des zusätzlichen Straßenlandes wären etwa 4,5 ha Fläche erforderlich, um die zusätzlichen 1770 Einwohner (8000 - 6230) unterzubringen.

Beispiel: *zu 6.312 „Vereinfachtes Modell" numerische Flächenaufteilung*

Aus Gründen der Vergleichsmöglichkeit wird das Beispiel des vorigen Abschnittes gewählt. Nur entfällt hier eine Umlegung von Gewerbeflächen der Nahversorgung ($\Delta g = o$). Es wird also angenommen:

$$n = 5 \text{ m}^2/\text{E};\ g = 3{,}0 \text{ m}^2/\text{E};\ F_{rel} = 180\,000 \text{ m}^2$$

Für die einzelnen Bereiche gilt:

	d_1	d_2	w'	v	Dim.
F	30000	18000	100000 (F_u)	32000	m^2
GFZ	2,0	1,0	1,5	3,0	
b	30	40	33	45	m^2/E
G	3000	2000	20000	15000	m^2

1. Für dieses Areal ist die mögliche Einwohnerzahl zu errechnen.

   Der Zähler der Formel 80 wird:

$$E_1 = \frac{30000 \cdot 2{,}0 - 3000}{30 + 3} = 1725 \text{ E}$$

$$E_2 = \frac{18000 \cdot 1{,}0 - 2000}{40 + 3} = 370 \text{ E}$$

$$E_3 = \frac{100000 \cdot 1{,}5 - 20000}{33 + 3} = 3610 \text{ E}$$

$$E_4 = \frac{32000 \cdot 3{,}0 - 15000}{45 + 3} = 1690 \text{ E}$$

$$Z = E' = 7395 \text{ E}$$

Der Nenner der Formel 80 wird:

$$N = 1 + \frac{5 \cdot 1{,}5}{33 + 3} = 1{,}208$$

Die Einwohnerzahl errechnet sich dann zu:

$$E = \frac{7395}{1{,}208} = 6120 \text{ E}$$

Weiter folgt nach Formel (72):

$$F_{wfe} = 6120 \cdot 5 = 30600 \text{ m}^2$$

(70.1) $$F_{w'} = 100000 - 30600 = 69400 \text{ m}^2$$

Die Einwohnerzahl in den einzelnen Wohnbereichen wird:

(81) $$E_{w'} = \frac{69400 \cdot 1{,}5 - 20000}{33 + 3} = 2340 \text{ E}$$

(81) $$E_{d1} = \frac{30000 \cdot 2{,}0 - 3000}{30 + 3} = 1730 \text{ E}$$

(81) $$E_{d2} = \frac{18000 \cdot 1{,}0 - 2000}{40 + 3} = 370 \text{ E}$$

(81) $$E_v = \frac{32000 \cdot 3{,}0 - 15000}{45 + 3} = 1680 \text{ E}$$

Als Probe: $E = 2340 + 1730 + 370 + 1680 = 6120$ E

Werden Bewohner in Heimen berücksichtigt, so erhöht sich die Einwohnerzahl. Es wird angenommen:

$n_o = 0{,}39 \text{ m}^2/\text{E}$
$f_o = 35 \text{ m}^2/\text{Person}$

Nach Formel (67) wird:

$$\Sigma E_{gb} = 6120 \cdot \frac{\frac{0{,}39}{35}}{1 - \frac{0{,}39}{35}} = 69$$

Es folgt nach Formel (64):

$$E_{ges} = 6120 + (70) = 6190 \text{ E}$$

Beispiel: *zu 6.313 „Elementares Modell“ numerische Flächenaufteilung*

Für ein Areal seien folgende Sekundärdaten gegeben:

$$F_{rel} = 53 \text{ ha}$$
$$BGF/E = 32 \text{ m}^2$$
$$WFL/E = 12{,}5 \text{ m}^2$$

Es sollen zwei Alternativlösungen untersucht werden:

1. GFZ = 1,1
2. GFZ = 1,6

1. Alternative 1:
   Die Einwohnerdichte, bezogen auf das Nettowohnbauland, wird nach Formel (5):

$$ED = \frac{10000 \cdot 1{,}1}{32} = 344 \text{ E/ha } (F_w)$$

Die Einwohnerdichte, bezogen auf die Relativfläche, wird nach Formel (86):

$$ED = \frac{10000}{\frac{32}{1{,}1} + 12{,}5} = 240 \text{ E/ha } (F_{rel})$$

Die Einwohnerzahl wird nach Formel (87):

$$E = 53 \cdot 240 = 12720 \text{ E}$$

Die Berücksichtigung des Wohnfolgelandes ergibt den Reduzierungsfaktor e_o nach Formel (88):

$$e_o = \frac{1}{1 + \frac{12{,}5 \cdot 1{,}1}{32}} = 0{,}7$$

zur Probe: $e_o = \frac{240}{344} = 0{,}7$ (s. a. Tafel 15)

e_o gibt auch den Anteil der Wohnfläche an:

$$F_{w'} = 0{,}7 \cdot 53 = 37{,}1 \text{ ha Wohnland}$$
$$F_{wfe} = 0{,}3 \cdot 53 = 15{,}9 \text{ ha Wohnfolgeland}$$

2. Alternative 2:
   Die Einwohnerdichte, bezogen auf das Nettowohnbauland, wird nach Formel (5):

$$ED = \frac{10000 \cdot 1{,}6}{32} = 500 \text{ E/ha}$$

Die Einwohnerdichte, bezogen auf die Relativfläche, wird nach Formel (86):

$$ED = \frac{10000}{\frac{32}{1{,}6} + 12{,}5} = 308 \text{ E/ha } (F_{rel})$$

Die Einwohnerzahl wird nach Formel (87):

$$E = 53 \cdot 308 = 16300 \text{ E}$$

Die Berücksichtigung des Wohnfolgelandes ergibt den Reduzierungsfaktor e_o nach Formel (88):

$$e_o = \frac{1}{1 + \frac{12{,}5 \cdot 1{,}6}{32}} = 0{,}62$$

zur Probe: $$e_o = \frac{308}{500} = 0{,}62$$

e_o gibt auch den Anteil der Wohnfläche an:

$$F_{w'} = 0{,}62 \cdot 53 = 32{,}8 \text{ ha Wohnland}$$
$$F_{wfe} = 0{,}38 \cdot 53 = 20{,}2 \text{ ha Wohnfolgeland}$$

3. Durch Vergleich der beiden Alternativlösungen ergibt sich folgendes:

   Der Änderungsfaktor der GFZ wird:

$$z = \frac{1{,}6}{1{,}1} = 1{,}455$$

   Daraus folgt der Erhöhungsfaktor e nach Formel (90):

$$e = \frac{1 + \frac{12{,}5 \cdot 1{,}1}{32}}{\frac{1}{1{,}455} + \frac{12{,}5 \cdot 1{,}1}{32}} = 1{,}28$$

   zur Probe: $$e = \frac{16300}{12720} = 1{,}28$$

$$e = \frac{308}{240} = 1{,}28$$

   Ergebnis: Aus einer etwa 45 %igen Erhöhung der GFZ (z = 1,455) folgt eine 28 %ige Erhöhung der Einwohner (e = 1,28). (s. a. Tafel 15)

6.32 Prozentuale Flächenaufteilung

Hier werden die einzelnen Flächen der bewohnten Zonen in ihrer prozentualen Aufteilung angegeben.

6.321 Allgemeines Modell

Das Areal (F_{rel}) setzt sich aus den verschiedenen Wohnzonen (Index w'), der gewerblich verdichteten Zone (Index v) und dem Wohnfolgeland (F_{wfe}) zusammen.

$$F_{rel} = \Sigma F_{w'} + F_v + F_{wfe} \tag{91}$$

Die Aufteilung der bewohnten Zonen, also der gewerblich verdichteten Zone und der einzelnen Wohnzonen, soll durch vorgegebene prozentuale Anteile erfolgen. (Summe der bewohnten Zonen = 100 %).

Mit den aufbereiteten Werten und den erforderlichen Richt- und Normzahlen wird die Einwohnerzahl errechnet mit der Formel:

$$E = \frac{\Sigma \left(\frac{p \cdot F_{rel} \cdot GFZ - G}{b + g - \Delta g} \cdot \frac{b_v + g_v - \Delta g}{b_v + g_v}\right)^{1}}{1 + n \cdot \Sigma \left(\frac{p \cdot GFZ}{b + g - \Delta g} \cdot \frac{b_v + g_v - \Delta g}{b_v + g_v}\right)} \tag{92}$$

Ist durch die Formel (92) die Einwohnerzahl bekannt, so gliedert sich der weitere Rechengang wie folgt:

$$F_{wfe} = E \cdot n \tag{72}$$

Das Wohnland setzt sich aus der gewerblich verdichteten Zone und den einzelnen Wohnzonen zusammen:

$$F_{wl} = \Sigma F_{w'} + F_v \tag{93}$$

Dieses Wohnland wird nach Formel (91):

$$F_{wl} = F_{rel} - F_{wfe} \tag{94}$$

Die einzelnen Flächen werden errechnet nach den Formeln:

$$\Sigma F_{w'} = \Sigma p_{w'} \cdot F_{wl} \tag{95}$$

$$F_v = p_v \cdot F_{wl} \tag{95.1}$$

Weiter folgt:

$$\Sigma E_{w'} = \Sigma \frac{F_{w'} \cdot GFZ_{w'} - G_{w'}}{b_{w'} + g_{w'} - \Delta g_{w'}} \tag{73}$$

und

$$E_v = \frac{F_v \cdot GFZ_v - G_v - \Sigma E_{w'} \cdot \Delta g_{w'}}{b_v + g_v} \tag{75}$$

---

[1] Es gilt für:

Es gilt für:	p	GFZ	G	b	g	Δg
die Wohnzonen	$p_{w'}$	$GFZ_{w'}$	$G_{w'}$	$b_{w'}$	$g_{w'}$	$\Delta g_{w'}$
die verdichtete Zone	p_v	GFZ_v	G_v	b_v	g_v	0

Dabei ist: $E = \Sigma E_{w'} + E_v$ (96)

und: $E_{ges} = E + \Sigma E_{gb}$ (64)

Die Formel (92) ermöglicht die Bestimmung der Einwohnerzahl. Wird jedoch die Einwohnerzahl als Forderung festgelegt oder bestimmt, so müssen die anderen Variablen explizit dargestellt werden. Für das Wohnfolgeland pro Einwohner gilt dann:

$$n = \frac{\Sigma\left(\frac{p \cdot F_{rel} \cdot GFZ - G}{b + g - \Delta g} \cdot \frac{b_v + g_v - \Delta g}{b_v + g_v}\right) - E}{E \cdot \Sigma\left(\frac{p \cdot GFZ}{b + g - \Delta g} \cdot \frac{b_v + g_v - \Delta g}{b_v + g_v}\right)} \quad [1] \qquad (97)$$

Wird bei gegebenen Postulaten nach dem erforderlichen Wohnland gefragt, so folgt:

$$F_{wl} = \frac{E + \Sigma \frac{G}{b + g - \Delta g} \cdot \frac{b_v + g_v - \Delta g}{b_v + g_v}}{\Sigma \frac{p \cdot GFZ}{b + g - \Delta g} \cdot \frac{b_v + g_v - \Delta g}{b_v + g_v}} \quad [1] \qquad (98)$$

Liegt eine Aufgabe vor, bei der die Einwohnerzahl und das Wohnfolgeland pro Einwohner gegeben sind, so kann mit diesen Angaben das Wohnfolgeland errechnet werden (s. Formel 72 auf S. 150). Dann erfolgt die Angabe des Wohnlandes (s. Formel 94 auf S. 150).

Für die Berechnung einer unbekannten Variablen eines Wohnbereiches gilt eine der folgenden Formeln:

$$GFZ = \frac{(b + g - \Delta g) \cdot E_o + G}{p \cdot F_{wl}} \quad [2] \qquad (99)$$

$$G = p \cdot F_{wl} \cdot GFZ - (b + g - \Delta g) \cdot E_o \quad [2] \qquad (99.1)$$

$$b + g - \Delta g = \frac{p \cdot F_{wl} \cdot GFZ - G}{E_o} \quad [2] \qquad (99.2)$$

E_o = Einwohnerzahl in dem Wohnbereich, für den die Unbekannte errechnet werden soll.

---

[1] s. Fußnote auf S. 150

[2] Bei der Berechnung eines unbekannten Wertes gilt für:

	p	GFZ	G	b	g	Δg	E_o
die Wohnzonen	$p_{w'}$	$GFZ_{w'}$	$G_{w'}$	$b_{w'}$	$g_{w'}$	$\Delta g_{w'}$	$E_{w'}$
die verdichtete Zone	p_v	GFZ_v	G_v	b_v	g_v	0	E_v

Diese Einwohnerzahl wird:

$$E_0 = \left[\frac{b_v + g_v}{b_v + g_v - \Delta g}\right] \cdot \left[E - \Sigma \frac{p \cdot F_{wl} \cdot GFZ - G}{b + g - \Delta g} \cdot \frac{b_v + g_v - \Delta g}{b_v + g_v}\right]^{3} \qquad (100)$$

6.322 Vereinfachtes Modell

Erfolgt keine Umlegung von Gewerbeflächen der Nahversorgung in die gewerblich verdichtete Zone ($\Delta g = 0$), so reduzieren sich die Formeln des „Allgemeinen Modells" zu vereinfachten Ausdrücken.

Aus Formel (92) wird:

$$E = \frac{\Sigma \frac{p \cdot F_{rel} \cdot GFZ - G}{b + g}}{1 + n \cdot \Sigma \frac{p \cdot GFZ}{b + g}}^{1} \qquad (101)$$

Der weitere Rechengang erfolgt wie im Abschnitt 6.321, lediglich die Formeln (73) und (75) (S. 150) können vereinfacht und zusammengefaßt werden. Es folgt dann:

$$F_{wfe} = E \cdot n \qquad (72)$$

Das Wohnland setzt sich aus der gewerblich verdichteten Zone und den einzelnen Wohnzonen zusammen:

$$F_{wl} = \Sigma F_{w'} + F_v \qquad (93)$$

Dieses Wohnland wird nach Formel (91):

$$F_{wl} = F_{rel} - F_{wfe} \qquad (94)$$

Die einzelnen Flächen werden errechnet nach den Formeln:

$$\Sigma F_{w'} = \Sigma p_{w'} \cdot F_{wl} \qquad (95)$$

$$F_v = p_v \cdot F_{wl} \qquad (95.1)$$

Weiter folgt:

$$E_o = \frac{F \cdot GFZ - G}{b + g}^{2} \qquad (102)$$

Dabei ist:

$$E = \Sigma E_{w'} + E_v \qquad (96)$$

und:

$$E_{ges} = E + \Sigma E_{gb} \qquad (64)$$

---

[1] s. Fußnote auf S. 150 (lediglich Δg entfällt)
[2] s. Fußnote auf S. 151 (lediglich Δg entfällt)

[3] Im Σ Ausdruck wird bei den ohne Index dargestellten Variablen (p, GFZ, G, b, g, Δg) die Zone, für die die unbekannte Größe errechnet werden soll, unberücksichtigt gelassen. Im Bruch $\frac{b_v + g_v}{b_v + g_v - \Delta g}$ wird das Δg der Zone gewählt, für die die unbekannte Variable errechnet werden soll. Darüber hinaus gilt Fußnote [2] analog (S. 151).

Wenn das mögliche Wohnfolgeland pro Einwohner errechnet werden soll, so ist:

$$n = \frac{\Sigma\left(\frac{p \cdot F_{rel} \cdot GFZ - G}{b + g}\right) - E}{E \cdot \Sigma \frac{p \cdot GFZ}{b + g}} \quad ^{1} \qquad (103)$$

Wird bei gegebenen Postulaten nach dem erforderlichen Wohnland gefragt, so folgt:

$$F_{wl} = \frac{E + \Sigma \frac{G}{b + g}}{\Sigma \frac{p \cdot GFZ}{b + g}} \quad ^{1} \qquad (104)$$

Liegt eine Aufgabe vor, bei der die Einwohnerzahl und das Wohnfolgeland pro Einwohner gegeben sind, so kann mit diesen Angaben das Wohnfolgeland errechnet werden (s. Formel 72 auf S. 152). Dann erfolgt die Angabe des Wohnlandes (s. Formel 94 auf S. 152).

Für die Berechnung einer unbekannten Variablen eines Wohnbereiches gilt eine der folgenden Formeln:

$$GFZ = \frac{(b + g) \cdot E_o + G}{p \cdot F_{wl}} \quad ^{2} \qquad (105)$$

$$G = p \cdot F_{wl} \cdot GFZ - (b + g) \cdot E_o \quad ^{2} \qquad (105.1)$$

$$b + g = \frac{p \cdot F_{wl} \cdot GFZ - G}{E_o} \quad ^{2} \qquad (105.2)$$

E_o = Einwohnerzahl in dem Wohnbereich, für den die Unbekannte errechnet werden soll.

Diese Einwohnerzahl wird:

$$E_o = E - \Sigma \frac{p \cdot F_{wl} \cdot GFZ - G}{b + g} \quad ^{3} \qquad (106)$$

Beispiel: *zu 6.321 „Allgemeines Modell“ prozentuale Flächenaufteilung*

Für ein Areal sind folgende generelle Daten gegeben:

$F_{rel} = 100000\ m^2$
$g = 3\ m^2/E$
$n = 10\ m^2/E$

[1] s. Fußnote auf S. 150 (lediglich Δg entfällt)

[2] s. Fußnote auf S. 151 (lediglich Δg entfällt)

[3] Bei dem Σ Ausdruck wird die Zone, für die die unbekannte Größe errechnet werden soll, unberücksichtigt gelassen. Darüber hinaus gilt Fußnote [2] analog.

Für die einzelnen Wohnbereiche gelten außerdem noch folgende Daten:

	w'$_1$	w'$_2$	w'$_3$	v	Dim.
p	0,25	0,40	0,15	0,2	
GFZ	0,5	1,0	1,5	2,5	
G	–	5000	8000	10000	m^2
b	40	35	30	35	m^2/E
Δg	1,0	1,5	2,0	0	m^2/E

1. Welche Einwohnerzahl ist möglich und wie verteilen sie sich auf dem Areal?

Der Zähler der Formel (92) lautet:

$$E_1 = \frac{0{,}25 \cdot 100000 \cdot 0{,}5 - 0}{40 + 3 - 1} \cdot \frac{37}{38} = 290$$

$$E_2 = \frac{0{,}4 \cdot 100000 \cdot 1{,}0 - 5000}{35 + 3 - 1{,}5} \cdot \frac{36{,}5}{38} = 920$$

$$E_3 = \frac{0{,}15 \cdot 100000 \cdot 1{,}5 - 8000}{30 + 3 - 2} \cdot \frac{36}{38} = 443$$

$$E_4 = \frac{0{,}2 \cdot 100000 \cdot 2{,}5 - 10000}{35 + 3 - 0} \cdot \frac{38}{38} = 1052$$

$$Z = E' = 2705$$

Der Nenner der Formel 92 wird:

$$N_1 = \frac{0{,}25 \cdot 0{,}5 \cdot 10}{40 + 3 - 1} \cdot \frac{37}{38} = 0{,}0290$$

$$N_2 = \frac{0{,}4 \cdot 1{,}0 \cdot 10}{35 + 3 - 1{,}5} \cdot \frac{36{,}5}{38} = 0{,}1052$$

$$N_3 = \frac{0{,}15 \cdot 1{,}5 \cdot 10}{30 + 3 - 2} \cdot \frac{36}{38} = 0{,}0690$$

$$N_4 = \frac{0{,}2 \cdot 2{,}5 \cdot 10}{35 + 3 - 0} \cdot \frac{38}{38} = 0{,}1318$$

$$+ 1{,}0000$$

$$N = 1{,}3350$$

Die Einwohnerzahl wird dann:

$$E = \frac{2705}{1{,}335} = 2030 \text{ E}$$

Weiter folgt nach Formel (72):

$$F_{wfe} = 2030 \cdot 10 = 20300 \text{ m}^2$$

und nach Formel (94):

$$F_{wl} = 100000 - 20300 = 79700 \text{ m}^2$$

Die einzelnen Flächen werden nach Formel (95) und (95.1) berechnet:

$$F_{w'1} = 0{,}25 \cdot 79700 = 19925 \text{ m}^2$$
$$F_{w'2} = 0{,}40 \cdot 79700 = 31880 \text{ m}^2$$
$$F_{w'3} = 0{,}15 \cdot 79700 = 11955 \text{ m}^2$$
$$F_{v} = 0{,}20 \cdot 79700 = 15940 \text{ m}^2$$

Die Einwohner in den einzelnen Wohnzonen werden nach Formel (73) und (75) (s. S. 150):

$$E_{w'1} = \frac{19925 \cdot 0{,}5 - 0}{40 + 3 - 1} = 237 \text{ E}$$

$$E_{w'2} = \frac{31880 \cdot 1{,}0 - 5000}{35 + 3 - 1{,}5} = 738 \text{ E}$$

$$E_{w'3} = \frac{11955 \cdot 1{,}5 - 8000}{30 + 3 - 2} = 320 \text{ E}$$

$$E_v = \frac{15940 \cdot 2{,}5 - 10000 - (237 \cdot 1 + 738 \cdot 1{,}5 + 320 \cdot 2)}{35 + 3} = 735 \text{ E}$$

Zur Probe: $E = 237 + 738 + 320 + 735 = 2030 \text{ E}$

2. In der Aufgabe 1 wird eine Einwohnerzahl von 2030 E erreicht. Werden 2600 Einwohner nun gefordert oder als Alternative angenommen, so müssen Sekundärdaten verändert werden.

2a) Welches Wohnfolgeland pro Einwohner wäre möglich, wenn 2600 Einwohner in den Wohnbereichen untergebracht werden sollen? Für die Berechnung wird Formel (97) benutzt. Der in dieser Formel vorkommende Σ Ausdruck im Zähler wird dem Beispiel 1 entnommen. Das Ergebnis lautet: Z' = 2705

Der Σ Ausdruck im Nenner wird:

$$N_1 = \frac{0{,}25 \cdot 0{,}5}{40 + 3 - 1} \cdot \frac{37}{38} = 0{,}00290$$

$$N_2 = \frac{0{,}4 \cdot 1{,}0}{35 + 3 - 1{,}5} \cdot \frac{36{,}5}{38} = 0{,}01052$$

$$N_3 = \frac{0{,}15 \cdot 1{,}5}{30 + 3 - 2} \cdot \frac{36}{38} = 0{,}00690$$

$$N_4 = \frac{0{,}2 \cdot 2{,}5}{35 + 3 - 0} \cdot \frac{38}{38} = 0{,}01318$$

$$N = 0{,}03350$$

Dann folgt nach Formel (97):

$$n = \frac{(2705) - 2600}{2600 \cdot 0{,}0335} = 1{,}2 \text{ m}^2/\text{E}$$

2b) Wird das Wohnfolgeland pro Einwohner von 10 m^2 jedoch gefordert, so müssen die Variablen der einzelnen Wohnzonen verändert werden. Hier soll die Wohnzone w'_2 ausgewählt werden.

Zunächst wird das Wohnfolgeland errechnet. Dieses wird nach Formel (72) (s. S. 150): $F_{wfe} = 2600 \cdot 10 = 26000 \text{ m}^2$

daraus folgt nach Formel (94):

$$F_{wl} = 100000 - 26000 = 74000 \text{ m}^2$$

In den Formeln 99 – 99,2 für die Berechnung der unbekannten Variablen wird E_o verwendet, das nach Formel (100) berechnet wird.

Der Σ Ausdruck lautet:

$$E_1 = \frac{0{,}25 \cdot 74000 \cdot 0{,}5 - 0}{40 + 3 - 1} = 214$$

$$E_3 = \frac{0{,}15 \cdot 74000 \cdot 1{,}5 - 8000}{30 + 3 - 2} \cdot \frac{36}{38} = 264$$

$$E_4 = \frac{0{,}2 \cdot 74000 \cdot 2{,}5 - 10000}{35 + 3 - 0} \cdot \frac{38}{38} = 712$$

$$\Sigma \,.\,. = 1190$$

Dann folgt für E_o nach Formel (100):

$$E_o = \frac{35 + 3}{35 + 3 - 1{,}5} \cdot (2600 - 1190) = 1470$$

2c) Welche Geschoßflächenzahl wird für $F_{w'2}$ erforderlich?

Nach Formel (99) wird:

$$GFZ_{w'2} = \frac{(35 + 3 - 1{,}5) \cdot 1470 + 5000}{0{,}4 \cdot 74000} = 1{,}98$$

2d) Welche Bruttogeschoßfläche pro Einwohner ergibt sich, wenn die Geschoßflächenzahl von 1,0 beibehalten wird?

Nach Formel (99.2) wird:

$$b_{w'2} + g_{w'2} - \Delta g_{w'2} = \frac{0{,}4 \cdot 74000 - 5000}{1470} = 16{,}7$$

Daraus folgt: $b_{w'2} = 16{,}7 - 3 + 1{,}5 = 15{,}2 \text{ m}^2/\text{E}$

2e) Müssen die geforderten Sekundärdaten eingehalten werden, so wird eine Erweiterung des Wohnlandes notwendig.

In der Formel (98) wird der Σ Ausdruck des Zählers:

$$Z_1 = \frac{0}{40+3-1} \cdot \frac{37}{38} = 0$$

$$Z_2 = \frac{5000}{35+3-1{,}5} \cdot \frac{36{,}5}{38} = 132$$

$$Z_3 = \frac{8000}{30+3-2} \cdot \frac{36}{38} = 245$$

$$Z_4 = \frac{10000}{35+3-0} \cdot \frac{38}{38} = 263$$

$$\Sigma\,.\,. = 640$$

Der Nenner der Formel (98) wird der Aufgabe 2a entnommen.

Ergebnis: $N = 0{,}0335$

Das Wohnland wird dann nach Formel (98):

$$F_{wl} = \frac{2600 + 640}{0{,}0335} = 96800 \text{ m}^2$$

Da bereits 74000 m² vorhanden sind, ergibt sich eine Fehlfläche von:

$$\Delta F = 96800 - 74000 = 22800 \text{ m}^2$$

2,28 ha Nettowohnbauland wäre zusätzlich erforderlich, wenn an Stelle der möglichen 2030 Einwohner 2600 Einwohner gefordert werden.

Beispiel: *zu 6.322 „Vereinfachtes Modell" prozentuale Flächenaufteilung*

Aus Gründen der Vergleichsmöglichkeit wird das Beispiel des vorigen Abschnittes gewählt. Es entfällt nur eine Umlegung von Gewerbeflächen der Nahversorgung.

Es wird also angenommen:

$$F_{rel} = 100000 \text{ m}^2$$
$$g = 3 \text{ m}^2/\text{E}$$
$$n = 10 \text{ m}^2/\text{E}$$

Für die einzelnen Wohnbereiche gelten außerdem noch folgende Daten:

	w'_1	w'_2	w'_3	v	Dim.
p	0,25	0,40	0,15	0,2	
GFZ	0,5	1,0	1,5	2,5	
G	–	5000	8000	10000	m²
b	40	35	30	35	m²/E

1. Welche Einwohnerzahl ist möglich und wie verteilen sie sich auf dem Areal?

   Der Zähler der Formel (101) lautet:

$$E_1 = \frac{0{,}25 \cdot 100000 \cdot 0{,}5 - 0}{40 + 3} = 291$$

$$E_2 = \frac{0{,}4 \cdot 100000 \cdot 1{,}0 - 5000}{35 + 3} = 922$$

$$E_3 = \frac{0{,}15 \cdot 100000 \cdot 1{,}5 - 8000}{30 + 3} = 440$$

$$E_4 = \frac{0{,}2 \cdot 100000 \cdot 2{,}5 - 10000}{35 + 3} = 1052$$

$$Z = 2705$$

   Der Nenner der Formel (101) wird:

$$N_1 = \frac{0{,}25 \cdot 0{,}5 \cdot 10}{40 + 3} = 0{,}0290$$

$$N_2 = \frac{0{,}4 \cdot 1{,}0 \cdot 10}{35 + 3} = 0{,}1052$$

$$N_3 = \frac{0{,}15 \cdot 1{,}5 \cdot 10}{30 + 3} = 0{,}0682$$

$$N_4 = \frac{0{,}2 \cdot 2{,}5 \cdot 10}{35 + 3} = 0{,}1315$$

$$+ 1{,}0000$$

$$N = 1{,}3339$$

   Die Einwohnerzahl wird dann:

$$E = \frac{2705}{1{,}3339} = 2030 \text{ E}$$

   Weiter folgt nach Formel (72):

$$F_{wfe} = 2030 \cdot 10 = 20300 \text{ m}^2$$

   und nach Formel (94):

$$F_{wl} = 100000 - 20300 = 79700 \text{ m}^2$$

   Die einzelnen Flächen werden nach Formel (95) und (95.1) berechnet (s. S. 152):

$$F_{w'1} = 0{,}25 \cdot 79700 = 19925 \text{ m}^2$$
$$F_{w'2} = 0{,}40 \cdot 79700 = 31880 \text{ m}^2$$
$$F_{w'3} = 0{,}15 \cdot 79700 = 11955 \text{ m}^2$$
$$F_v = 0{,}20 \cdot 79700 = 15940 \text{ m}^2$$

Die Einwohner in den einzelnen Wohnzonen werden nach Formel (102) errechnet:

$$E_{w'1} = \frac{19925 \cdot 0{,}5 - 0}{40 + 3} = 232$$

$$E_{w'2} = \frac{31880 \cdot 1{,}0 - 5000}{35 + 3} = 709$$

$$E_{w'3} = \frac{11955 \cdot 1{,}5 - 8000}{30 + 3} = 301$$

$$E_v = \frac{15940 \cdot 2{,}5 - 10000}{35 + 3} = 788$$

Zur Probe: $E = 232 + 709 + 301 + 788 = 2030$ E

6.33 Prozentuale Einwohneraufteilung

Hier werden die möglichen Einwohner, die in den verschiedenen bewohnten Zonen untergebracht werden sollen, prozentual aufgeteilt.

6.331 Allgemeines Modell

Das Areal (F_{rel}) setzt sich aus den verschiedenen Wohnzonen (Index w'), der gewerblich verdichteten Zone (Index v) und dem Wohnfolgeland zusammen (F_{wfe}).

$$F_{rel} = \Sigma F_{w'} + F_v + F_{wfe} \quad (91)$$

daraus folgt:

$$F_{wl} = F_{rel} - F_{wfe} \quad (94)$$

Die Aufteilung des Wohnlandes, also der gewerblich verdichteten Zone und der einzelnen Wohnzonen, soll durch vorgegebene prozentuale Anteile der Gesamtbevölkerung, die in den einzelnen Zonen wohnen sollen, gegeben sein. Abschnitt 6.13 unterscheidet den Begriff Einwohner (E) als die Einwohnerzahl, die in den bewohnten Zonen wohnt und den Begriff Gesamteinwohner (E_{ges}), der die in den Wohnfolgeeinrichtungen wohnenden Bewohner mit berücksichtigt.

$$E_{ges} = E + \Sigma E_{gb} \quad (64)$$

Wird die Gesamteinwohnerzahl (E_{ges}) prozentual aufgeteilt, so muß für das Wohnfolgeland pro Einwohner der Wert n' verwendet werden (Formel 59 auf S. 129). Dies dürfte in der Regel der Fall sein, da die statistischen Angaben sich jeweils auf die Gesamteinwohnerzahl beziehen. Sollte sich jedoch die prozentuale Aufteilung auf die Einwohner (E) beziehen, so muß für das Wohnfolgeland pro Einwohner der Wert n eingesetzt werden (Formel 61 auf S. 130). Im Folgenden werden die Gesamteinwohner (E_{ges}) und n' verwendet. Durch Auswechseln der Ausdrücke ($E_{ges} \rightarrow E$ und $n' \rightarrow n$) kann jedoch auch der zweite Fall mit den genannten Formeln behandelt werden.

Mit den aufbereiteten Werten und den erforderlichen Richt- und Normzahlen wird zunächst die mittlere Grundstücksfläche pro Gesamteinwohner errechnet. Als Kurzform sei dafür f_m gewählt:

$$f_m = GSF_m / E_{ges}$$

Es wird dann:

$$f_m = \frac{p_v (b_v + g_v) + \Sigma\, p_{w'} \cdot \Delta g_{w'}}{GFZ_v} + \Sigma \frac{p_{w'} (b_{w'} + g_{w'} - \Delta g_{w'})}{GFZ_{w'}} \tag{107}$$

Die Gesamteinwohnerzahl wird dann:

$$E_{ges} = \frac{F_{rel} - \Sigma \frac{G}{GFZ}^{\,1}}{f_m + n'} \tag{108}$$

Sollen die anderen arealbezogenen Variablen explizit dargestellt werden, so folgt:

$$F_{rel} = E_{ges} (f_m + n') + \Sigma \frac{G}{GFZ}^{\,1} \tag{108.1}$$

$$n' = \frac{F_{rel} - \Sigma \frac{G}{GFZ}^{\,1}}{E_{ges}} - f_m \tag{108.2}$$

Ist durch Formel (108) die Gesamteinwohnerzahl bekannt, so gliedert sich der weitere Rechengang wie folgt:

$$\Sigma\, E_{w'} = \Sigma\, p_{w'} \cdot E_{ges} \tag{109}$$

$$E_v = p_v \cdot E_{ges} \tag{110}$$

Mit Hilfe der Einwohnerzahlen lassen sich die erforderlichen Flächen errechnen:

$$F_{wfe} = n' \cdot E_{ges} \tag{111}$$

$$\Sigma\, F_{w'} = \Sigma \frac{E_{w'} (b_{w'} + g_{w'} - \Delta g_{w'}) + G_{w'}}{GFZ_{w'}} \tag{112}$$

$$F_v = \frac{E_v (b_v + g_v) + G_v + \Sigma\, E_{w'} \cdot \Delta g_{w'}}{GFZ_v} \tag{113}$$

Liegt eine Aufgabe vor, bei der die Einwohnerzahl und das Wohnfolgeland pro Gesamteinwohner gegeben sind, so kann mit diesen Angaben das Wohnfolgeland errechnet werden (s. Formel 111). Dann erfolgt die Angabe des Wohnlandes (s. Formel 94 auf S. 159).

---

[1]

Es gilt für:	GFZ	G
die Wohnzonen	$GFZ_{w'}$	$G_{w'}$
die verdichtete Zone	GFZ_v	G_v

Für die Variablen einer Wohnzone (w') gelten die folgenden Formeln:

Die Fläche wird:

$$F_{w'} = F_{wl} - [\Sigma \frac{p_{w'} \cdot E_{ges} (b_{w'} + g_{w'} - \Delta g_{w'}) + G_{w'}}{GFZ_{w'}}^{2} + \ldots$$

$$\ldots + \frac{p_v \cdot E_{ges} (b_v + g_v) + G_v + E_{ges} \cdot \Sigma\, p_{w'} \cdot \Delta g_{w'}}{GFZ_v}] \qquad (114)$$

$F_{w'}$ = Fläche des Wohnbereiches, für den die Unbekannte errechnet werden soll.

Ist die Fläche errechnet worden, so gelten für die Variablen dieser Zone die weiteren Formeln:

$$GFZ_{w'} = \frac{p_{w'} \cdot E_{ges} (b_{w'} + g_{w'} - \Delta g_{w'}) + G_{w'}}{F_{w'}} \qquad (115)$$

$$G_{w'} = F_{w'} \cdot GFZ_{w'} - p_{w'} \cdot E_{ges} (b_{w'} + g_{w'} - \Delta g_{w'}) \qquad (115.1)$$

$$b_{w'} + g_{w'} - \Delta g_{w'} = \frac{F_{w'} \cdot GFZ_{w'} - G_{w'}}{p_{w'} \cdot E_{ges}} \qquad (115.2)$$

Für die Variablen der gewerblich verdichteten Zone lauten die Formeln:

$$F_v = F_{wl} - [\Sigma \frac{p_{w'} \cdot E_{ges} (b_{w'} + g_{w'} - \Delta g_{w'}) + G_{w'}}{GFZ_{w'}}] \qquad (116)$$

F_v = Fläche der gewerblich verdichteten Zone, für die die Unbekannte errechnet werden soll.

Weiter folgt:

$$GFZ_v = \frac{E_{ges} [p_v (b_v + g_v) + \Sigma\, p_{w'} \cdot \Delta g_{w'}] + G_v}{F_v} \qquad (117)$$

$$G_v = F_v \cdot GFZ_v - E_{ges} [p_v (b_v + g_v) + \Sigma\, p_{w'} \cdot \Delta g_{w'}] \qquad (117.1)$$

$$b_v + g_v = \frac{F_v \cdot GFZ_v - E_{ges} (\Sigma\, p_{w'} \cdot \Delta g_{w'}) - G_v}{p_v \cdot E_{ges}} \qquad (117.2)$$

6.332 Vereinfachtes Modell

Erfolgt keine Umlegung von Gewerbeflächen der Nahversorgung in die gewerblich verdichtete Zone ($\Delta g = 0$), so reduzieren sich die Formeln des „Allgemeinen Modells".

---

[2] In der [ ] werden im ersten Σ Ausdruck die Variablen der Wohnzone, für die die Unbekannte errechnet werden soll, nicht berücksichtigt.

Aus Formel (107) wird:

$$f_m = \Sigma \frac{p \cdot (b + g)}{GFZ} \quad ^1 \qquad (118)$$

Die Grundformel für die Gesamteinwohnerzahl lautet wiederum:

$$E_{ges} = \frac{F_{rel} - \Sigma \frac{G}{GFZ}}{f_m + n'} \quad ^1 \qquad (108)$$

Sollen die anderen arealbezogenen Variablen explizit dargestellt werden, so folgt:

$$F_{rel} = E_{ges} (f_m + n') + \Sigma \frac{G}{GFZ} \quad ^1 \qquad (108.1)$$

$$n' = \frac{F_{rel} - \Sigma \frac{G}{GFZ}}{E_{ges}} - f_m \quad ^1 \qquad (108.2)$$

Ist durch Formel (108) die Gesamteinwohnerzahl bekannt, so gliedert sich der weitere Rechengang wie folgt:

$$\Sigma E_{w'} = \Sigma p_{w'} \cdot E_{ges} \qquad (109)$$

$$E_v = p_v \cdot E_{ges} \qquad (110)$$

Mit Hilfe der Einwohnerzahlen lassen sich die erforderlichen Flächen errechnen:

$$F_{wfe} = n' \cdot E_{ges} \qquad (111)$$

$$F = \frac{E_o (b + g) + G}{GFZ} \quad ^1 \qquad (119)$$

Für die Variablen einer bewohnten Zone lauten die Formeln:

Für die Fläche aus (114) bzw. (116):

$$F = F_{wl} - \Sigma \frac{p \cdot E_{ges} (b + g) + G}{GFZ} \quad ^2 \qquad (120)$$

Weiter folgt aus den Formeln (115) bzw. (117):

$$GFZ = \frac{p \cdot E_{ges} (b + g) + G}{F} \quad ^1 \qquad (121)$$

$$G = F \cdot GFZ - p \cdot E_{ges} (b + g) \quad ^1 \qquad (121.1)$$

$$b + g = \frac{F \cdot GFZ - G}{p \cdot E_{ges}} \quad ^1 \qquad (121.2)$$

[1] Es gilt für:

	p	b	g	GFZ	G	F	E_o
die Wohnzonen	$p_{w'}$	$b_{w'}$	$g_{w'}$	$GFZ_{w'}$	$G_{w'}$	$F_{w'}$	$E_{w'}$
die gewerblich verd. Zone	p_v	b_v	g_v	GFZ_v	G_v	F_v	E_v

[2] Im Σ Ausdruck werden die Variablen der bewohnten Zone, für die die Unbekannte errechnet werden soll, nicht berücksichtigt. Ansonsten gilt Fußnote [1].

6.333 Elementares Modell

Werden keine Geschoßflächen für übergeordnete Nutzungen (Gewerbe) berücksichtigt, so können die Formeln des vorigen Abschnittes vereinfacht werden.

Die mittlere Grundstücksfläche pro Einwohner wird analog der Formel 118 (s. S. 162):

$$GSF_m/E = \Sigma \frac{p \cdot (b + g)}{GFZ} \qquad (118)$$

Aus Formel (108) wird:

$$E_{ges} = \frac{F_{rel}}{f_m + n'} \qquad (122)$$

Wird für die mittlere Grundstücksfläche pro Einwohner GSF_m/E gesetzt, so lautet die Formel 122:

$$E_{ges} = \frac{F_{rel}}{GSF_m/E + n'} \qquad (123)$$

oder: $$E = \frac{F_{rel}}{GSF_m/E + n} \qquad (123a)$$ [1]

Die jeweils auf die Relativfläche bezogene Einwohnerdichte wird dann:

$$ED = \frac{10000}{GSF_m/E + n'} \quad (E/ha) \qquad (124)$$

oder: $$ED = \frac{10000}{GSF_m/E + n} \quad (E/ha) \qquad (124a)$$ [2]

Werden von der Formel 123 die anderen Variablen explizit dargestellt, so folgt:

$$GSF_m/E = \frac{F_{rel}}{E_{ges}} - n' \qquad (123.1)$$

$$n' = \frac{F_{rel}}{E_{ges}} - GSF_m/E \qquad (123.2)$$

$$F_{rel} = E_{ges}\,(GSF_m/E + n') \qquad (123.3)$$

Werden von der Formel 124 die anderen Variablen explizit dargestellt, so folgt:

$$GSF_m/E = \frac{10000}{ED} - n' \qquad (124.1)$$

$$n' = \frac{10000}{ED} - GSF_m/E \qquad (124.2)$$

---

[1] Formel 123a ist die Formel 85 des „Elementaren Modells" der numerischen Flächenaufteilung (s. S. 139).

[2] Formel 124a ist die Formel 86 des „Elementaren Modells" der numerischen Flächenaufteilung (s. S. 140).

Die Aufteilung der Einwohner auf die einzelnen Flächen erfolgt nach der Formel:

$$E_o = p \cdot E_{ges} \quad ^1 \qquad (125)$$

Mit Hilfe der Einwohnerzahlen lassen sich die erforderlichen Flächen errechnen:

$$F_{wfe} = n' \cdot E_{ges} \qquad (111)$$

$$F = \frac{E_o\,(b + g)}{GFZ} \quad ^1 \qquad (126)$$

Beispiel: *zu 6.331 „Allgemeines Modell" prozentuale Einwohneraufteilung*

Aus Gründen der Vergleichsmöglichkeiten werden die Sekundärdaten des Beispieles aus Abschnitt 6.321, Allgemeines Modell – prozentuale Flächenaufteilung, gewählt. Die Prozentzahlen gelten hier jedoch für die Einwohneraufteilung.

Für die rechnerischen Beispiele des Abschnittes „prozentuale Einwohneraufteilung" werden die Ausdrücke Einwohner (E) und Wohnfolgeland pro Einwohner (n) verwendet. In den Formeln sind demzufolge $E_{ges} \rightarrow E$ und $n' \rightarrow n$ auszuwechseln.

Für ein Areal sind folgende generelle Daten gegeben:

$$F_{rel} = 100000\ m^2$$
$$g = 3\ m^2/E$$
$$n = 10\ m^2/E$$

Für die einzelnen Wohnbereiche gelten außerdem noch folgende Daten:

	w'_1	w'_2	w'_3	v	Dim.
p	0,25	0,40	0,15	0,2	
GFZ	0,5	1,0	1,5	2,5	
G	–	5000	8000	10000	m^2
b	40	35	30	35	m^2/E
Δg	1,0	1,5	2,0	0	m^2/E

1. Welche Einwohnerzahl ist möglich und wie werden die einzelnen Flächen auf dem Areal aufgeteilt?

   Nach Formel (107) wird:

$$f_m = \frac{0{,}2\,(35 + 3) + (0{,}25 \cdot 1{,}0 + 0{,}4 \cdot 1{,}5 + 0{,}15 \cdot 2{,}0)}{2{,}5} + \frac{0{,}25\,(40 + 3 - 1)}{0{,}5}$$

$$+ \frac{0{,}4\,(35 + 3 - 1{,}5)}{1{,}0} + \frac{0{,}15\,(30 + 3 - 2)}{1{,}5} = 42{,}2\ m^2$$

[1] Es gilt für:

	E_o	F	GFZ	b	g	p
die Wohnzonen	$E_{w'}$	$F_{w'}$	$GFZ_{w'}$	$b_{w'}$	$g_{w'}$	$p_{w'}$
die verdichtete Zone	E_v	F_v	GFZ_v	b_v	g_v	p_v

Nach Formel (108) wird:

$$E = \frac{100000 - (\frac{0}{0,5} + \frac{5000}{1,0} + \frac{8000}{1,5} + \frac{10000}{2,5})}{42,2 + 10} = 1640\ E$$

Dann wird nach Formel (109):

$$E_{w'1} = 0,25 \cdot 1640 = 410$$
$$E_{w'2} = 0,40 \cdot 1640 = 656$$
$$E_{w'3} = 0,15 \cdot 1640 = 246$$

nach (110) $E_v = 0,20 \cdot 1640 = 328$

als Probe: 1640

Die erforderlichen Flächen werden dann:

nach (111) $F_{wfe} = 1640 \cdot 10 = 16400\ m^2$

nach (112) $F_{w'1} = \frac{410\,(40 + 3 - 1) + 0}{0,5} = 34490\ m^2$

$$F_{w'2} = \frac{656\,(35 + 3 - 1,5) + 5000}{1,0} = 28950\ m^2$$

$$F_{w'3} = \frac{246\,(30 + 3 - 2) + 8000}{1,5} = 10420\ m^2$$

nach (113) $F_v = \frac{328\,(35 + 3) + 10000 + (410 \cdot 1 + 656 \cdot 1,5 + 246 \cdot 2)}{2,5} = 9740\ m^2$

als Probe: $F_{rel} = 100000\ m^2$

Gegenüber den gegebenen prozentualen Anteilen der Einwohner verhalten sich die prozentualen Anteile der Flächen wie folgt:

nach Formel (94) wird: $F_{wl} = 100000 - 16400 = 83600\ m^2$

dann wird:

$$p_{w'1} = \frac{34490}{83600} = 0,412$$

$$p_{w'2} = \frac{28950}{83600} = 0,346$$

$$p_{w'3} = \frac{10420}{83600} = 0,125$$

$$p_v = \frac{9740}{83600} = 0,117$$

Es ergibt sich folgende Zusammenstellung:

25 % E wohnen auf 41,2 % der Fläche
40 % E wohnen auf 34,6 % der Fläche
15 % E wohnen auf 12,5 % der Fläche
20 % E wohnen auf 11,7 % der Fläche

2. In der Aufgabe 1 wird eine Einwohnerzahl von 1640 E erreicht. Werden nun 2000 Einwohner gefordert oder als Alternative angenommen, so müssen Sekundärdaten verändert werden.

2a) Welches Wohnfolgeland pro Einwohner wäre möglich, wenn 2000 Einwohner in den Wohnbereichen untergebracht werden sollen?

Für die Berechnung wird Formel 108.2 (auf S. 160) benutzt. Der in dieser Formel vorkommende Σ Ausdruck lautet:

$$\Sigma \frac{G}{GFZ} = \frac{0}{0,5} + \frac{5000}{1,0} + \frac{8000}{1,5} + \frac{10000}{2,5} = 14330$$

Das f_m in dieser Formel wird nach Formel (107) errechnet (s. Aufgabe 1 auf S. 164).
Ergebnis: $f_m = 42,2 \text{ m}^2/\text{E}$

Dann folgt nach Formel (108.2):

$$n = \frac{100000 - 14330}{2000} - 42,2 = 0,6 \text{ m}^2/\text{E}$$

2b) Wird das Wohnfolgeland pro Einwohner von 10 m^2/E jedoch gefordert und müssen die angegebenen Sekundärdaten eingehalten werden, so wird eine Erweiterung des Wohnlandes notwendig.

Nach Formel (108.1) wird:

$$F_{rel} = 2000\,(42,2 + 10) + 14330 = 118730 \text{ m}^2$$

Da 100000 m^2 bereits vorhanden sind, ergibt sich eine Fehlfläche von:

$$\Delta F = 118730 - 100000 = 18730 \text{ m}^2$$

1,873 ha Nettowohnbauland wäre zusätzlich erforderlich, wenn an Stelle der 1640 Einwohner nun 2000 Einwohner gefordert würden.

2c) Stehen jedoch nur 100000 m^2 zur Verfügung, so müssen die Variablen der einzelnen Wohnzonen verändert werden. Hier soll die Wohnzone w'_2 ausgewählt werden.

Zunächst wird das Wohnfolgeland errechnet. Nach Formel (111) wird (s. S. 160):

$$F_{wfe} = 10 \cdot 2000 = 20000 \text{ m}^2$$

Um die einzelnen Variablen der Wohnzone w'_2 errechnen zu können (Formel 115 – 115,2), muß die Fläche der Wohnzone w'_2 ermittelt werden.

Nach Formel (114) wird:

$$F_{w'} = 80000 - [\frac{0{,}25 \cdot 2000\,(40 + 3 - 1) + 0}{0{,}5} + \frac{0{,}15 \cdot 2000\,(30 + 3 - 2) + 8000}{1{,}5}$$

$$+ \frac{0{,}2 \cdot 2000\,(35 + 3) + 10000 + 2000\,(0{,}25 \cdot 1 + 0{,}4 \cdot 1{,}5 + 0{,}15 \cdot 2}{2{,}5}]$$

$$= 15480\ m^2$$

2d) Welche Geschoßflächenzahl wird notwendig?

Nach Formel (115) wird:

$$GFZ_{w'2} = \frac{0{,}4 \cdot 2000\,(35 + 3 - 1{,}5) + 5000}{15480} = 2{,}21$$

2e) Welche Bruttogeschoßfläche pro Einwohner würde sich ergeben, wenn die GFZ von 1,0 beibehalten werden soll?

Nach Formel (115.2) wird:

$$b_{w'2} + g_{w'2} - \Delta g_{w'2} = \frac{15480 \cdot 1{,}0 - 5000}{0{,}4 \cdot 2000} = 13{,}1\ m^2$$

Daraus folgt:

$$b_{w'2} = 13{,}1 - 3 + 1{,}5 = 11{,}6\ m^2/E$$

Beispiel: *zu 6.332 „Vereinfachtes Modell" prozentuale Einwohneraufteilung*

Aus Gründen der Vergleichsmöglichkeit wird das Beispiel des vorigen Abschnittes gewählt. Es entfällt lediglich die Umlegung von Gewerbeflächen der Nahversorgung.

Es wird also angenommen:

$$F_{rel} = 100000\ m^2$$
$$g = 3\ m^2/E$$
$$n = 10\ m^2/E$$

Für die einzelnen Wohnbereiche gelten außerdem noch folgende Daten:

	w'_1	w'_2	w'_3	v	Dim.
p	0,25	0,40	0,15	0,2	
GFZ	0,5	1,0	1,5	2,5	
G	–	5000	8000	10000	m^2
b	40	35	30	35	m^2/E

1. Welche Einwohnerzahl ist möglich und wie werden die einzelnen Flächen auf dem Areal aufgeteilt?

Nach Formel (118) wird (s. S. 162):

$$f_m = \frac{0{,}25\,(40+3)}{0{,}5} + \frac{0{,}40\,(35+3)}{1{,}0} + \frac{0{,}15\,(30+3)}{1{,}5} + \frac{0{,}2\,(35+3)}{2{,}5} = 43{,}04 \text{ m}^2$$

Nach Formel (108) wird dann (s. S. 162):

$$E = \frac{100000 - \left(\frac{0}{0{,}5} + \frac{5000}{1{,}0} + \frac{8000}{1{,}5} + \frac{10000}{2{,}5}\right)}{43{,}04 + 10} = 1615 \text{ E}$$

Dann wird nach Formel 109 (s. S. 162):

$$E_{w'1} = 0{,}25 \cdot 1615 = 404$$
$$E_{w'2} = 0{,}40 \cdot 1615 = 646$$
$$E_{w'3} = 0{,}15 \cdot 1615 = 242$$

nach (110) $E_v = 0{,}20 \cdot 1615 = 323$

als Probe: 1615

Die erforderlichen Flächen werden dann:

nach (111) $F_{wfe} = 1615 \cdot 10 = 16150 \text{ m}^2$

nach (119) $F_{w'1} = \frac{404\,(40+3)+0}{0{,}5} = 34800 \text{ m}^2$

$$F_{w'2} = \frac{646\,(35+3)+5000}{1{,}0} = 29600 \text{ m}^2$$

$$F_{w'3} = \frac{242\,(30+3)+8000}{1{,}5} = 10530 \text{ m}^2$$

$$F_v = \frac{323\,(35+3)+10000}{2{,}5} = 8920 \text{ m}^2$$

als Probe: $F_{rel} = 100000 \text{ m}^2$

Gegenüber den gegebenen prozentualen Anteilen der Einwohner verhalten sich die prozentualen Anteile der Flächen wie folgt:

nach Formel (94) wird:

$$F_{wl} = 100000 - 16150 = 83850 \text{ m}^2$$

dann wird: $p_{w'1} = \frac{34800}{83850} = 0{,}415$

$$p_{w'2} = \frac{29600}{83850} = 0{,}353$$

$$p_{w'3} = \frac{10530}{83850} = 0{,}126$$

$$p_v = \frac{8920}{83850} = 0{,}106$$

Es ergibt sich folgende Zusammenstellung:

25 % E wohnen auf 41,5 % der Fläche
40 % E wohnen auf 35,3 % der Fläche
15 % E wohnen auf 12,6 % der Fläche
20 % E wohnen auf 10,6 % der Fläche

Beispiel: *zu 6.333 „Elementares Modell“ prozentuale Einwohneraufteilung*

Entfallen konstante Geschoßflächen für übergeordnete Nutzungen, so wird G = 0.

Es sollen wiederum die Sekundärdaten des vorigen Beispiels übernommen werden:

$$F_{rel} = 100000 \text{ m}^2$$
$$g = 3 \text{ m}^2/\text{E}$$
$$n = 10 \text{ m}^2/\text{E}$$

Für die einzelnen Wohnbereiche gelten außerdem noch folgende Daten:

	w'_1	w'_2	w'_3	v	Dim.
p	0,25	0,40	0,15	0,20	
GFZ	0,5	1,0	1,5	2,5	
b	40	35	30	35	m^2/E

1. Welche Einwohnerzahl ist möglich und wie werden die einzelnen Flächen auf dem Areal aufgeteilt?

   Nach Formel (118) wird (s. S. 163):

$$GSF_m/E = \frac{0{,}25\,(40+3)}{0{,}5} + \frac{0{,}40\,(35+3)}{1{,}0} + \frac{0{,}15\,(30+3)}{1{,}5} + \frac{0{,}20\,(35+3)}{2{,}5} = 43{,}04 \text{ m}^2$$

   Nach Formel (123) wird dann (s. S. 164):

$$E = \frac{100000}{43{,}04 + 10} = 1885 \text{ E}$$

   Dann wird nach Formel (125):

$$E_{w'1} = 0{,}25 \cdot 1885 = 472$$
$$E_{w'2} = 0{,}40 \cdot 1885 = 754$$
$$E_{w'3} = 0{,}15 \cdot 1885 = 282$$
$$E_v = 0{,}20 \cdot 1885 = 377$$

   als Probe: 1885

   Die erforderlichen Flächen werden dann (s. S. 164):

   Nach (111) $F_{wfe} = 1885 \cdot 10 = 18850 \text{ m}^2$

   nach (126) $F_{w'1} = \frac{472\,(40+3)}{0{,}5} = 40550 \text{ m}^2$

$$F_{w'2} = \frac{754\,(35+3)}{1{,}0} = 28650\ m^2$$

$$F_{w'3} = \frac{282\,(30+3)}{1{,}5} = 6220\ m^2$$

$$F_v = \frac{377\,(35+3)}{2{,}5} = 5730\ m^2$$

als Probe: $F_{rel} = 100000\ m^2$

Gegenüber den gegebenen prozentualen Anteilen der Einwohner verhalten sich die prozentualen Anteile der Flächen wie folgt:

nach Formel (94) wird:

$$F_{wl} = 100000 - 18850 = 81150\ m^2$$

dann wird: $p_{w'1} = \frac{40550}{81150} = 0{,}499$

$$p_{w'2} = \frac{28650}{81150} = 0{,}353$$

$$p_{w'3} = \frac{6220}{81150} = 0{,}077$$

$$p_v = \frac{5730}{81150} = 0{,}071$$

Es ergibt sich folgende Zusammenstellung:

25 % E	wohnen auf	49,9 %	der Fläche
40 % E	wohnen auf	35,3 %	der Fläche
15 % E	wohnen auf	7,7 %	der Fläche
20 % E	wohnen auf	7,1 %	der Fläche

7 Grundstücksbezogene Kostenrelationen

Bisher wurden funktionelle Zusammenhänge von Variablen einer Wohnsiedlung untersucht und dabei die Kosten ausgespart. Die Berücksichtigung der Kosten wird jedoch für eine umfassende Beurteilung von Alternativlösungen unumgänglich. Kostenrelationen bedürfen deshalb ebenfalls einer Klärung. Da für Vergleiche eine einheitliche Bezugseinheit erforderlich wird, werden die Kosten auf den Einwohner bezogen. Für das Grundstück werden Entscheidungen über die Bebauungsstruktur und das Parksystem notwendig, deshalb soll der funktionelle Zusammenhang der Kostenkomplexe von Wohngebäude, Parken, Essentialfläche und Grundstück dargestellt werden.

7.1 Kosten

Kosten werden in die Gruppe der Sekundärfunktionen eingeordnet. Sie sind zeitlich und regional verschieden. Zum Zeitpunkt x ergeben sich unterschiedliche Kosten in regionaler Hinsicht, im Ort y ergeben sich unterschiedliche Kosten in zeitlicher Folge. Die Berücksichtigung einer Kostenfunktion für allgemeingültige Zwecke kann deshalb nicht möglich sein. Nur bei der Darstellung von Trends oder Tendenzen sowie für die Festlegung wirtschaftlicher Bereiche lassen sich Approximationskurven verwenden. Es muß dabei aber berücksichtigt werden, daß die analysierten Daten aus zurückliegender Zeit stammen und damit vergangene Tatbestände in die Zukunft projiziert werden. Deshalb müssen diese Daten in den dargestellten Relationen als variable Werte vorgesehen werden.

7.11 Kosten von Hochbauten nach DIN 276

Die Kosten von Hochbauten sind in DIN 276 näher erläutert. Aus Gründen der Modellbetrachtung kann nicht immer dem Kostenschema der DIN 276 gefolgt werden[1].

[1] Für die baupreisvergleichende Analyse wird es erforderlich, die Kostengruppen den Bauteilen und nicht den Baugewerken zuzuordnen. Also ebenfalls ein von DIN 276 abweichendes Kostenschema (VOB, Teil C).

Um jedoch die Zuordnung der Kostengruppen zu verdeutlichen, erscheint es zum Vergleich notwendig, die DIN 276 zu zitieren.

Die Gesamtkosten (Gesamtherstellungskosten) von Hochbauten bestehen aus zwei Kostenarten:

1. Kosten des Baugrundstückes
2. Baukosten

1. Kosten des Baugrundstückes

Zu den Kosten des Baugrundstückes gehören

1.1 Wert des Baugrundstückes

1.2 Erwerbskosten (Grundstücksnebenkosten)
Hierzu gehören alle durch den Erwerb des Baugrundstückes verursachten Nebenkosten, z. B. Gerichts- und Notarkosten, Maklerprovisionen, Grunderwerbssteuern, Vermessungskosten, Gebühren für Wertberechnungen und amtliche Genehmigungen, Kosten der Bodenuntersuchung zur Beurteilung des Grundstückswertes.

1.3 Erschließungskosten (Kosten für das Baureifmachen des Baugrundstückes). Hierzu gehören:

1.31 Abfindungen und Entschädigungen an Mieter, Pächter und sonstige Dritte zur Erlangung der freien Verfügung über das Baugrundstück.

1.32 Kosten für das Herrichten des Baugrundstückes; z. B. Abräumen, Abholzen, Roden, Bodenbewegung, Enttrümmern, Gesamtabbruch.

1.33 Kosten der öffentlichen Entwässerungs- und Versorgungsanlagen und öffentlicher Flächen für Straßen, Freiflächen und dgl., soweit diese Kosten vom Grundstückseigentümer auf Grund gesetzlicher Bestimmungen oder vertraglicher Vereinbarungen zu tragen und vom Bauherrn zu übernehmen sind.

1.34 Kosten der nicht öffentlichen Entwässerungs- und Versorgungsanlagen und nicht öffentlicher Flächen für Straßen, Freiflächen und dgl., wie Privatstraßen, Abstellflächen für Kraftfahrzeuge, wenn es sich um Daueranlagen handelt.

1.35 Andere einmalige Abgaben.

2. Baukosten

Zu den Baukosten gehören die

2.1 Kosten der Gebäude (reine Baukosten).
Das sind die Kosten sämtlicher Bauleistungen, die für die Errichtung der Gebäude erforderlich sind.

2.2 Kosten der Außenanlagen.
Das sind die Kosten sämtlicher Bauleistungen, die für die Herstellung der Außenanlagen erforderlich sind. Hierzu gehören die:

2.21 Kosten der Entwässerungs- und Versorgungsanlagen vom Hausanschluß ab bis an das öffentliche Netz oder an nichtöffentliche Anlagen, die Daueranlagen sind, außerdem alle anderen Entwässerungs- und Versorgungsanlagen außerhalb der Gebäude, Kleinkläranlagen, Sammelgruben, Brunnen, Zapfstellen usw.
2.22 Kosten für das Anlegen von Höfen, Wegen und Einfriedungen, nichtöffentliche Spielplätze usw.
2.23 Kosten der Gartenanlagen und Pflanzungen, die nicht zu den besonderen Betriebseinrichtungen gehören, der nicht mit einem Gebäude verbundenen Freitreppen, Stützmauern, festeingebauten Flaggenmasten, Teppichklopfstangen, Wäschepfähle usw.
2.24 Kosten sonstiger Außenanlagen, z. B. Luftschutzaußenanlagen, Kosten für Teilabbrüche.
2.3 Baunebenkosten. Das sind:
2.31 Kosten der Architekten und Ingenieurleistungen.
2.32 Kosten der Verwaltungsleistungen.
2.33 Kosten der Behördenleistungen.
2.34 Kosten der Beschaffung der Finanzierungsmittel.
2.35 Sonstige Nebenkosten.
2.4 Kosten für besondere Betriebseinrichtungen.
2.5 Kosten des Gerätes und sonstiger Wirtschaftsausstattungen.

7.12 Bodenkosten

Eine bauliche Lösung setzt sich aus vielen Einzelteilen zusammen. Da die einzelnen Bestandteile wie Wohngebäude, Essentialfläche und Parksystem jeweils Grundstücksflächen beanspruchen, werden die daraus resultierenden Bodenkosten auch den Einzelteilen zugeordnet. Diese gehören mit zu den bei Vergleichen möglichen austauschbaren Bausteinen der Gesamtlösung.

Die Bodenkosten setzen sich zusammen aus (nach DIN 276):
1.1 Wert des Grundstückes
1.2 Erwerbskosten (Grundstücksnebenkosten)
1.3 Erschließungskosten und zwar:
1.31 Abfindungen und Entschädigungen
1.32 Kosten für das Herrichten des Baugrundstückes

Die in DIN 276 angeführten weiteren Kosten des Baugrundstückes werden nicht zu den Bodenkosten gerechnet. Dies wären:

1.33 Kosten der öffentlichen Entwässerungs- und Versorgungsanlagen (Anliegerleistungen). Diese werden dem Straßennetz zugeordnet.

1.34 Kosten der nicht öffentlichen Entwässerungs- und Versorgungsanlagen (wird den Gebäudekosten zugeordnet), der Freiflächen (wird der Essentialfläche zugeordnet) und der Abstellflächen für Kraftfahrzeuge (wird den Parkkosten zugeordnet).

1.35 andere einmalige Abgaben.

Unter Bodenkosten werden also pauschal die Kosten pro Quadratmeter Grundstück verstanden, die sich als Preis für das baureife Grundstück ergeben. Diesem Schema muß nicht unbedingt gefolgt werden. Da in den Relationen der Ausdruck für die Bodenkosten (k_{bo}) als Variable verwendet wird, ist es für die Darstellung der Zusammenhänge zweitrangig, welche Kosten nun diesen Betrag ausmachen.

Für die auf den Einwohner bezogenen Bodenkosten gilt die allgemeine Formel:

$$K_{bo}/E = GSF/E \cdot k_{bo} \tag{127}$$

7.13 Kosten der Gebäude

Die Wohngebäudekosten enthalten (nach DIN 276):

2.1 die reinen Baukosten

2.21 Kosten der Entwässerungs- und Versorgungsanlagen (ebenso 1.34)

2.24 Kosten sonstiger Außenanlagen

2.3 Baunebenkosten

2.4 Kosten für besondere Betriebseinrichtungen

2.5 Kosten des Gerätes und sonstiger Wirtschaftsausstattungen.

Die anderen in DIN 276 genannten Baukosten werden wie folgt berücksichtigt:

2.22 Kosten für das Anlegen von Höfen usw. (wird der Essentialfläche zugeordnet).

2.23 Kosten der Gartenanlagen und Pflanzungen (wird der Essentialfläche zugeordnet.

Bei Festlegung der Wohngebäudekosten müssen also alle die im Zusammenhang mit dem Wohngebäude stehenden Kosten berücksichtigt werden.

7.131 Umrechnung von Wohngebäudekosten

Für Kostenvoranschläge ist die Verwendung von Kubuspreisen üblich geworden, außerdem haben sie sich für allgemeine Kostenangaben eingebürgert. Da in den Kostenrelationen als Bezugsgröße der Einwohner gewählt wurde und der Zusammenhang zwischen Einwohnern und Gebäudekosten nur über die Wohnfläche (Wohnflächenberechnung DIN 283) oder die Bruttogeschoßfläche hergestellt werden kann, werden bei gegebenen Kubuspreisen (Berechnung des umbauten Raumes DIN 277) Kostenumrechnungen notwendig.

Werden auf den Quadratmeter Bruttogeschoßfläche bezogene Gebäudekosten notwendig, so können zwei Wege beschritten werden:

1. Als Näherungsformel dient:

$$K_{geb}/BGF = K_{geb}/UR \cdot h \cdot \frac{GZ + 1}{GZ} \quad (DM/m^2) \qquad (128)$$

$$K_{geb}/UR = \frac{K_{geb}/BGF}{h} \cdot \frac{GZ}{GZ + 1} \quad (DM/m^3) \qquad (128.1)$$

2. Bei Berücksichtigung des Raumflächenfaktors (Formel 9) und des Geschoßflächenfaktors (Formel 10) können die auf den Quadratmeter Bruttogeschoßfläche bezogenen Gebäudekosten errechnet werden nach der Formel:

$$K_{geb}/BGF = K_{geb}/UR \cdot \frac{RFF}{GFF} \quad (DM/m^2) \qquad (129)$$

$$K_{geb}/UR = K_{geb}/BGF \cdot \frac{GFF}{RFF} \quad (DM/m^3) \qquad (129.1)$$

Werden, z. B. bei Wirtschaftlichkeitsberechnungen, die auf den Quadratmeter Wohnfläche bezogenen Gebäudekosten erforderlich, so folgt:

$$K_{geb}/WF = K_{geb}/UR \cdot RFF \quad (DM/m^2) \qquad (130)$$

$$K_{geb}/UR = \frac{K_{geb}/WF}{RFF} \quad (DM/m^3) \qquad (130.1)$$

Durch Vergleich der Formeln 130 und 129.1 folgt weiter:

$$K_{geb}/WF = K_{geb}/BGF \cdot GFF \quad (DM/m^2) \qquad (131)$$

$$K_{geb}/BGF = \frac{K_{geb}/WF}{GFF} \quad (DM/m^2) \qquad (131.1)$$

Es läßt sich der Zusammenhang zwischen Geschoßflächenfaktor und Raumflächenfaktor näherungsweise herstellen, wenn Formel 128 und Formel 129 gleichgesetzt werden.

Es folgt:

$$RFF = GFF \cdot h \cdot \frac{GZ + 1}{GZ} \qquad (132)$$

$$GFF = \frac{RFF}{h} \cdot \frac{GZ}{GZ + 1} \qquad (132.1)$$

Formel 132 ist in Tafel 16 *Geschoßflächenfaktor – Raumflächenfaktor* grafisch dargestellt.

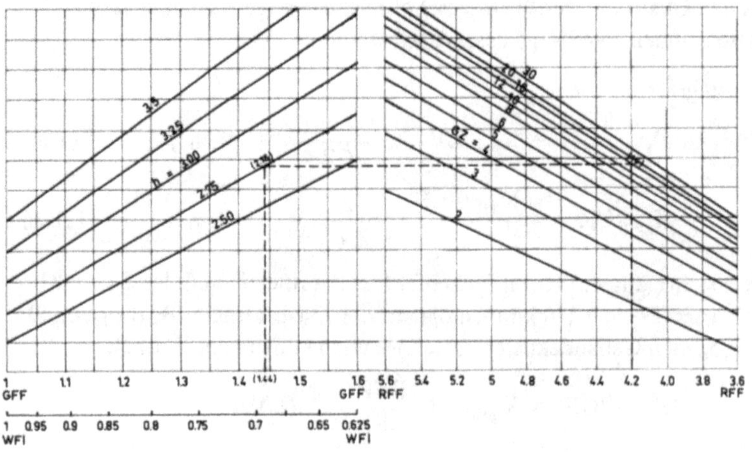

GESCHOSSFLÄCHENFAKTOR – RAUMFLÄCHENFAKTOR

Tafel 16

7.132 Wohngebäudekosten

Mit den im vorigen Abschnitt ermittelten spezifischen Gebäudekosten lassen sich die auf den Einwohner bezogenen Gebäudekosten errechnen.

$$K'_{geb}/E = K_{geb}/BGF \cdot BGF/E \tag{133}$$

$$K'_{geb}/E = K_{geb}/WF \cdot WF/E \tag{134}$$

Die Formeln 128 – 131 sowie 133 und 134 sind in Tafel 17 *Wohngebäudekosten ohne Bodenkosten* grafisch dargestellt.

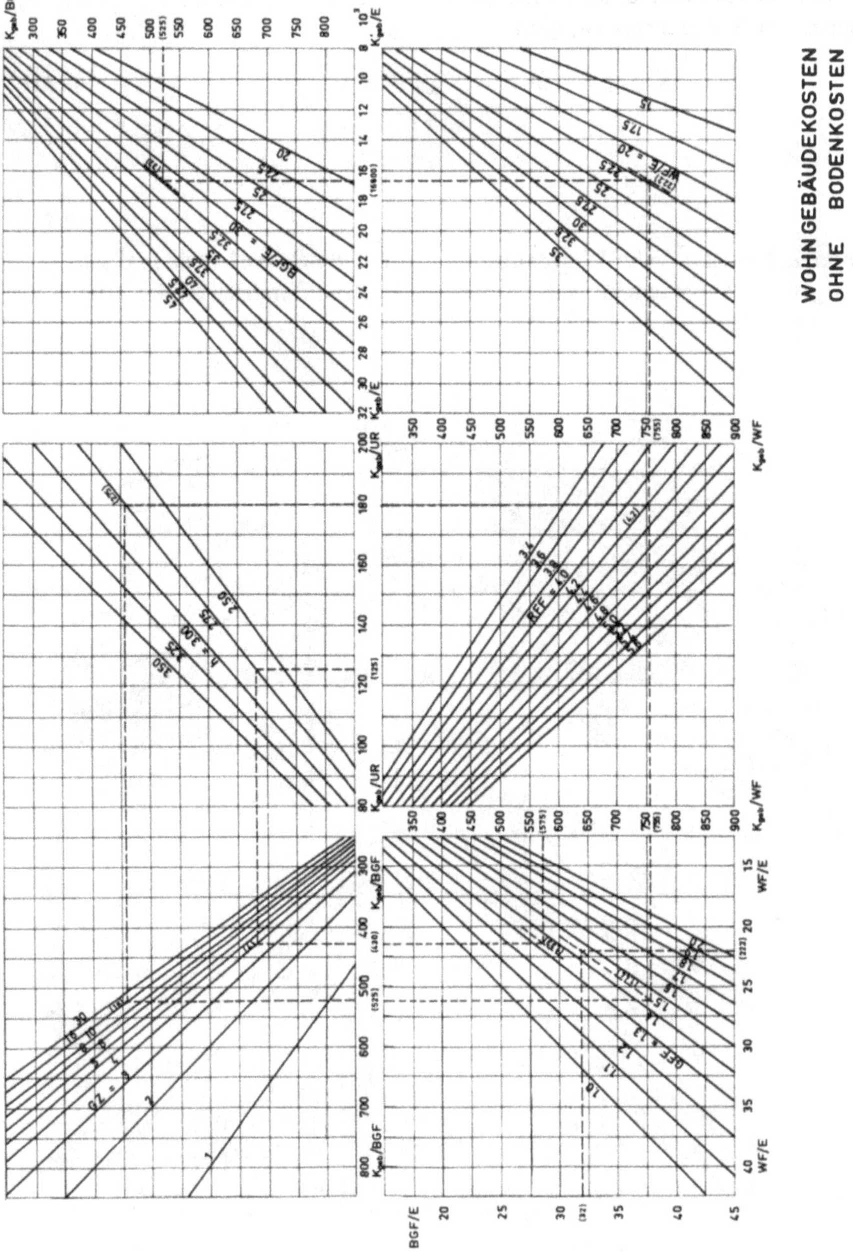

Tafel 17

Die auf den Einwohner bezogenen Kosten für das Wohngebäude mit Berücksichtigung der Bodenkosten betragen:

$$K_{geb}/E \;=\; BGF/E\,(K_{geb}/BGF + \frac{k_{bo}}{GZ}) \qquad (135)$$

Formel 135 ist in Tafel 18 *Wohngebäudekosten mit Bodenkosten* grafisch dargestellt. Außerdem können auf Tafel 18 Kostendifferenzen zweier Alternativlösungen abgelesen werden (s. Abschnitt 7.2).

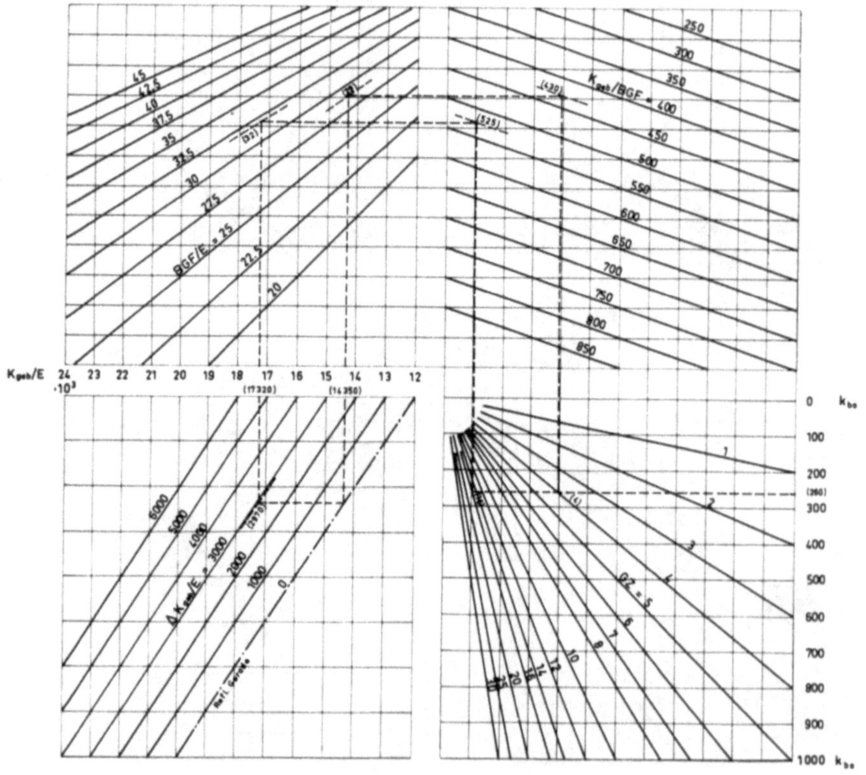

Tafel 18

WOHNGEBÄUDEKOSTEN
MIT BODENKOSTEN

Beispiel: *zu 7.13 „Kosten der Gebäude"*

1. Gegeben seien folgende Daten:

$$K_{geb}/UR = 125 \text{ DM/m}^3$$
$$h = 2{,}75 \text{ m}$$
$$GZ = 4$$
$$GFF = 1{,}33$$

Nach der Näherungsformel wird:

(128) $$K_{geb}/BGF = 125 \cdot 2{,}75 \cdot \frac{4+1}{4} = 430 \text{ DM/m}^2$$

Die Kosten pro Quadratmeter Wohnfläche werden dann:

(131) $$K_{geb}/WF = 430 \cdot 1{,}33 = 575 \text{ DM/m}^2$$

2. Von einer Alternativlösung seien außerdem folgende Daten gegeben:

$$K_{geb}/UR = 180 \text{ DM/m}^3$$
$$h = 2{,}75 \text{ m}$$
$$GZ = 16$$
$$RFF = 4{,}2$$
$$BGF/E = 32 \text{ m}^2$$

Die Kosten pro Quadratmeter Wohnfläche werden:

(130) $$K_{geb}/WF = 180 \cdot 4{,}2 = 755 \text{ DM/m}^2$$

Näherungsweise läßt sich der Geschoßflächenfaktor errechnen:

(132.1) $$GFF = \frac{4{,}2}{2{,}75} \cdot \frac{16}{17} = 1{,}44$$ (s. a. Tafel 16)

Die Kosten pro Quadratmeter Bruttogeschoßfläche werden dann:

(131.1) $$K_{geb}/BGF = \frac{755}{1{,}44} = 525 \text{ DM/m}^2$$

Die Wohnfläche pro Einwohner wird nach Formel (10a):

$$WF/E = \frac{32}{1{,}44} = 22{,}2 \text{ m}^2$$

Die Kosten pro Einwohner werden dann:

(134) $$K_{geb}/E = 755 \cdot 22{,}2 = 16800 \text{ DM}$$

Die Wohngebäudekosten, bezogen auf den Quadratmeter Bruttogeschoßfläche, können auch wie folgt errechnet werden:

$$K_{geb}/BGF = \frac{16800}{32} = 525 \text{ DM/m}^2$$

Diese Ergebnisse können auf Tafel 17 abgelesen werden.

Werden die Bodenkosten mit berücksichtigt, so werden bei Annahme von 260 DM/m² Bodenkosten die Kosten nach Formel (135):

$$(135) \qquad K_{geb}/E = 32\,(525 + \frac{260}{16}) = 17320 \text{ DM/E}$$

Die Alternativlösung (s. Beispiel 1) ergibt bei einer angenommenen BGF/E von 29 m² folgenden Betrag:

$$(135) \qquad K_{geb}/E = 29\,(430 + \frac{260}{4}) = 14350 \text{ DM/E}$$

Die Differenz beider Beträge wird:

$$\Delta K_{geb}/E = 17320 - 14350 = 2970 \text{ DM}$$

Bei Gültigkeit der angenommenen Daten wird die 16geschossige Lösung um 2970 DM pro Einwohner teurer als die 4geschossige Lösung. (s. a. Tafel 18).

7.133 Approximationskurven

Approximationskurven sind Näherungskurven. Werden Zusammenhänge zweier variabler Größen durch die Analyse von Zustandsdaten festgestellt, indem z. B. vorhandene Daten statistisch ausgewertet werden, so kann diese Relation als Tabelle oder in einem Koordinatennetz als Punktschar dargestellt werden. Mit Hilfe von Näherungsverfahren (z. B. Methode der kleinsten Quadrate) werden diese Zusammenhänge mittels mathematischer Funktionen approximiert. Die gefundene Regressionskurve (in einfachster Form als Regressionsgerade) verdeutlicht dann die Tendenzen der Abhängigkeit zweier variabler Werte; Approximationskurven zeigen also den Trend eines Zusammenhanges auf. Es muß aber besonders darauf hingewiesen werden, daß derartige Approximationskurven für den allgemeinen praktischen Gebrauch kaum benutzt werden können, da einmal die statistischen Daten regional und zeitlich fixiert sind und zum anderen die ohne Zweifel möglichen Streuungen vernachlässigt werden.

Um für spezielle Aufgaben wirklichkeitsnah arbeiten zu können, sind jeweils die zutreffenden Daten zu erheben. Ist dies nicht möglich, was in der Mehrzahl der Fall sein dürfte (aus Zeit- und Datenmangel), so müssen herausgegriffene Alternativlösungen mit ihren speziellen Daten (Angebotspreise, Vergleichswerte – allgemein die Sekundärdaten) miteinander verglichen werden.

Von zwei Abhängigkeiten, die durch eine mathematische Funktion approximiert wurden, soll im folgenden exemplarisch berichtet werden.

a) Wohngebäudekosten in Abhängigkeit von der Geschoßzahl.
   Um die Kostenunterschiede von Wohngebäuden unterschiedlicher Geschoßzahl zu ermitteln, sind die durch Zählkarten beim Statistischen Landesamt Berlin vorliegenden Kosten der Gebäude für den Berliner Raum des Jahres

1965 untersucht worden[1]. Bei diesen Daten ist zu berücksichtigen, daß die Kostenangaben der Zählkarten nur reine Baukosten, also keine Kosten für Außenanlagen, Baunebenkosten, Kosten für besondere Betriebseinrichtungen und Kosten des Gerätes und sonstiger Wirtschaftsausstattungen, enthalten, wie sie in DIN 276 näher erläutert werden. Als Ergänzung der Kostenangaben wurden außerdem einige Angebotspreise für Berliner Hochhäuser mit herangezogen. Die als Kubuspreise angegebenen Gebäudekosten wurden auf den Quadratmeter Bruttogeschoßfläche umgerechnet (Formel 128), wobei bis auf die ein- und zweigeschossigen Gebäude eine Geschoßhöhe von 3,00 m angenommen wurde. Die arithmetischen Mittelwerte der Gebäudekosten ergaben 15 Punkte im Koordinatennetz, die summarisch durch eine eingezeichnete Kurve approximiert wurden. Die eingezeichneten Standardabweichungen der Mittelwerte ergaben dabei ein Maß für die Genauigkeit des Kurvenverlaufes. Diese grafische Genauigkeit ist als ausreichend angesehen worden. Für diese eingezeichnete Kurve wurde als mathematische Funktion folgende Form gefunden:

$$K_{geb}/BGF = \frac{500}{GZ^2} + \frac{500}{GZ + 5} + 12 \cdot GZ + 215$$

Die Kurve setzt sich also zusammen aus einer:

1. Hyperbel zweiten Grades
2. horizontal verschobenen Hyperbel ersten Grades
3. Geraden
4. Vertikalverschiebung

Eine solche grafische Methode zeigt von vornherein den Genauigkeitsgrad der Approximation, da die anvisierte Kurve bereits eingezeichnet ist. Durch die Kombination von „Elementkurven“ wird dann die Gesamtfunktion gefunden.

Für ein Forschungsvorhaben war es notwendig, ebenfalls die Wohngebäudekosten in Abhängigkeit von der Geschoßzahl durch eine Funktion zu approximieren[2]. Dabei wurden Daten der Jahre 1966 und 1967, die sich auf 363 Berliner Wohnbauten bezogen, ausgewertet. Dieses Material wurde von der Wohnungsbaukreditanstalt zur Verfügung gestellt. Die Kostenkurve, die die veranschlagten Baukosten abzüglich der Außenanlagen enthalten, also die Gebäudekosten, die Baunebenkosten, Kosten für besondere Betriebseinrichtungen und Kosten des Gerätes und sonstiger Wirtschaftsausstattungen, hat die Form:

$$K_{geb}/BGF = \frac{379}{GZ} + 11{,}9 \cdot GZ + 322{,}8$$

---

[1] Meier, C.: Abhängigkeitsbeziehungen der Maße baulicher Nutzung zur Vorbereitung der Bauleitplanung, mathematische Ableitungen und deren nomografische Darstellung, Diss. Berlin 1968. Kommissionsverlag Kiepert KG, Berlin 12.

[2] Albach, Ungers, Kosten städtischer Wohngebiete. Gabler Verlag, Wiesbaden 1969.

Diese Kurve setzt sich also zusammen aus einer:

1. Hyperbel ersten Grades
2. Geraden
3. Vertikalverschiebung

Verallgemeinernd muß gesagt werden, daß bei einer rechnerischen Ermittlung der Typ der Approximationskurve geschätzt werden muß. Mit der Methode der kleinsten Quadrate werden dann die erforderlichen Koeffizienten bestimmt. Die Arbeit enthält darüber hinaus noch spezifizierte Kostenkurven, die sich auf bestimmte Haustiefenbereiche beschränken, wobei wiederum der gleiche Typ der Kurve gewählt wurde.

b) Bruttogeschoßfläche pro Einwohner in Abhängigkeit von der Geschoßzahl. Bei der Bruttogeschoßfläche pro Einwohner ist empirich anzunehmen, daß sich diese bei steigender Geschoßzahl erhöht. Als Ursache kann angeführt werden:

1. vergrößerte Abmessungen der Tragkonstruktion,
2. steigender Anteil an Gemeinflächen wie Treppenhaus, Fahrstuhl etc.,
3. erhöhter Flächenbedarf durch haustechnische Anlagen,
4. veränderte Zusammensetzung der Wohnungsgrößen.

Um auch diesen Einfluß berücksichtigen zu können, wurde überschläglich eine kontinuierliche Erhöhung der Bruttogeschoßfläche pro Einwohner von 30 m^2 auf 40 m^2 (bei einem 30geschossigen Haus) angenommen[1].

Die Sekundärfunktion lautet dann:

$$BGF/E = 30\,(1 + \frac{GZ}{90})$$

Die Funktion ist also eine vertikal verschobene Gerade.

Im Rahmen der Forschungsarbeit wurde diese Abhängigkeit genauer untersucht[2]. Da Daten der Bruttogeschoßflächen und der Wohnflächen zur Verfügung standen, konnte das Verhältnis beider Flächen errechnet werden. Dabei wurde festgestellt, daß der Wohnflächenindex (Formel 7) mit steigender Geschoßzahl fällt. Bei dieser Arbeit wurde von einer konstanten Wohnfläche pro Einwohner ausgegangen und so bedeutet dies implizit eine Erhöhung der Bruttogeschoßfläche pro Einwohner bei steigender Geschoßzahl.

Die Funktion der Approximationskurve für 9-15 m tiefe Häuser lautet:

$$WFI = \frac{0{,}186}{GZ} + 0{,}70$$

Diese Funktion ist also eine vertikalverschobene Hyperbel.

[1] Meier, C., a. a. O.

[2] Albach, Ungers, a. a. O.

7.14 Kosten der Parksysteme

Die Stellplatzkosten werden in Anlehnung an die gebräuchliche Form als Kosten pro Stellplatz definiert. Außerdem werden beim Kostenansatz die Bodenkosten, die durch das Parksystem entstehen, mit berücksichtigt.

Für die Kombination zweier Stellplatzarten gilt folgender Kostenansatz: (136)

$$K_p/E = \frac{1}{\mu_e}[\,p\,(K/WEP + GSF_p/WEP \cdot k_{bo}) + (1-p)\,(K_{asp}/WEP + PF_{asp}/WEP \cdot k_{bo})]$$

Für die einzelnen Werte werden je nach Kombination eingesetzt:

	K_p/E	p	K/WEP	GSF_p/WEP
Abstellplatz$_1$ und Abstellplatz	K_{asp1}/E	p_{asp1}	K_{asp1}/WEP	PF_{asp1}/WEP
Parkhaus und Abstellplatz	K_{ph}/E	p_{ph}	K_{ph}/WEP	$\frac{PF_{ph}/WEP}{GZ_{ph}}$
Tiefgarage und Abstellplatz	K_t/E	p_t	K_t/WEP	0

Entfällt jeweils der Abstellplatz (p = 1), so reduziert sich der Kostenansatz zu folgendem Ausdruck:

$$K_p/E = \frac{1}{\mu_e}(K/WEP + GSF_p/WEP \cdot k_{bo}) \tag{137}$$

Für die einzelnen Werte werden eingesetzt:

	K_p/E	K/WEP	GSF_p/WEP
Abstellplatz	K_{asp}/E	K_{asp}/WEP	PF_{asp}/WEP
Parkhaus	K_{ph}/E	K_{ph}/WEP	$\frac{PF_{ph}/WEP}{GZ_{ph}}$
Tiefgarage	K_t/E	K_t/WEP	0

Formel 137 ist auf der Tafel 19 *Parkkosten* grafisch dargestellt.

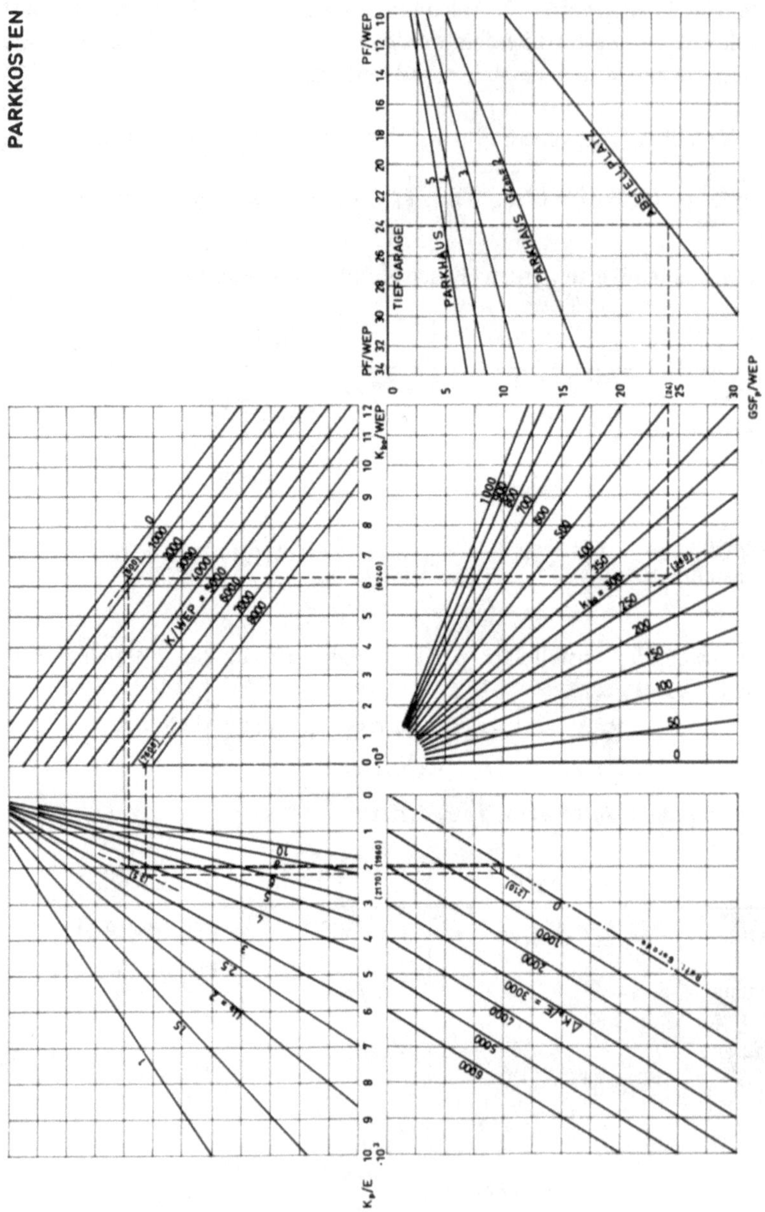
PARKKOSTEN
TIEFGARAGE
PARKHAUS
PARKHAUS
ABSTELLPLATZ
PF/WEP
PF/WEP
GSF/WEP
K/WEP
K/E

Tafel 19

Beispiel: *zu 7.14 „Kosten der Parksysteme"*

Folgende Parksysteme werden untersucht:

	PF/WEP	GZ_{ph}	K/WEP
a) Abstellplatz	24 m²	–	600 DM
b) Parkhaus	23 m²	2	4800 DM
c) Tiefgarage	30 m²	–	7600 DM

Die Motorisierungsziffer ist mit 3,5 anzusetzen. Die Bodenkosten liegen bei 140 DM/m².

Für die Ermittlung der Kosten wird Formel (137) benutzt:

a) $$K_{asp}/E = \frac{1}{3{,}5}(600 + 24 \cdot 140) = 1130 \text{ DM}$$

b) $$K_{ph}/E = \frac{1}{3{,}5}\left(4800 + \frac{23}{2} \cdot 140\right) = 1835 \text{ DM}$$

c) $$K_t/E = \frac{1}{3{,}5}(7600) = 2170 \text{ DM}$$

Setzt man die Bodenkosten mit 260 DM/m² an (s. Beispiel „Kosten der Gebäude" S. 180), um den Komplex Wohngebäude- und Parkkosten zusammenhängend vergleichen zu können, so werden die Kosten:

a) $$K_{asp}/E = \frac{1}{3{,}5}(600 + 24 \cdot 260) = 1960 \text{ DM}$$

b) $$K_{ph}/E = \frac{1}{3{,}5}\left(4800 + \frac{23}{2} \cdot 260\right) = 2250 \text{ DM}$$

c) $$K_t/E = \frac{1}{3{,}5}(7600) = 2170 \text{ DM}$$

Die Kostendifferenzen werden dann:

Tiefgarage - Abstellplatz: 2170 - 1960 = 210 DM/E (s. a. Tafel 19)
Tiefgarage - Parkhaus : 2170 - 2250 = –80 DM/E

Die Tiefgarage wird kostengünstiger als das 2geschossige Parkdeck und beansprucht darüber hinaus keine nutzbare Freifläche. Wird die Parkkostendifferenz von 210 DM/E der Wohngebäudedifferenz von 2970 DM/E gegenübergestellt (s. S. 180), so erkennt man, daß das 4geschossige Haus mit der Tiefgarage kostengünstiger wird als das 16geschossige Haus mit dem Abstellplatz. Wegen der höheren Ausnutzung des Grundstückes ist das niedrige Haus mit der Tiefgarage zu koppeln (s. Abschnitt 3.3 „Einzelparksystem" auf S. 30).

7.15 Kosten der Essentialflächen

Wird von der Grundstücksfläche die von Wohngebäude und Parksystem beanspruchte Fläche abgezogen, so erhält man die Essentialfläche. Diese umfaßt somit Rasenflächen, Spielplatzflächen, Hofflächen, Wegeflächen und Arbeitsflächen (Teppichstange, Müllkästen). Die Kosten dieser Anlagen, bezogen auf den Quadratmeter Essentialfläche, müssen als Mittelwert errechnet werden (in DIN 276 wäre das Absatz 2.22 und 2.23).

$$k_{ef} = \frac{K_{ef}}{EF} \tag{138}$$

Die auf den Quadratmeter Essentialfläche bezogenen Kosten können auch durch die Addition der Einzelkosten ermittelt werden:

$$k_{ef} = \frac{\Sigma\, \Delta GSF_{ef} \cdot \Delta k_{ef}}{EF} \tag{139}$$

Bei Berücksichtigung der Bodenkosten ergeben sich die Kosten pro Einwohner:

$$K_{ef}/E = EF/E\,(k_{bo} + k_{ef}) \tag{140}$$

Formel 140 ist in Tafel 20 *Essentialflächenkosten* grafisch dargestellt.

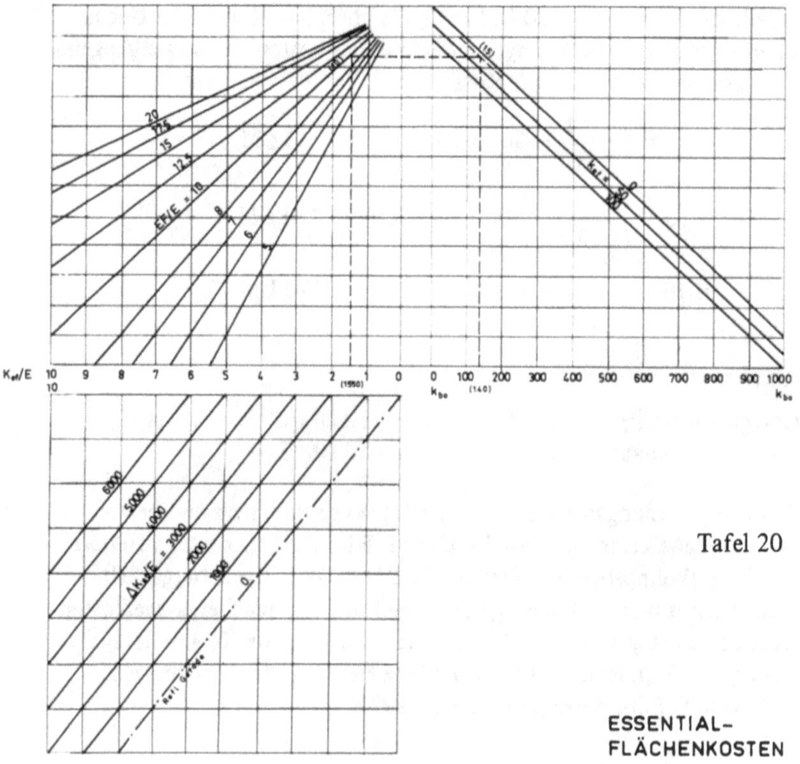

Tafel 20

ESSENTIAL-
FLÄCHENKOSTEN

Beispiel: *zu 7.15 „Essentialflächenkosten"*

Es sollen die Kosten pro Einwohner errechnet werden.

Folgende Sekundärdaten werden angenommen:

$$k_{bo} = 140\ \text{DM/m}^2$$
$$k_{ef} = 15\ \text{DM/m}^2$$
$$EF/E = 10\ \text{m}^2$$

Nach Formel (140) wird:

$$K_{ef}/E = 10\,(140 + 15) = 1550\ \text{DM} \quad \text{(s. a. Tafel 20)}$$

Werden in einer Alternativlösung die Anlagekosten teurer ($k_{ef} = 25$ DM/m^2), so wird nach Formel (140):

$$K_{ef}/E = 10\,(140 + 25) = 1650\ \text{DM}$$

Die Kostendifferenz beider Alternativlösungen beträgt dann:

$$\Delta K_{ef}/E = 1650 - 1550 = 100\ \text{DM}$$

Ganz überschläglich kann etwa gesagt werden, daß sich die Kostendifferenzen
der Wohngebäude 4stellig
der Parksysteme 3stellig
der Essentialflächen 2stellig
markieren. Dies gibt einen Hinweis auf die Rangfolge der Faktoren beim Finden einer „optimalen" Lösung.

7.16 Kosten von Wohngebäude, Parksystem und Essentialfläche

Werden die für das Grundstück relevanten Kosten zusammendhängend ermittelt, so müssen die Teilkosten von Wohngebäude (7.132), Parksystem (7.14) und Essentialfläche (7.15) addiert werden.

Beispiel: *zu 7.16 „Kosten von Wohngebäude, Parksystem und Essentialfläche"*

An Sekundärdaten seien folgende Größen gegeben:

	k_{bo}	= 85 DM/m^2
Wohngebäude:	K_{geb}/BGF	= 465 DM/m^2
	BGF/E	= 31 m^2
	GZ	= 6
Parksystem:	Tiefgarage mit Abstellplatz	
	μ_e	= 3,5
	p_t	= 0,6
	PF_{asp}/WEP	= 12,5 m^2
	K_{asp}/WEP	= 850 DM
	K_t/WEP	= 6000 DM

Essentialfläche: $EF/E = 18\ m^2$

$k_{ef} = 25\ DM/m^2$

Die Kosten pro Einwohner werden:

$$K/E = K_{geb}/E + K_p/E + K_{ef}/E$$

nach Formel (135) wird:

$$K_{geb}/E = 31\,(465 + \frac{85}{6}) = 14860$$

nach Formel (136) wird:

$$K_p/E = \frac{1}{3{,}5}\,[0{,}6\,(6000) + 0{,}4\,(850 + 12{,}5 \cdot 85)] = 1105$$

nach Formel (140) wird:

$$K_{ef}/E = 18\,(85 + 25) = 1980$$

Die Addition der drei Einzelkosten ergibt:

$$K/E = 14860 + 1105 + 1980 = 17945\ DM$$

7.2 Kostendifferenzen zweier Alternativlösungen

Abschnitt 7.1 gibt die Kosten für die einzelnen Kostengruppen an. Durch Differenzbildung können die Kostendifferenzen dann ermittelt werden. Um dafür jedoch allgemeine mathematische Formulierungen zu finden und damit für den Abschnitt 7.3 „Adäquate Kosten" die Voraussetzungen für die Formelbildung zu schaffen, müssen die Kostendifferenzen allgemein definiert werden. Stehen zwei Alternativlösungen zur Debatte (Variante II und Variante I), so soll für die Kostendifferenz folgender Ansatz gelten:

$$\Delta K/E = K_{II}/E - K_I/E \qquad (141)$$

Als Vorzeichenregel beim Resultat gilt dann:

+ : Variante I
– : Variante II
kostengünstiger

7.21 Wohngebäudekostendifferenz

Wird das Verhältnis der Bruttogeschoßflächen pro Einwohner der beiden Alternativlösungen als Geschoßflächenkoeffizient bezeichnet, so folgt:

$$\Delta K_{geb}/E = BGF_I/E\,[(\alpha_{gf} \cdot K_{gebII}/BGF - K_{gebI}/BGF) - k_{bo}(\frac{1}{GZ_I} - \frac{\alpha_{gf}}{GZ_{II}})] \qquad (142)$$

Dabei ist der Geschoßflächenkoeffizient:

$$\alpha_{gf} = \frac{BGF_{II}/E}{BGF_I/E}$$

7.22 Kostendifferenz der Parksysteme

Bei den Kostendifferenzen zweier Parksysteme werden Alternativlösungen mit jeweils einem Einzelparksystem gegenübergestellt. Sollten Kombinationen von Parksystemen miteinander verglichen werden, so sind die Kostenansätze in Kapitel 7.14 zu verwenden (s. S. 183).

Die Kostendifferenz beträgt:

$$\Delta K_p/E = \frac{1}{\mu_e}\left[\Delta K/WEP - (PF/WEP \cdot \kappa_p) \cdot k_{bo}\right] \qquad (143)$$

Dabei ist: $\Delta GSF_p/WEP = PF/WEP \cdot \kappa_p$

κ_p = der Parkkostenkoeffizient, der die Grundstücksflächendifferenz pro Quadratmeter Parkplatzfläche der Lösung I angibt.

Folgende Verhältniszahlen (Parkflächenkoeffizient) werden verwendet:

allgemein: $\alpha = \dfrac{PF_{II}/WEP}{PF_I/WEP}$

$$\alpha_{asp1} = \frac{PF_{asp1}/WEP}{PF_{asp}/WEP}$$

$$\alpha_{ph} = \frac{PF_{ph}/WEP}{PF_{asp}/WEP}$$

$$\alpha_{pp} = \frac{PF_{ph1}/WEP}{PF_{ph}/WEP}$$

Für die einzelnen Ausdrücke der Formel (143) werden dann eingesetzt:

Vergleich	$\Delta K/WEP$	PF/WEP	κ_p	+ kosten-günstiger	- kosten-günstiger
II - I	$K_{II}/WEP - K_I/WEP$	PF_I/WEP		I	II
ASP_1 - ASP	$K_{asp1}/WEP - K_{asp}/WEP$	PF_{asp}/WEP	$1 - \alpha_{asp1}$	asp	asp_1
PH - ASP	$K_{ph}/WEP - K_{asp}/WEP$	PF_{asp}/WEP	$1 - \dfrac{\alpha_{ph}}{GZ_{ph}}$	asp	ph
TG - ASP	$K_t/WEP - K_{asp}/WEP$	PF_{asp}/WEP	1	asp	t
PH_1 - PH	$K_{ph1}/WEP - K_{ph}/WEP$	PF_{ph}/WEP	$\dfrac{1}{GZ_{ph}} - \dfrac{\alpha_{pp}}{GZ_{ph1}}$	ph	ph_1
TG - PH	$K_t/WEP - K_{ph}/WEP$	PF_{ph}/WEP	$\dfrac{1}{GZ_{ph}}$	ph	t

Es werden beim Vergleich zweier Alternativlösungen also zwei Gruppen unterschieden:

	Variante I	Variante II
1.	Abstellplatz mit	Abstellplatz_1 Parkhaus Tiefgarage
2.	Parkhaus mit	Parkhaus_1 Tiefgarage

7.23 Kostendifferenz der Essentialflächen

Der Ausdruck für die Kostendifferenz lautet:

$$\Delta K_{ef}/E = (EF_{II}/E \cdot k_{ef\,II} - EF_I/E \cdot k_{ef\,I}) - (EF_I/E - EF_{II}/E) \cdot k_{bo} \quad (144)$$

7.24 Kostendifferenz von Wohngebäude, Parksystem und Essentialfläche

Werden die drei Kostengruppen zusammenhängend dargestellt, so folgt:

$$\Delta K/E = BGF_I/E\,(\alpha_{gf} \cdot K_{geb\,II}/BGF - K_{geb\,I}/BGF) + \frac{\Delta K/WEP}{\mu_e} + (EF_{II}/E \cdot k_{ef\,II} - EF_I/E \cdot k_{ef\,I}) - k_{bo}\left[BGF_I/E\left(\frac{1}{GZ_I} - \frac{\alpha_{gf}}{GZ_{II}}\right) + \frac{PF/WEP \cdot \kappa_p}{\mu_e} + (EF_I/E - EF_{II}/E)\right] \quad (145)$$

7.3 Adäquate Kosten zweier Alternativlösungen

Werden die Kostendifferenzen zweier Alternativlösungen zu Null, so erhält man die „Adäquaten Kosten". Es werden dabei die Bodenkosten ermittelt, bei denen sich die zwei Alternativlösungen kostenmäßig ausgleichen. Dabei stehen der Kostendifferenz (ΔK) die Grundstücksflächendifferenz (ΔGSF) gegenüber. Die allgemeine Formel lautet:

$$k_{bo} = \frac{\Delta K}{\Delta GSF} \quad (146)$$

Dabei ist: $\Delta K = K_{II} - K_I$

und $\Delta GSF = GSF_I - GSF_{II}$

7.31 Adäquate Kosten von Wohngebäuden

Mit dem Geschoßflächenkoeffizienten $\alpha_{gf} = \dfrac{BGF_{II}/E}{BGF_I/E}$ wird:

$$k_{bo} = \frac{\alpha_{gf} \cdot K_{geb\,II}/BGF - K_{geb\,I}/BGF}{\dfrac{1}{GZ_I} - \dfrac{\alpha_{gf}}{GZ_{II}}} \quad (147)$$

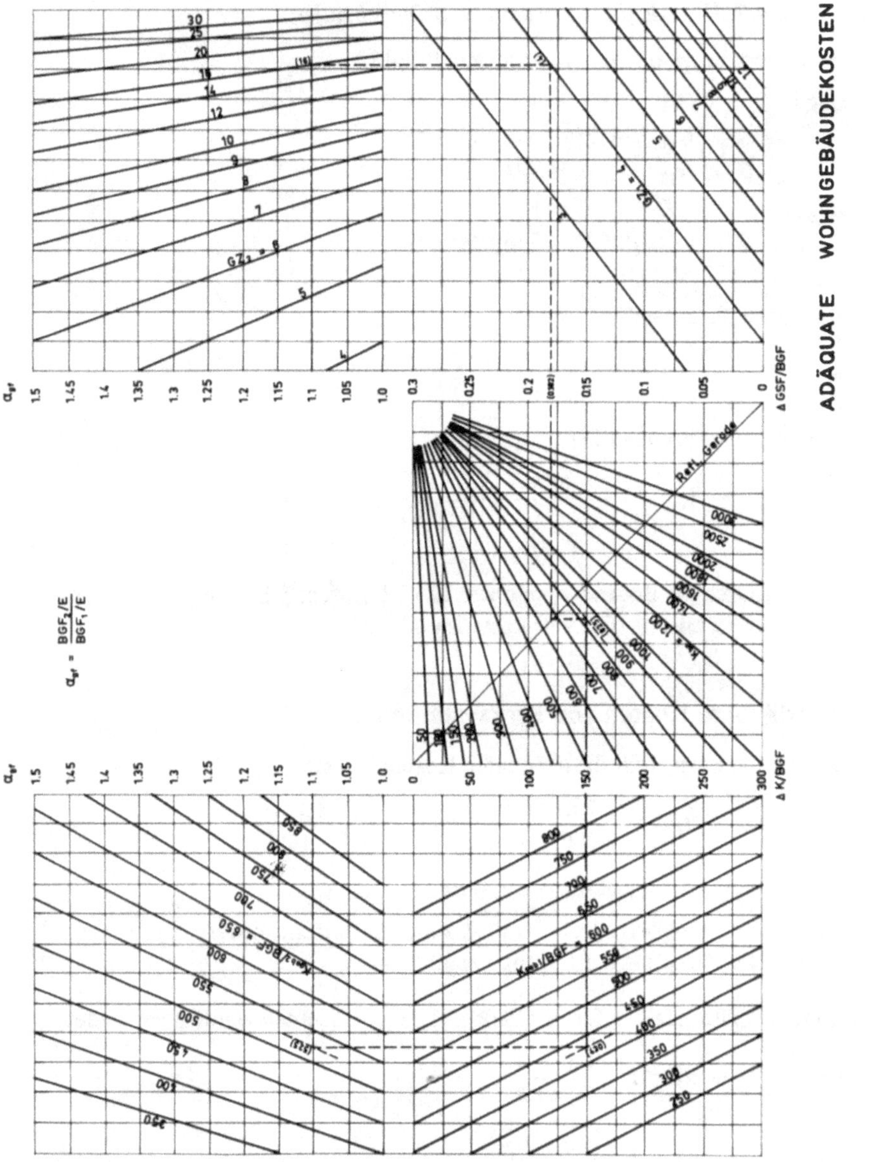

Tafel 21

In Tafel 21 *Adäquate Wohngebäudekosten* wird Formel 147 grafisch dargestellt.

Beispiel: *zu 7.31 „Adäquate Kosten von Wohngebäuden“*

gegeben seien die zwei Alternativlösungen I und II.

Lösung I: GZ $= 4$
$K_{gebI}/BGF = 430\ DM/m^2$
$BGF/E = 29\ m^2$

Lösung II: GZ $= 16$
$K_{gebII}/BGF = 525\ DM/m^2$
$BGF/E = 32\ m^2$

Der Geschoßflächenkoeffizient wird:

$$\alpha_{ef} = \frac{32}{29} = 1{,}1$$

Dann wird nach Formel (147):

$$k_{bo} = \frac{1{,}1 \cdot 525 - 430}{\frac{1}{4} - \frac{1{,}1}{16}} = 825\ DM/m^2 \quad \text{(s. a. Tafel 21)}$$

Ergebnis: Liegen die Bodenkosten unter 825 DM/m², so wird die flächenintensivere Lösung (GZ = 4) kostengünstiger.

7.32 Adäquate Kosten von Parksystemen

Die allgemeine Formel für die adäquaten Kosten lautet:

$$k_{bo} = \frac{\Delta K/WEP}{PF/WEP \cdot \kappa_p} \tag{148}$$

Dabei ist: $\Delta GSF_p/WEP = PF/WEP \cdot \kappa_p$

κ_p = der Parkkostenkoeffizient, der die Grundstücksflächendifferenz pro Quadratmeter Parkplatz der Lösung I angibt.

Folgende Verhältniszahlen für den Parkflächenkoeffizienten werden verwendet:

allgemein:
$$\alpha = \frac{PF_{II}/WEP}{PF_I/WEP}$$

$$\alpha_{asp1} = \frac{PF_{asp1}/WEP}{PF_{asp}/WEP}$$

$$\alpha_{ph} = \frac{PF_{ph}/WEP}{PF_{asp}/WEP}$$

$$\alpha_{pp} = \frac{PF_{ph1}/WEP}{PF_{ph}/WEP}$$

Für die einzelnen Ausdrücke der Formel (148) werden dann eingesetzt:

Vergleich	ΔK/WEP	PF/WEP	κ_p
II - I	K_{II}/WEP - K_I/WEP	PF_I/WEP	
ASP_1 - ASP	K_{asp1}/WEP - K_{asp}/WEP	PF_{asp}/WEP	$1 - \alpha_{asp1}$
PH - ASP	K_{ph}/WEP - K_{asp}/WEP	PF_{asp}/WEP	$1 - \frac{\alpha_{ph}}{GZ_{ph}}$
TG - ASP	K_t/WEP - K_{asp}/WEP	PF_{asp}/WEP	1
PH_1 - PH	K_{ph1}/WEP - K_{ph}/WEP	PF_{ph}/WEP	$\frac{1}{GZ_{ph}} - \frac{\alpha_{pp}}{GZ_{ph1}}$
TG - PH	K_t/WEP - K_{ph}/WEP	PF_{ph}/WEP	$\frac{1}{GZ_{ph}}$

Da in der grafischen Darstellung die Anlagekostendifferenz (ΔK/WEP) größer als Null ist, muß sein:

$$K_{II}/WEP > K_I/WEP$$

Das bedeutet, daß das teuere Parksystem als Variante II bezeichnet wird.

Formel 148 ist in Tafel 22 *Adäquate Parkkosten* grafisch dargestellt.

Beispiel: *zu 7.32 „Adäquate Kosten von Parksystemen“*

Folgende Parksysteme stehen zur Diskussion:

Parksystem		PF/WEP	GZ_{ph}	K/WEP	
ASP	Abstellplatz	24 m^2	–	600 DM	
ASP_1	$Abstellplatz_1$	11,5 m^2	–	850 DM	(Straßenparken)
PH	Parkdeck	23 m^2	2	4800 DM	
PH_1	Parkhaus	25 m^2	3	5200 DM	
TG	Tiefgarage	30 m^2	–	7600 DM	

Bei welchem Bodenpreis wird beim Vergleich jeweils zweier Parksysteme Kostengleichheit (adäquate Kosten) erzielt?

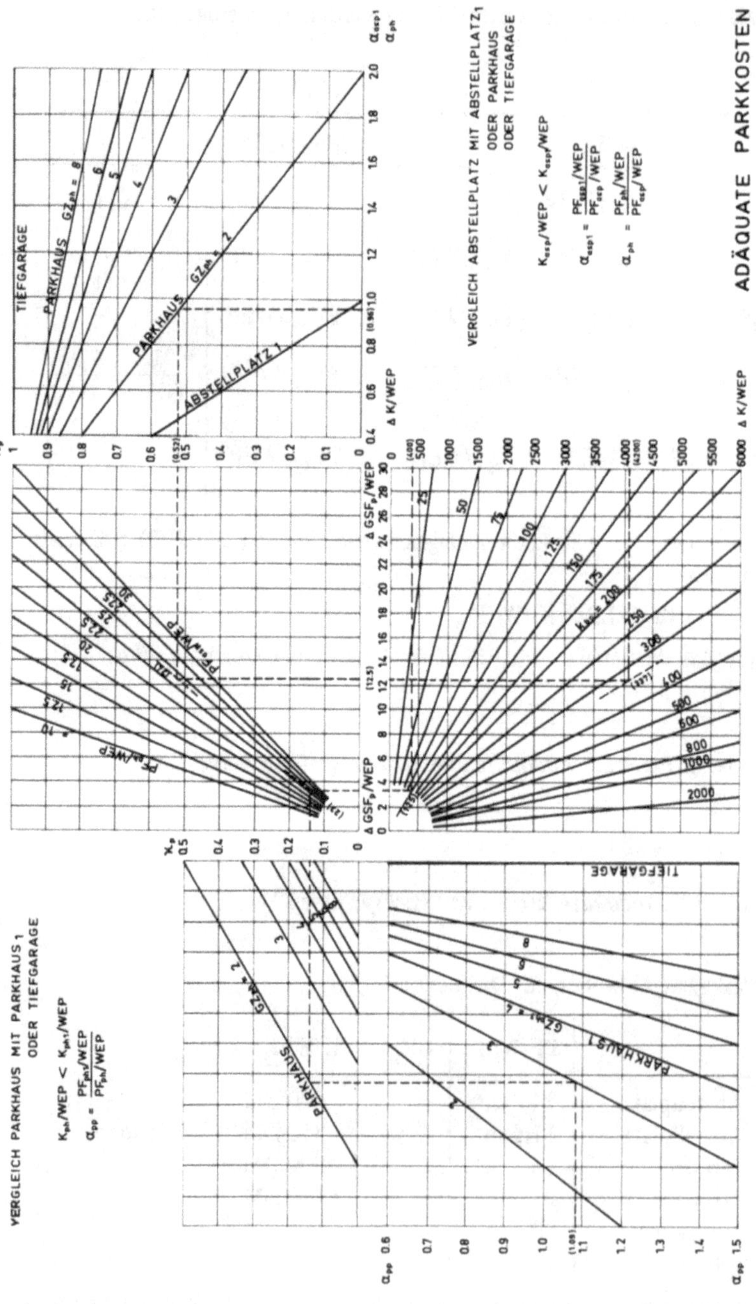
ADÄQUATE PARKKOSTEN
VERGLEICH ABSTELLPLATZ MIT ABSTELLPLATZ 1
ODER PARKHAUS
ODER TIEFGARAGE
VERGLEICH PARKHAUS MIT PARKHAUS 1
ODER TIEFGARAGE
TIEFGARAGE
PARKHAUS
ABSTELLPLATZ 1
PARKHAUS 1
Δ K/WEP
Δ GSF/WEP

Tafel 22

a) ASP_1 - ASP: $\Delta K/WEP = 850 - 600 = 250$ DM

$$\alpha_{asp1} = \frac{11{,}5}{24} = 0{,}48$$

$$\kappa_p = 1 - 0{,}48 = 0{,}52$$

Dann wird nach Formel (148):

$$k_{bo} = \frac{250}{24 \cdot 0{,}52} = 20 \text{ DM/m}^2$$

Ergebnis: **Bei einem Bodenpreis über 20 DM/m² wird die flächensparende Lösung (Straßenparken) kostengünstiger.**

b) PH - ASP: $\Delta K/WEP = 4800 - 600 = 4200$ DM

$$\alpha_{ph} = \frac{23}{24} = 0{,}96$$

$$\kappa_p = 1 - \frac{0{,}96}{2} = 0{,}52$$

Dann wird nach Formel (148):

$$k_{bo} = \frac{4200}{24 \cdot 0{,}52} = 337 \text{ DM/m}^2$$

Ergebnis: Bei Bodenpreisen über 337 DM/m² wird das 2geschossige Parkdeck kostengünstiger.

Diese Lösung ist in Tafel 22 grafisch dargestellt worden.

c) TG - ASP: $\Delta K/WEP = 7600 - 600 = 7000$ DM

$$\kappa_p = 1$$

Dann wird nach Formel (148):

$$k_{bo} = \frac{7000}{24} = 292 \text{ DM/m}^2$$

Ergebnis: Bei Bodenkosten über 292 DM/m² wird die Tiefgaragenlösung kostengünstiger.

d) PH_1 - PH: $\Delta K/WEP = 5200 - 4800 = 400$ DM

$$\alpha_{pp} = \frac{25}{23} = 1{,}09$$

$$\kappa_p = \frac{1}{2} - \frac{1{,}09}{3} = 0{,}138$$

Dann wird nach Formel (148):

$$k_{bo} = \frac{400}{0{,}138 \cdot 23} = 126 \text{ DM/m}^2$$

Ergebnis: Unter 126 DM/m² Bodenkosten wird die flächenintensivere Parklösung (2geschossiges Parkdeck) kostengünstiger.

Diese Lösung ist in Tafel 22 grafisch dargestellt worden.

e) TG - PH: $\Delta K/WEP = 7600 - 4800 = 2800 \text{ DM}$

$$\kappa_p = \frac{1}{2} = 0{,}5$$

Dann wird nach Formel (148):

$$k_{bo} = \frac{2800}{23 \cdot 0{,}5} = 244 \text{ DM/m}^2$$

Ergebnis: Bei einem Bodenpreis über 244 DM/m² wird die Tiefgaragenlösung kostengünstiger.

7.33 Adäquate Kosten von Essentialflächen

Die Formel lautet:

$$k_{bo} = \frac{EF_{II}/E \cdot k_{ef\,II} - EF_{I}/E \cdot k_{ef\,I}}{EF_{I}/E - EF_{II}/E} \tag{149}$$

Wird das Verhältnis beider Essentialflächen als Essentialflächenkoeffizient bezeichnet

$$(\alpha_{ef} = \frac{EF_{II}/E}{EF_{I}/E}),$$

so folgt:

$$k_{bo} = \frac{\alpha_{ef} \cdot k_{ef\,II} - k_{ef\,I}}{1 - \alpha_{ef}} \tag{149a}$$

oder nach α_{ef} aufgelöst:

$$\alpha_{ef} = \frac{k_{bo} + k_{ef\,I}}{k_{bo} + k_{ef\,II}} \tag{149.1}$$

Formel 149.1 ist in Tafel 23 *Adäquate Kosten der Essentialflächen* grafisch dargestellt.

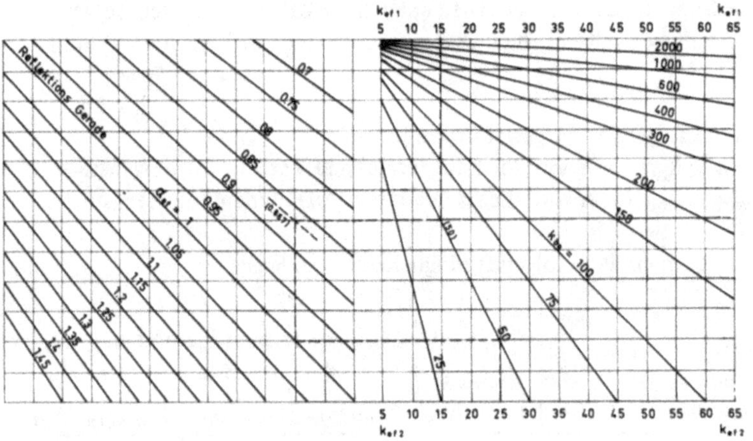

ADÄQUATE KOSTEN DER ESSENTIALFLÄCHEN

Tafel 23

Beispiel: *zu 7.33 „Adäquate Kosten von Essentialflächen"*

Gegeben seien folgende Sekundärdaten:

$$k_{bo} = 50\ \text{DM/m}^2$$
$$k_{ef\,I} = 15\ \text{DM/m}^2$$
$$k_{ef\,II} = 25\ \text{DM/m}^2$$

Welches Verhältnis beider Essentialflächen wird erforderlich, um adäquate Kosten zu erzielen?

Nach Formel (149.1) wird:

$$\alpha_{ef} = \frac{50 + 15}{50 + 25} = 0{,}867 \qquad \text{(s. a. Tafel 23)}$$

Ergebnis: Wenn die teuere Essentialfläche 0,867 der billigeren Essentialfläche ausmacht (z. B. 8,67 m^2 gegenüber 10 m^2), so werden adäquate Kosten erzielt.

7.34 Adäquate Kosten von Wohngebäude, Parksystem und Essentialfläche

Werden die drei Kostengruppen zusammenhängend dargestellt, so folgt:

$$k_{bo} = \frac{BGF_I/E\,(\alpha_{gf} \cdot K_{gebII}/BGF - K_{gebI}/BGF) + \frac{\Delta K/WEP}{\mu_e} + (EF_{II}/E \cdot k_{efII} - EF_I/E \cdot k_{efI})}{BGF_I/E\,(\frac{1}{GZ_I} - \frac{\alpha_{gf}}{GZ_{II}}) + \frac{PF/WEP \cdot \kappa_p}{\mu_e} + (EF_I/E - EF_{II}/E)} \tag{150}$$

k_{bo} gibt die Bodenkosten an, bei denen adäquate Kosten erzielt werden. Die einzelnen Ausdrücke in der Formel werden in den Kapiteln 7.31 und 7.32 erläutert.

Allgemein kann folgendes festgestellt werden:
wenn $k_{bo\ vorh} > k_{bo}$, dann wird die flächensparende Variante kostengünstiger
wenn $k_{bo\ vorh} < k_{bo}$, dann wird die flächenintensivere Variante kostengünstiger

Als Ergebnis kommen dann folgende Möglichkeiten in Frage:

ΔK	günstiger in den Baukosten	ΔGSF	flächen-intensiver	k_{bo}	kostengünstiger in den Bau- und Bodenkosten $k_{bo\ vorh} > k_{bo}$	$k_{bo\ vorh} < k_{bo}$
–	II	+	I	–	II	
–	- II	–	II	+	I	II
+	I	+	I	+	II	I
+	I	–	II	–	I	

In der grafischen Darstellung ist die Variante II mit dem teuren und flächensparenden Parksystem gekoppelt.

Das bedeutet: $\Delta K_p/WEP \gtreqless 0$

$\Delta GSF_p/WEP \gtreqless 0$

Die Formel 150 ist in Tafel 24 *Adäquate Kosten von Wohngebäude, Essentialfläche und Parkierung* grafisch dargestellt.

Beispiel: *zu 7.34 „Adäquate Kosten von Wohngebäude, Parksystem und Essentialfläche"*

1. Gegeben seien folgende Sekundärdaten: $\mu_e = 3{,}5$

Variante I		Variante II	
GZ_I	= 16	GZ_{II}	= 4
BGF_I/E	= 32 m²	BGF_{II}/E	= 29 m²
K_{gebI}/BGF	= 525 DM	K_{gebII}/BGF	= 430 DM
PF_{asp}/WEP	= 24 m²	PF_t/WEP	= 30 m²
K_{asp}/WEP	= 600 DM	K_t/WEP	= 7600 DM
EF_I/E	= 15 m²	EF_{II}/E	= 18 m²
$k_{ef\ I}/E$	= 14 DM	$k_{ef\ II}/E$	= 20 DM

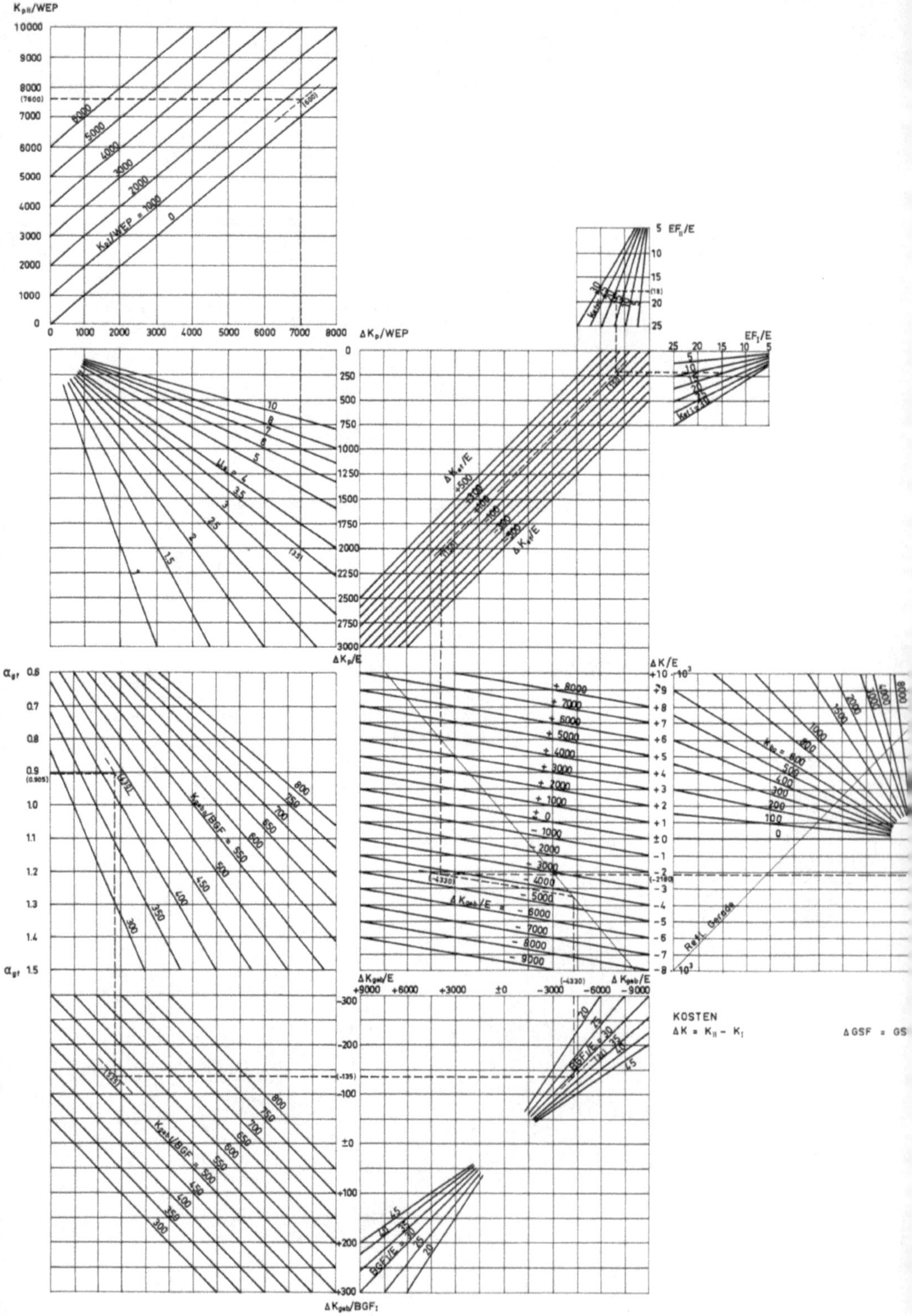

Kpll/WEP
ΔKp/WEP
EFII/E
EFI/E
ΔKp/E
ΔK/E
αgr
Kgeb/BGF
ΔKgeb/E
ΔKgeb/BGFI
Refl. Gerade
KOSTEN
ΔK = KII - KI
ΔGSF = GS

Tafel 24

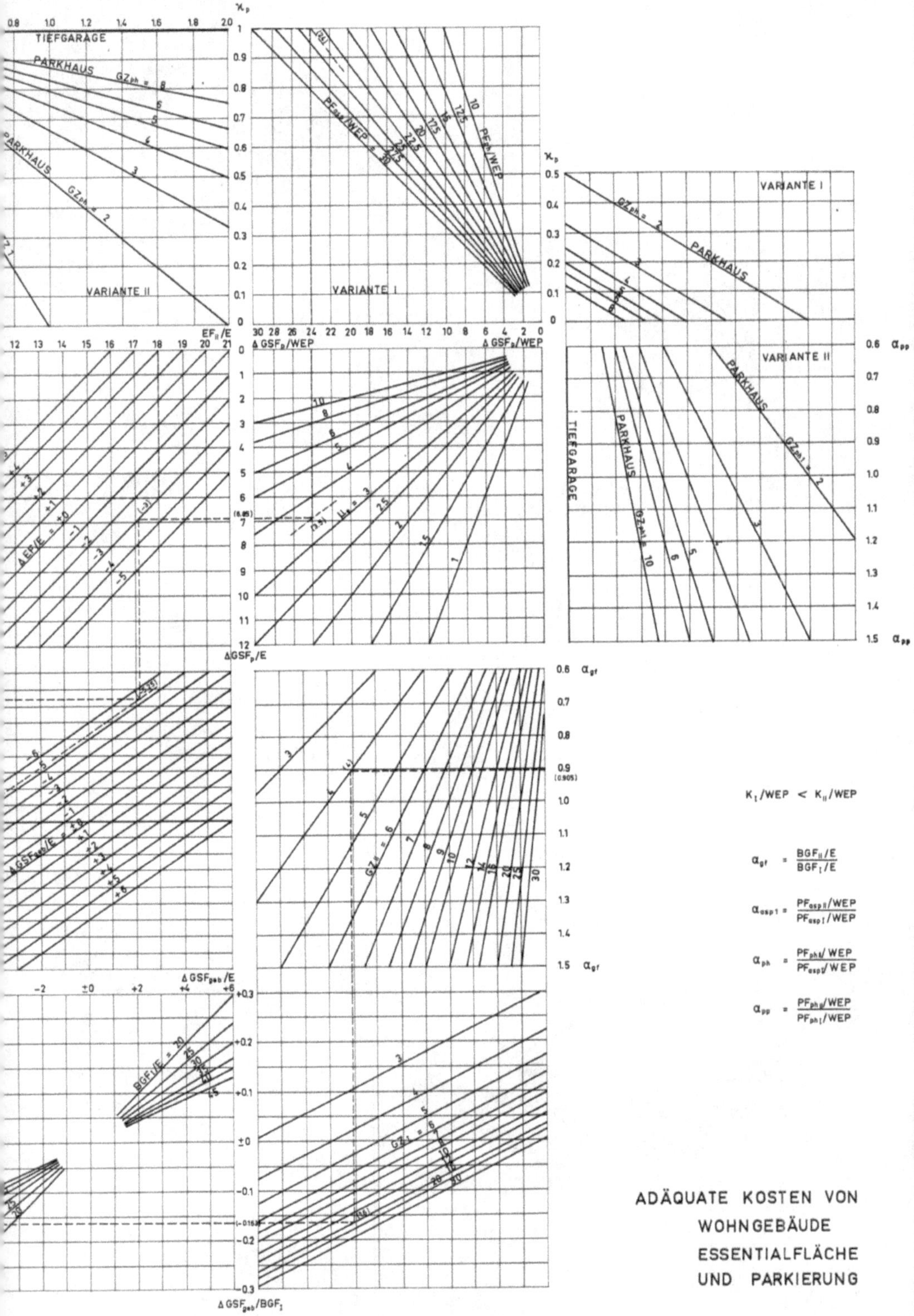

$K_I/WEP < K_{II}/WEP$

$$\alpha_{gf} = \frac{BGF_{II}/E}{BGF_I/E}$$

$$\alpha_{asp1} = \frac{PF_{aspII}/WEP}{PF_{aspI}/WEP}$$

$$\alpha_{ph} = \frac{PF_{phII}/WEP}{PF_{aspI}/WEP}$$

$$\alpha_{pp} = \frac{PF_{phII}/WEP}{PF_{phI}/WEP}$$

ADÄQUATE KOSTEN VON WOHNGEBÄUDE ESSENTIALFLÄCHE UND PARKIERUNG

Für die Errechnung der bei Kostengleichheit erforderlichen Bodenkosten gilt die Formel (150). Darin sind folgende Koeffizienten und Differenzbeträge enthalten:

$$\alpha_{gf} = \frac{29}{32} = 0{,}905 \quad \text{(s. S. 190)}$$

$$\Delta K/WEP = 7600 - 600 = 7000 \text{ DM} \quad \text{(s. S. 193)}$$

$$\kappa_p = 1$$

Der Zähler der Formel gibt die Kostendifferenzen an. Für II - I folgt:

Wohngebäude : $\Delta K_{geb}/E = 32\,(0{,}905 \cdot 430 - 525) = -4330 \text{ DM}$

Parkierung : $\Delta K_p/E = \frac{7000}{3{,}5} = +2000 \text{ DM}$

Essentialfläche: $\Delta K_{ef}/E = 18 \cdot 20 - 15 \cdot 14 = +\ 150 \text{ DM}$

$\Delta K/E = -2180 \text{ DM}$

Da $\Delta K/E < 0$, ist in den Baukosten die Variante II billiger als die Variante I.

Der Nenner der Formel gibt die Flächendifferenzen an. Für I - II folgt:

Wohngebäude : $\Delta GSF_{geb}/E = 32\,(\frac{1}{16} - \frac{0{,}905}{4}) = -5{,}25 \text{ m}^2$

Parkierung : $\Delta GSF_p/E = \frac{24 \cdot 1}{3{,}5} = +6{,}85 \text{ m}^2$

Essentialfläche: $\Delta GSF_{ef}/E = 15 - 18 = -3{,}00 \text{ m}^2$

$\Delta GSF/E = -1{,}40 \text{ m}^2$

Da $\Delta GSF/E < 0$, ist in der Flächenbilanz die Variante I flächengünstiger als die Variante II.

Die Bodenkosten werden dann nach Formel (150):

$$k_{bo} = \frac{-2180}{-1{,}4} = 1555 \text{ DM/m}^2$$

Ergebnis: Liegen die Bodenkosten unter 1555 DM/m^2, so ist die flächenintensivere Lösung kostengünstiger. Dies wäre die Variante II mit den 4geschossigen Wohngebäuden, der Tiefgarage und der größeren Essentialfläche (18 m^2). (s. a. Tafel 24)

2. Es sollen die gleichen Sekundärdaten wie in Aufgabe 1 gewählt werden, lediglich sind die beiden Essentialflächen pro Einwohner mit jeweils 15 m^2 anzusetzen.

Die Kostendifferenzen werden (II - I):

$$\Delta K_{geb}/E = 29 \cdot 430 - 32 \cdot 525 = -4330 \text{ DM}$$

$$\Delta K_p/E = \frac{7600 - 600}{3{,}5} = +2000 \text{ DM}$$

$$\Delta K_{ef}/E = 15 \cdot 20 - 15 \cdot 14 = + \quad 90 \text{ DM}$$

$$\Delta K/E = -2240 \text{ DM}$$

Da $\Delta K/E < 0$, ist in den Baukosten die Variante II billiger als die Variante I.

Die Flächendifferenzen werden (I - II):

$$\Delta GSF_{geb}/E = \frac{32}{16} - \frac{29}{4} = -5{,}25 \text{ m}^2$$

$$\Delta GSF_p/E = \frac{24 - 0}{3{,}5} = +6{,}85 \text{ m}^2$$

$$\Delta GSF_{ef}/E = 15 - 15 = 0 \quad \text{m}^2$$

$$\Delta GSF/E = +1{,}60 \text{ m}^2$$

Da $\Delta GSF/E > 0$, ist die Variante I flächenintensiver als die Variante II.

Ergebnis: Variante II ist in den Baukosten billiger und außerdem flächensparender. Die Entscheidung ist logisch eindeutig.

Dieses Ergebnis wird auch formelmäßig gefunden.

Nach Formel 150 (146) wird:

$$k_{bo} = \frac{-2240}{+1{,}6} = -1400 \text{ DM/m}^2$$

Um adäquate Kosten zu erzielen, müssen negative Bodenkosten eingesetzt werden. Da jedoch jeder reale Bodenpreis größer als -1400 DM/m² ist, wird in jedem Falle die flächensparende Lösung kostengünstiger. Dies ist Variante II, wie schon oben gezeigt wurde.

7.4 Grundstücksausnutzung und Bodenpreis

Über die Abhängigkeit von Bodenpreisen und Ausnutzungen (Geschoßflächenzahl) ist in der Fachliteratur manches zu finden. Hier sollen nur zwei Beispiele exemplarisch erwähnt werden.

1. Lachmann:
Index der Grund- und Bodenpreise,
Gem. Wohnungswesen 13 (1960) H. 6 S. 189-191

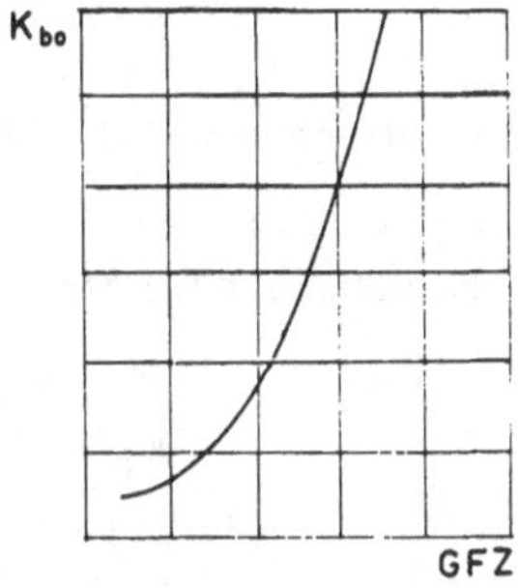

2. Drevermann:
Städte, Preise und Gebühren,
Blätter f. Grundstücks-, Bau- und Bodenrecht 15. Jhg. S. 161 und S. 189
Es wird eine Kurve von Naegeli gezeigt.

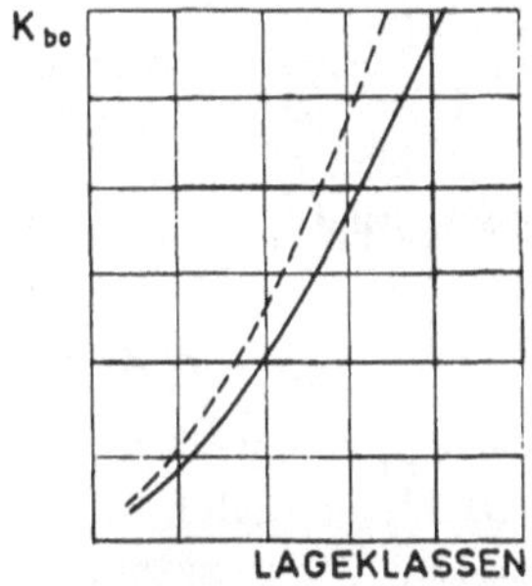

Aus den beiden Kurven ist zu ersehen, daß die Abhängigkeit etwa durch eine Parabelfunktion beschrieben werden kann.

In dem Aufsatz „Städte, Preise und Gebühren" wird u. a. auch Naegeli zitiert. Er sagt: „Der Wert des Bodens entspricht dem Maß seiner Nutzung und der Gunst seiner Lage". Dieser recht fundamentale Satz läßt sich wie folgt etwa interpretieren. Das Maß der Nutzung drückt sich in der Geschoßflächenzahl und die „Gunst seiner Lage" in den beabsichtigten oder möglichen Investitionskosten aus.

Nun läßt sich aus dem Kostenansatz (Abschnitt 7.1) die Abhängigkeit der Geschoßflächenzahl vom Bodenpreis ableiten. Bei der Definition der Gesamtkosten (hier als Investitionskosten verstanden) ist davon auszugehen, diese auf eine Einheit zu beziehen. Hierbei kommen insbesondere in Frage:

a) der Einwohner
b) die Wohneinheit
c) der Quadratmeter Wohn- oder Nutzfläche

Die Grundformel für die Darstellung der Abhängigkeit lautet:

$$k_{bo} = GFZ \cdot \kappa_{bo} \tag{151}$$

k_{bo} = Bodenkosten pro Quadratmeter
κ_{bo} = Bodenkostenkoeffizient
GFZ = Geschoßflächenzahl

Der Bodenkostenkoeffizient κ_{bo} gibt die Bodenkosten pro Quadratmeter Bruttogeschoßfläche an. Dieser wird im nachfolgenden näher behandelt.

7.41 Relation, bezogen auf den Einwohner

Die Gesamtkosten (Investitionssumme) setzen sich aus Anlagekosten und Bodenkosten zusammen und werden:

$$K_{ges}/E = BGF/E \cdot K_{geb}/BGF \quad \text{(Wohngebäudekosten)} \qquad (152)$$
$$+ \frac{K_p/WEP}{\mu_e} \quad \text{(Parkkosten)}$$
$$+ EF/E \cdot k_{ef} \quad \text{(Essentialflächenkosten)}$$
$$+ \frac{BGF/E}{GFZ} \cdot k_{bo} \quad \text{(Bodenkosten)}$$

Aus diesem Ansatz folgt:

$$\kappa_{bo} = \frac{K_{ges}/E - \frac{K/WEP}{\mu_e}}{BGF/E} - K_{geb}/BGF - EFI \cdot k_{ef} \qquad (153)$$

Der Essentialflächenindex ist durch die Bestimmung eines Parksystems von der Geschoßflächenzahl, die nach Formel 151 als Funktion der Bodenkosten (oder umgekehrt) dargestellt werden soll, abhängig, doch machen die Essentialflächenkosten einen unbedeutenden Prozentsatz der Gesamtkosten aus, so daß der Essentialflächenindex als konstant angesehen werden kann (s. a. grafische Darstellung).

Formel 153 ist in Tafel 25 *GFZ und Bodenpreis K_{ges}/E* grafisch dargestellt.

Beispiel: *zu 7.41 „Relation, bezogen auf den Einwohner"*

Die Gesamtkosten pro Einwohner dürfen 20000 DM nicht überschreiten. Folgende Daten für die bauliche Lösung sind vorgesehen:

Abstellplatz	K/WEP	= 600 DM
	PF/WEP	= 25 m^2
	μ_e	= 3,0
Essentialfläche	k_{ef}	= 20 DM
Wohngebäude	GZ	= 4
	K_{geb}/BGF	= 430 DM
	BGF/E	= 33 m^2

Die Grundstücksausnutzung liegt bei GFZ = 1,0

nach (28a) wird: $PFI = \frac{25 \cdot 1}{3 \cdot 33} = 0{,}252$ (s. S. 32)

nach (31) wird: $EFI = \frac{4 - 1{,}0}{4 \cdot 1{,}0} - 0{,}252 = 0{,}498$ (s. S. 27)

daraus folgt: $EF/E = 0{,}498 \cdot 33 = 16{,}5\ m^2$

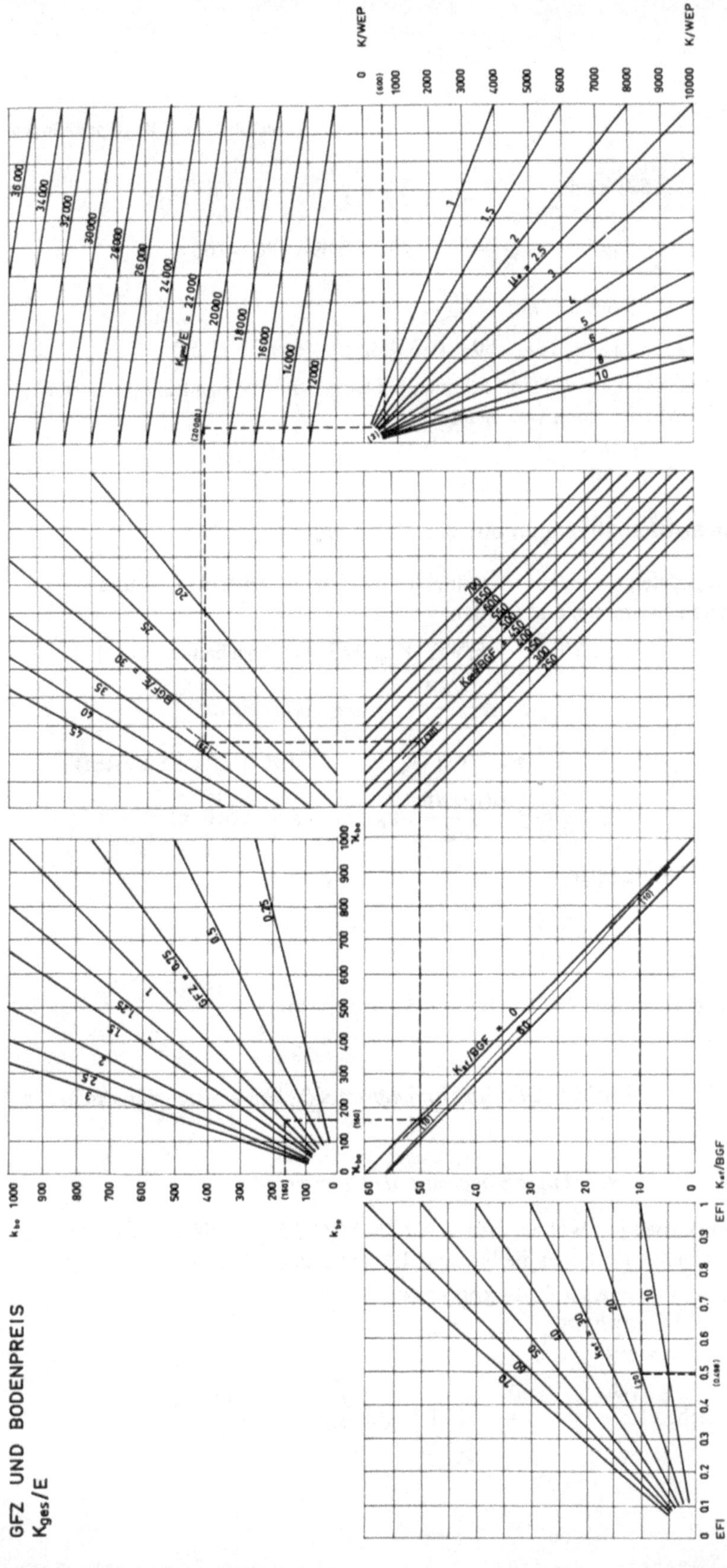
GFZ UND BODENPREIS
Kges/E
K/WEP
kbo
EFI
Kel/BGF
Kges/E = 22 000
BGF/E = 30
GFZ = 0,75
Kel/BGF = 0
Kges/BGF = 450
Kel = 30

Tafel 25

Nach Formel (153) wird:

$$\kappa_{bo} = \frac{20000 - \frac{600}{3{,}0}}{33} - 430 - 0{,}498 \cdot 20 = 160$$

Nach Formel (151) wird dann:

$$k_{bo} = 1{,}0 \cdot 160 = 160\ \mathrm{DM/m^2} \quad \text{(s. a. Tafel 25)}$$

Bodenkosten bis zu 160 DM/m² können bei Gesamtkosten pro Einwohner von 20000 DM finanziell noch verkraftet werden.

7.42 Relationen, bezogen auf die Wohneinheit

Die Gesamtkosten (Investitionssumme) setzen sich aus Anlagekosten und Bodenkosten zusammen und werden:

$$\begin{aligned} K_{ges}/WE = \; & WF/WE \cdot K_{geb}/WF && \text{(Wohngebäudekosten)} && (154)\\ & + \frac{K_p/WEP}{\mu_{we}} && \text{(Parkkosten)} \\ & + EF/WE \cdot k_{ef} && \text{(Essentialflächenkosten)} \\ & + \frac{BGF/WE}{GFZ} \cdot k_{bo} && \text{(Bodenkosten)} \end{aligned}$$

Aus diesem Ansatz folgt:

$$\kappa_{bo} = \frac{1}{GFF} \left(\frac{K_{ges}/WE - \frac{K/WEP}{\mu_{we}}}{WF/WE} - K_{geb}/WF \right) - EFI \cdot k_{ef} \qquad (155)$$

Für den Essentialflächenindex gilt das in 7.41 Gesagte.

Formel 155 ist in Tafel 26 *GFZ und Bodenpreis K_{ges}/WE* grafisch dargestellt.

Beispiel: *zu 7.42 „Relation, bezogen auf die Wohneinheit“*

Die Gesamtkosten pro Wohneinheit von 70000 DM dürfen nicht überschritten werden. Folgende Daten für die bauliche Lösung sind ermittelt worden:

Parkhaus	K/WEP	=	5000 DM
	PF/WEP	=	27 m²
	GZ_{ph}	=	2
	μ_{we}	=	1
Essentialfläche	k_{ef}	=	25 DM

GFZ UND BODENPREIS
K_{ges}/WE

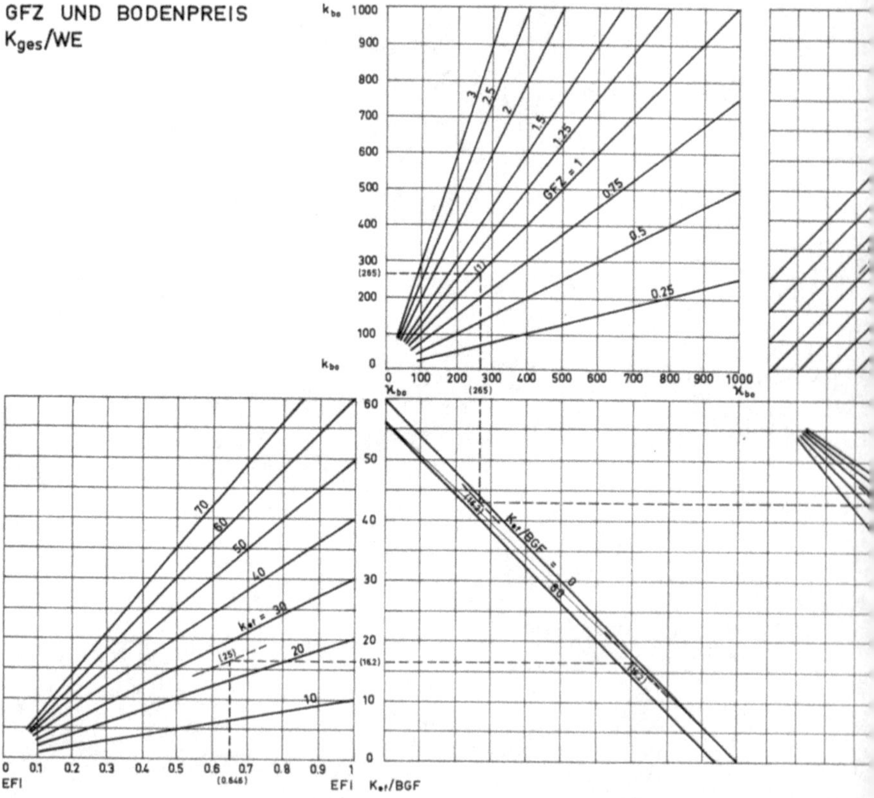

Tafel 26

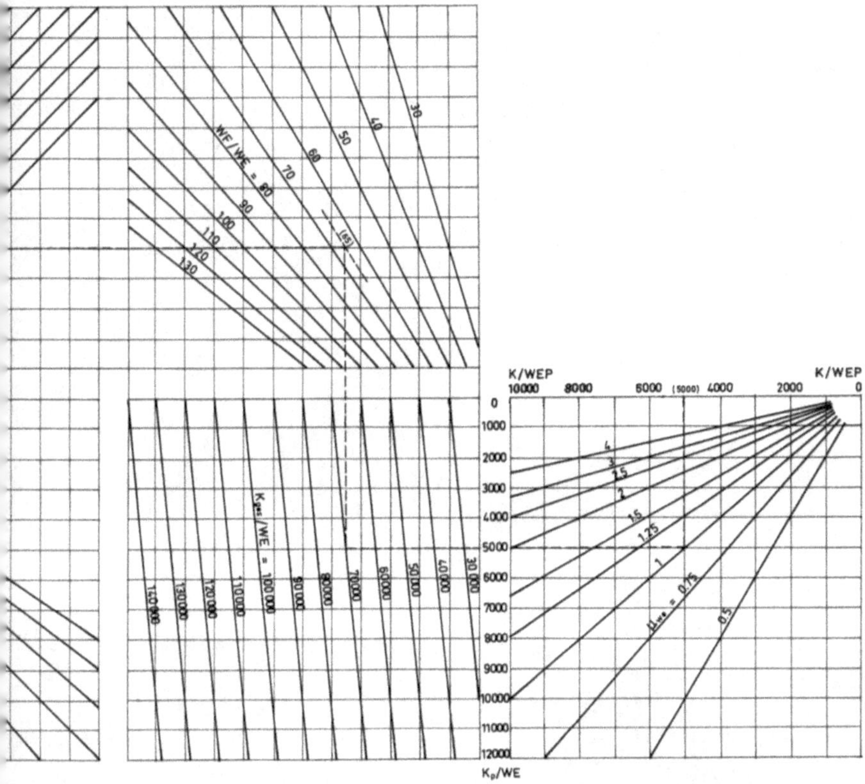

WF/WE = 80
70
60
50
40
30
90
100
110
120
130
(65)
K/WEP
10000 8000 6000 (5000) 4000 2000 0
K/WEP
0 1000 2000 3000 4000 5000 6000 7000 8000 9000 10000 11000 12000
K_p/WE
4
3
2,5
2
1,5
1,25
1
μ_{WE} = 0,75
0,5
140000 130000 120000 110000 100000 90000 80000 70000 60000 50000 40000 30000

Wohngebäude
$GZ = 5$
$K_{geb}/WF = 620$ DM
$WF/WE = 65\ m^2$
$GFF = 1{,}35$

Die Grundstücksausnutzung liegt bei GFZ = 1,0

Die Bruttogeschoßfläche pro Wohneinheit wird analog Formel (10a)

$$BGF/WE = 65 \cdot 1{,}35 = 87{,}8\ m^2$$

$$\varphi_1 = \frac{1}{2} = 0{,}5 \qquad \text{(s. S. 30)}$$

nach (28a.2) wird: $$PFI = \frac{27 \cdot 0{,}5}{1 \cdot 65 \cdot 1{,}35} = 0{,}154 \qquad \text{(s. S. 32)}$$

nach (31) wird: $$EFI = \frac{5 - 1{,}0}{5 \cdot 1{,}0} - 0{,}154 = 0{,}646 \qquad \text{(s. S. 27)}$$

daraus folgt: $$EF/WE = 0{,}646 \cdot 87{,}8 = 56{,}6\ m^2$$

Nach Formel (155) wird:

$$\kappa_{bo} = \frac{1}{1{,}35}\left(\frac{70000 - \frac{5000}{1}}{65} - 620\right) - 0{,}646 \cdot 25 = 265$$

Nach Formel (151) wird dann:

$$k_{bo} = 1{,}0 \cdot 265 = 265\ DM/m^2 \qquad \text{(s. a. Tafel 26)}$$

Bodenkosten bis zu 265 DM/m^2 würden unter den angegebenen Voraussetzungen noch finanziert werden können.

7.43 Relation, bezogen auf die Wohnfläche

Die Gesamtkosten (Investitionssumme) setzen sich aus Anlagekosten und Bodenkosten zusammen und werden:

$$\begin{aligned} K_{ges}/WF = {} & K_{geb}/WF && \text{(Wohngebäudekosten)} \quad (156)\\ & + \frac{K_p/WEP}{\mu_e \cdot WF/E} && \text{(Parkkosten)}\\ & + \frac{EF/E}{WF/E} \cdot k_{ef} && \text{(Essentialflächenkosten)}\\ & + \frac{GFF}{GFZ} \cdot k_{bo} && \text{(Bodenkosten)} \end{aligned}$$

Aus diesem Ansatz folgt:

$$\kappa_{bo} = \frac{K_{ges}/WF - K_{geb}/WF - \dfrac{K/WEP}{\mu_e \cdot WF/E}}{GFF} - EFI \cdot k_{ef} \qquad (157)$$

Für den Essentialflächenindex gilt das bereits in 7.41 Gesagte.

Formel 157 ist in Tafel 27 *GFZ und Bodenpreis* K_{ges}/WF grafisch dargestellt.

Beispiel: *zu 7.43 „Relation, bezogen auf die Wohnfläche"*

Durch eine Wirtschaftlichkeitsberechnung ist ermittelt worden, daß 930 DM pro Quadratmeter Wohnfläche finanziert werden können. Für die bauliche Lösung kommen folgende Daten in Frage:

Tiefgarage	K/WEP	=	7500 DM
	μ_e	=	3,0
Essentialfläche	k_{ef}	=	30 DM
Wohngebäude	GZ	=	6
	K_{geb}/WF	=	640 DM
	WF/E	=	23 m²
	GFF	=	1,3

Die Grundstücksausnutzung liegt bei GFZ = 1,5

Die Bruttogeschoßfläche pro Einwohner wird nach (10a):

$$BGF/E = 23 \cdot 1{,}3 = 30 \text{ m}^2$$

$$\varphi_1 = 0 \qquad \text{(s. S. 30)}$$

nach (28a.2) wird: $PFI = 0$ (Tiefgarage) (s. S. 32)

nach (31) wird: $EFI = \dfrac{6 - 1{,}5}{6 \cdot 1{,}5} = 0{,}5$ (s. S. 27)

daraus folgt: $EF/E = 0{,}5 \cdot 30 = 15 \text{ m}^2$

Nach Formel (157) wird:

$$\kappa_{bo} = \frac{930 - 640 - \dfrac{7500}{3 \cdot 23}}{1{,}3} - 0{,}5 \cdot 30 = 124$$

Nach Formel (151) wird dann:

$$k_{bo} = 1{,}5 \cdot 124 = 186 \text{ DM/m}^2 \qquad \text{(s. a. Tafel 27)}$$

Bodenkosten bis zu 186 DM/m² können bei Gesamtkosten von 930 DM pro Quadratmeter Wohnfläche noch finanziert werden.

GFZ UND BODENPREIS
K_{ges}/WF

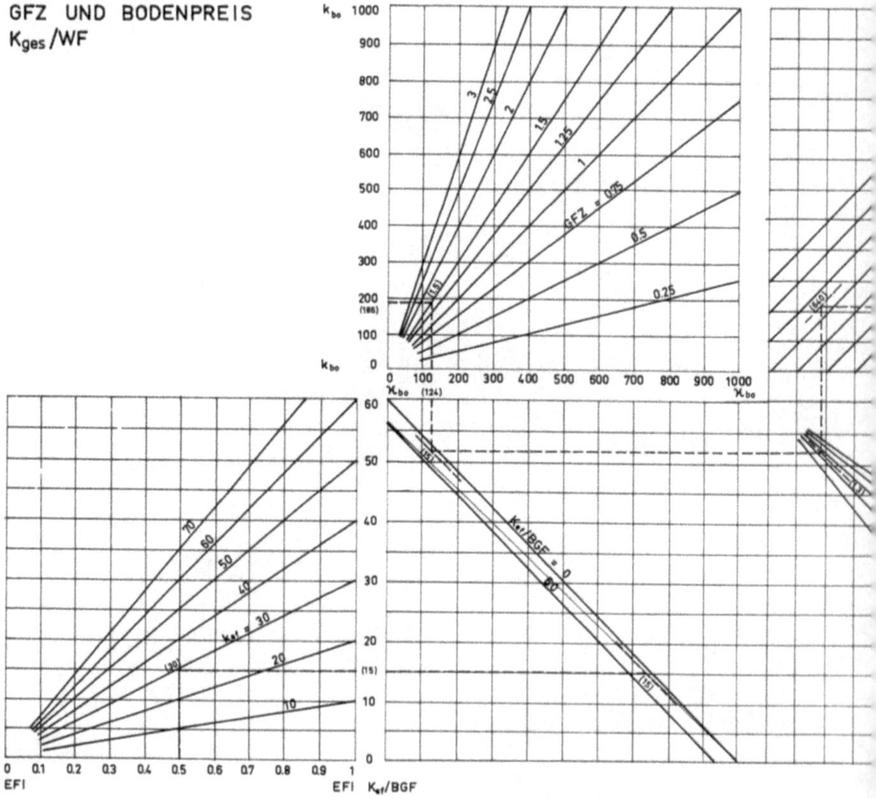

Tafel 27

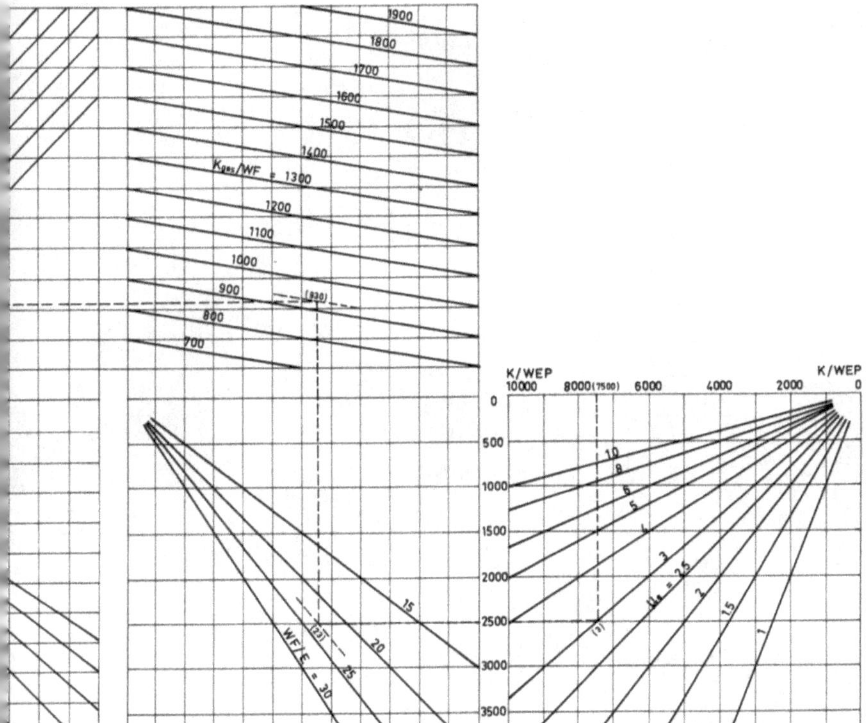

1900
1800
1700
1600
1500
1400
K_ges/WF = 1300
1200
1100
1000
900
(930)
800
700
K/WEP
10000
8000 (7500)
6000
4000
2000
0
K/WEP
0
500
1000
1500
2000
2500
3000
3500
4000
K_p/E
15
20
25
WF/E = 30
(23)
10
8
6
5
4
3
U_e = 2,5
2
1,5
1
(3)

Es ist gezeigt worden, daß die zumutbaren Bodenkosten pro Quadratmeter linear abhängig sind von der Ausnutzung des Grundstückes, wobei der Bodenkostenkoeffizient das Maß der geradlinigen Steigung angibt. Dieser Koeffizient hängt ab von den Gebäudekosten, den Parkkosten, den Essentialflächenkosten und der möglichen oder beabsichtigten Investitionssumme. Die einzelnen Kosten werden jeweils auf eine gewählte Einheit bezogen. Als Subdaten werden die Bruttogeschoßfläche pro Einwohner und die Motorisierungsziffer notwendig.

Aus der möglichen oder zumutbaren Investitionssumme pro Einheit errechnet sich, im Rahmen eines Finanzierungsplanes, der Kapitaldienst pro Einheit. Kapitaldienst, Instandhaltungskosten, Betriebskosten und Gewinn, jeweils bezogen auf die gewählte Einheit, ergeben den Mietpreis pro Einheit. Die Wirtschaftlichkeitsberechnung gibt Aufschluß darüber, ob die genannten Faktoren zum finanziellen Ausgleich gebracht werden können.

Die Fragestellungen sind auch umkehrbar. Es wird ohne weiteres möglich sein, von einem zumutbaren Mietpreis auszugehen und damit über die Wirtschaftlichkeitsberechnung und den Finanzierungsplan zur möglichen Investitionssumme zu kommen. Dabei wird der Bodenkostenkoeffizient κ_{bo} durch die vorhandenen Bodenkosten und die mögliche Ausnutzung als gegeben angesehen (s. die grafischen Darstellungen).

8 Arealbezogene Kostenrelationen

Wenn die Kosten eines zu bebauenden Areals ermittelt werden sollen, so sind die grundstücksbezogenen Kosten (Kapitel 7) durch die Erschließungskosten und die Kosten der Wohnfolgeeinrichtungen zu ergänzen. Alle drei Kostenanteile ergeben dann die Gesamtkostenfunktion.

8.1 Erschließungskosten

Kostenangaben für die Straße:
Die Kosten der Straße werden i. a. pro Meter Straße angegeben:

1. für den oberirdischen Straßenbau, Fahrbahn, Parkspur, Bordstein, Radweg, Grünstreifen, Fußweg.
2. für den unterirdischen Straßenbau, Abwasser, Frischwasser, Strom, Fernsprecher, Gas, Wärme etc.
3. für sonstige Wege

Die Kosten für Erschließungsgrünflächen werden pro Quadratmeter Fläche (k_{st}) angegeben und müssen dann auf Meter Straße umgerechnet werden.

Die mittleren Kosten pro Meter Straße werden:

$$K_m/l_{st} = \frac{l_{st} \cdot K_{st}/l_{st} + l_w \cdot K_w/l_w}{l_{st}} \tag{158}$$

oder:

$$K_m/l_{st} = K_{st}/l_{st} + K_w/l_w \cdot \frac{l_w}{l_{st}} \tag{158a}$$

K_m/l_{st} = mittlere Kosten pro Meter Straße
l_{st} = Länge der Straße
l_w = Länge der öffentlichen Wege
K_{st} = Kosten der Straße
K_w = Kosten der öffentlichen Wege

Aus den mittleren Kosten pro Meter Straße lassen sich die mittleren Kosten pro Quadratmeter Straße errechnen:

$$k_{m\ st} = \frac{K_m/l_{st}}{s_m} \tag{159}$$

s_m = mittlere Straßenbreite

Mit den mittleren Straßenkosten pro Quadratmeter Straße ($k_{m\ st}$) werden die auf den Einwohner bezogenen Anlagekosten der Straße berechnet:

$$K_{st}/E = \frac{BGF/E}{GFZ} \cdot p'_{st} \cdot k_{m\ st} \tag{160}$$

Die Bodenkosten für die Straße werden:

$$K_{bo}/E = \frac{BGF/E}{GFZ} \cdot p'_{st} \cdot k_{bo} \tag{161}$$

Die Erschließungskosten ergeben sich aus der Addition der Anlagekosten und der Bodenkosten:

$$K_{er}/E = \frac{BGF/E}{GFZ} \cdot p'_{st} (k_{m\ st} + k_{bo}) \tag{162}$$

p'_{st} = Anteil des Straßenlandes am Nettowohnbauland (s. Abschnitt 5.31 auf S. 102).

8.2 Kosten der Wohnfolgeeinrichtungen

Die Anlagekosten pro Einwohner für die Wohnfolgeeinrichtungen errechnen sich aus der Addition der einzelnen Wohnfolgeeinrichtungen:

$$K'_{wfe}/E = \Sigma K_{o\ wfe}/E \tag{163}$$

K'_{wfe}/E = Kosten aller Wohnfolgeeinrichtungen pro Einwohner ohne Berücksichtigung der Bodenkosten.

$K_{o\ wfe}/E$ = Kosten einer Wohnfolgeeinrichtung pro Einwohner ohne Berücksichtigung der Bodenkosten.

Für die einzelnen Wohnfolgeeinrichtungen sind jeweils die Baukosten je Anlage zu ermitteln (Befragung, statistische Erhebung, Analyse) und daraus die Baukosten je Einwohner zu errechnen (Abschnitt 6.11 und 6.12 geben Ansatzpunkte zur Bestimmung der erforderlichen spezifischen Daten).

Als Wohnfolgeeinrichtungen kommen u. a. in Frage:

Schulen
Kindertagesstätten
Jugendheime
Jugendfreizeitheime
Altenheime und -wohnheime
öffentliche Kinderspielplätze
Tummelplätze
Sportplätze
öffentliche Grünflächen
Kirchen
Krankenhäuser
etc. (je nach Definition s. 6.2)

Die Bodenkosten der Wohnfolgeeinrichtungen werden:

$$K_{bo}/E = WFL/E \cdot k_{bo} \tag{164}$$

Das Wchnfolgeland pro Einwohner (WFL/E) als Sekundärfunktion wird im Abschnitt 6.11 behandelt.

Die Wohnfolgekosten ergeben sich aus der Addition der Anlagekosten und der Bodenkosten:

$$K_{wfe}/E = K'_{wfe}/E + WFL/E \cdot k_{bo} \tag{165}$$

8.3 Kosten der Einrichtungen des Wohnbaulandes

Die Anlagekosten werden:

Wohngebäudekosten $$K_{geb}/E = BGF/E \cdot K_{geb}/BGF \tag{166}$$

Parkkosten $$K_p/E = \frac{K/WEP}{\mu_e} \tag{167}$$

Essentialflächenkosten $$K_{ef}/E = EF/E \cdot k_{ef} \tag{168}$$

Die Bodenkosten werden: $$K_{bo}/E = \frac{BGF/E}{GFZ} \cdot k_{bo} \tag{169}$$

(s. a. die Kostenansätze im Abschnitt 7.41)

Die Kosten des Wohnbaulandes ergeben sich aus der Addition der Anlagekosten und der Bodenkosten:

$$K_{wbl}/E = BGF/E \cdot K_{geb}/BGF + \frac{K/WEP}{\mu_e} + EF/E \cdot k_{ef} + \frac{BGF/E}{GFZ} \cdot k_{bo} \tag{170}$$

8.4 Die Gesamtkostenfunktion

Die Gesamtkostenfunktion wird gebildet durch die Addition der Erschließungskosten (Formel 162), der Kosten der Wohnfolgeeinrichtungen (Formel 165) und der Kosten des Wohnbaulandes (Formel 170).

$$\Sigma K/E = \frac{BGF/E}{GFZ} \left[k_{bo}\,(1 + p'_{st}) + p'_{st} \cdot k_{m\ st}\right] + K'_{wfe}/E + WFL/E \cdot k_{bo} + BGF/E \cdot K_{geb}/BGF + \frac{K/WEP}{\mu_e} + EF/E \cdot k_{ef} \tag{171}$$

Wird die Ausnutzung des Grundstückes (GFZ) selbst eine Funktion von Sekundärdaten (s. Kapitel 3), so wird nach Formel (20) auf Seite 23:

$$GFZ = \frac{BGF/E}{\frac{BGF/E}{GZ} + \frac{GSF_p/WEP}{\mu_e} + EF/E}$$

Dabei gilt: $$GSF_p/WEP = PF_{asp}/WEP \cdot \varphi$$

Wird der Ausdruck für die Geschoßflächenzahl in die Gesamtkostenfunktion eingesetzt, so folgt:

$$\Sigma\, K/E = \left[\frac{BGF/E}{GZ} + \frac{GSF_p/WEP}{\mu_e} + EF/E\right]\left[k_{bo}\,(1 + p'_{st}) + p'_{st} \cdot k_{m\ st}\right] \qquad (172)$$

$$+ K'_{wfe}/E + WFL/E \cdot k_{bo} + BGF/E \cdot K_{geb}/BGF + \frac{K/WEP}{\mu_e} + EF/E \cdot k_{ef}$$

In diese Primärfunktion der Gesamtkosten sind nun für die verschiedenen Alternativlösungen die notwendigen Sekundärdaten einzusetzen. Bei Verwendung eines elektronischen Rechners kann diese Gesamtkostenfunktion dann minimiert werden. Bei Berücksichtigung von Sekundärfunktionen (s. Abschnitt 7.133: $BGF/E = f\,(GZ)$, $K_{geb}/BGF = f\,(GZ)$ etc.) bleiben dann nur wenige Variable für die Entscheidungsfindung übrig.

Beispiel: *zu 8 „Arealbezogene Kostenrelationen"*

1. Für die Planung eines Areals seien folgende Strukturdaten gegeben[1]:

Die Daten der einzelnen Wohnzonen:
(Es wird das Elementare Modell 6.333 – prozentuale Einwohneraufteilung – gewählt).

	w'_1	w'_2	w'_3		PF/WEP	K/WEP
p_e	0,2	0,5	0,3			
GFZ	0,5	1,0	1,5			
BGF/E(b+g)	40 m²	30 m²	32 m²			
K_{geb}/BGF	480 DM	430 DM	520 DM			
Parksystem	50 %	50 %	30 %	Abstellplatz	24 m²	600 DM
		20 %	30 %	Straßenparken	13 m²	750 DM
		30 %		2gesch. Parkdeck	23 m²	4200 DM
	50 %		40 %	Tiefgarage	28 m²	6500 DM

Die Werte für die GFZ, die BGF/E und die K_{geb}/BGF sollen Durchschnittswerte der einzelnen Wohnzonen darstellen.

Sonstige Daten der Wohnzonen:

$$k_{ef} = 25\ DM/m^2$$
$$\mu_e = 3$$

1 Wichtig erscheint das Durchrechnen eines exemplarischen Beispieles. Um „genaue" Werte zu erhalten, bedarf es einer speziellen Analyse der für das Planungsgebiet zutreffenden Strukturdaten.

An Wohnfolgeland pro Einwohner ist zu berücksichtigen:

	WFL/E[2]	K/E[3]
Gemeindehaus, Kirche	0,60	75 DM
öffentliche Grünfläche (einschl. Spielplätzen)	6,00	70 DM
Sportplätze	1,60	10 DM
Altersheim	0,40	40 DM
Jugendheim	0,15	12 DM
Kindertagesstätte	0,45	50 DM
Volksschule	3,50	380 DM
Mittelschule	0,80	110 DM
	WFL/E = 13,50 m^2	K'_{wfe}/E = 747 DM/E

Die Erschließung wird durch folgende Daten beschrieben:

Straßenbaukosten $k_{st} = 45\ DM/m^2$ [4]

Der Anteil des Straßenlandes am Nettowohnbauland betrage etwa 13 %.

$$p'_{st} = 0{,}13$$

An Bodenkosten sind durchschnittlich 35 DM/m^2 zu berücksichtigen.

$$k_{bo} = 35\ DM/m^2$$

Auswertung: Zunächst sind aus diesen gegebenen Daten einige Durchschnittswerte zu errechnen:

a) Die mittlere Grundstücksfläche pro Einwohner wird nach Formel (118) auf S. 163:

$$GSF_m/E = \frac{0{,}2 \cdot 40}{0{,}5} + \frac{0{,}5 \cdot 30}{1{,}0} + \frac{0{,}3 \cdot 32}{1{,}5} = 37{,}4\ m^2/E$$

b) Die mittlere Bruttogeschoßfläche pro Einwohner wird:

$$BGF_m/E = 0{,}2 \cdot 40 + 0{,}5 \cdot 30 + 0{,}3 \cdot 32 = 32{,}6\ m^2/E$$

c) Aus a) und b) folgt die mittlere Geschoßflächenzahl:

$$GFZ_m = \frac{32{,}6}{37{,}4} = 0{,}873$$

d) Analog können die mittleren Wohngebäudekosten pro Einwohner errechnet werden:

$$K_{m\ geb}/E = 0{,}2 \cdot 40 \cdot 480 + 0{,}5 \cdot 30 \cdot 430 + 0{,}3 \cdot 32 \cdot 520 = 15280\ DM/E$$

---

[2] Über die Ermittlung der Richtwerte von Wohnfolgeeinrichtungen s. Abschnitt 6.11 auf S. 129.

[3] s. a. Dahlhaus, Marx, Flächenbedarf und Kosten von Wohnbauland, Gemeinbedarfseinrichtungen, Verkehrsanlagen und Arbeitsstätten. Gebr. Jänecke Verlag Hannover Tab. 2, S. 13

[4] s. a. E. Gassner, Der städtebauliche Bewertungsrahmen, Stadtbauwelt 1, 1964, S. 52

e) Die mittleren Wohngebäudekosten pro Quadratmeter Bruttogeschoßfläche werden dann aus b) und d) ermittelt:

$$K_{m\,geb}/BGF = \frac{15280}{32{,}6} = 468 \text{ DM}$$

Der Bereich des Parkens wird wie folgt behandelt:

f) Die mittlere Grundstücksfläche pro Wageneinstellplatz wird:

$$\begin{array}{lll}
w'_1: & GSF_m/WEP = 0{,}2\,(0{,}5 \cdot 24 + 0{,}5 \cdot 0) & = 2{,}40 \text{ m}^2 \\
w'_2: & \quad + 0{,}5\,(0{,}5 \cdot 24 + 0{,}2 \cdot 13 + \frac{0{,}3 \cdot 23}{2}) & = 9{,}04 \text{ m}^2 \\
w'_3: & \quad + 0{,}3\,(0{,}3 \cdot 24 + 0{,}3 \cdot 13 + 0{,}4 \cdot 0) & = 3{,}33 \text{ m}^2 \\
\hline
 & GSF_m/WEP & = 14{,}76 \text{ m}^2
\end{array}$$

g) Die mittleren Parkkosten pro Wageneinstellplatz werden:

$$\begin{array}{lll}
w'_1: & K_m/WEP = 0{,}2\,(0{,}5 \cdot 600 + 0{,}5 \cdot 6500) & = 710 \text{ DM} \\
w'_2: & \quad + 0{,}5\,(0{,}5 \cdot 600 + 0{,}2 \cdot 750 + 0{,}3 \cdot 4200) & = 855 \text{ DM} \\
w'_3: & \quad + 0{,}3\,(0{,}3 \cdot 600 + 0{,}3 \cdot 750 + 0{,}4 \cdot 6500) & = 902 \text{ DM} \\
\hline
 & K_m/WEP & = 2467 \text{ DM}
\end{array}$$

Für die Errechnung der durchschnittlichen Essentialfläche pro Einwohner wird u. a. auch die durchschnittliche Geschoßzahl erforderlich. Diese soll mit $GZ_m = 3{,}8$ angenommen werden. (Aus der Essentialfläche pro Einwohner leiten sich die Essentialflächenkosten pro Einwohner ab. Da diese im Verhältnis zu den Gesamtkosten unbedeutend sind, erscheint die Schätzung der mittleren Geschoßzahl berechtigt. Außerdem wurden bei der Ermittlung der durchschnittlichen Wohngebäudekosten der einzelnen Wohnbereiche Vorstellungen über die Geschoßzahlen erforderlich, so daß daraus die mittlere Geschoßzahl ebenfalls abgeleitet werden kann).

h) Das durchschnittliche Geschoßflächenmaß wird nach Formel (12.2) auf S. 18:

$$GFM_m = \frac{3{,}8 \cdot 0{,}873}{3{,}8 - 0{,}873} = 1{,}135$$

i) Dann folgt nach Formel (19a.2) auf S. 30:

$$EF_m/E = \frac{32{,}6}{1{,}135} - \frac{14{,}76}{3} = 23{,}8 \text{ m}^2$$

Für die Berechnung der Gesamtkosten pro Einwohner werden zunächst die drei Einzelkostengruppen behandelt:

zu 8.1 Erschließungskosten
Nach Formel (162) wird:

$$K_{er}/E = \frac{32{,}6}{0{,}873} \cdot 0{,}13\,(45 + 35) = 388 \text{ DM/E}$$

zu 8.2 Kosten der Wohnfolgeeinrichtungen
Nach Formel (165) wird:

$$K_{wfe}/E = 747 + 13{,}5 \cdot 35 = 1220 \text{ DM/E}$$

zu 8.3 Kosten der Einrichtungen des Wohnbaulandes
Nach Formel (170) wird:

$$K_{wbl}/E = 32{,}6 \cdot 468 + \frac{2467}{3} + 23{,}8 \cdot 25 + \frac{32{,}6}{0{,}873} \cdot 35 = 18008 \text{ DM/E}$$

Die Zusammenfassung der drei Kostengruppen ergibt die Gesamtsumme:

Erschließungskosten	388 DM/E
Wohnfolgeeinrichtungen	1220 DM/E
Wohnbauland	18008 DM/E
	Σ K/E = 19616 DM/E

Die Ermittlung der Gesamtkosten pro Einwohner erfolgt also nur aus der Angabe von spezifischen Sekundärdaten. Eine Größenangabe des Areals entfällt. In diesem Zusammenhang muß erwähnt werden, daß die Sekundärdaten mittelbar von Größenvorstellungen des Areals abhängen und somit das Ergebnis beeinflussen. Die Angabe des Wohnfolgelandes pro Einwohner macht dies besonders deutlich. Die planerischen Vorstellungen drücken sich also in „Strukturdaten" aus, die die rechnerischen Ergebnisse dann ermöglichen.

Durch Berechnung von Alternativlösungen können die Gesamtkosten pro Einwohner miteinander verglichen werden. Durch Variation der variablen Größen wird dann die kostengünstigste Lösung bestimmt.

2. Im Anschluß zu Aufgabe 1 sei jedoch mit den gegebenen Strukturdaten ein Areal zu berechnen.

   Als Flächen sind gegeben: $F_{ges} = 83$ ha

   Davon seien als konstante Flächen abzuziehen:

Krankenhaus	45000 m²
Oberschule	22000 m²
F_k =	67000 m²

   Es verbleibt: $F_{rel} = 830000 - 67000 = 763000 \text{ m}^2$

a) Welche Einwohnerzahl wird auf dem Areal unterzubringen sein?

Die 76,3 ha Relativfläche enthalten Wohnfolgeland, Wohnbauland und Straßenland. Die Flächen pro Einwohner sind:

	WFL/E	$= 13{,}50\ m^2$	
	GSF_{wl}/E	$= 37{,}40\ m^2$	(s. Aufgabe a auf S. 212)
13 % vom Wohnbauland:	F_{st}/E	$= 4{,}86\ m^2$	
	GSF/E	$= 55{,}76\ m^2$	

Daraus folgt die Zahl der Einwohner:

$$E = \frac{763000}{55{,}76} = 13680\ E$$

b) Welche Flächen und Kosten ergeben sich für die drei Kostengruppen?

Die Flächenaufteilung wird:

1. Wohnfolgeland:	$13680 \cdot 13{,}5$	$= 184730\ m^2$	24,2 %
2. Wohnbauland :	$13680 \cdot 37{,}4$	$= 511770\ m^2$	67,1 %
3. Straßenland :	$13680 \cdot 4{,}86$	$= 66500\ m^2$	8,7 %
	F_{rel}	$= 763000\ m^2$	100,0 %

Die Kostenaufstellung ergibt sich wie folgt:

1. Wohnfolgekosten :	$13680 \cdot 1220$	= 16,69 Mill. DM	6,2 %
2. Kosten der Einrichtungen: des Wohnbaulandes	$13680 \cdot 18008$	= 246,42 Mill. DM	91,8 %
3. Erschließungskosten :	$13680 \cdot 388$	= 5,31 Mill. DM	2,0 %
	ΣK	= 268,42 Mill. DM	100,0 %

c) Für das Wohnfolgeland können noch folgende detailliertere Angaben gemacht werden:

c_1) Die Aufteilung des Wohnfolgelandes ergibt folgende Flächen:

Gemeindehaus, Kirche	: $13680 \cdot 0{,}6$	$= 8210\ m^2$
öffentliche Grünfläche (einschl. Spielplätzen):	$13680 \cdot 6{,}0$	$= 82102\ m^2$
Sportplatz	: $13680 \cdot 1{,}6$	$= 21894\ m^2$
Altersheim	: $13680 \cdot 0{,}4$	$= 5473\ m^2$
Jugendheim	: $13680 \cdot 0{,}15$	$= 2052\ m^2$
Kindertagesstätte	: $13680 \cdot 0{,}45$	$= 6157\ m^2$
Volksschule	: $13680 \cdot 3{,}50$	$= 47893\ m^2$
Mittelschule	: $13680 \cdot 0{,}80$	$= 10947\ m^2$
	WFL	$=184730\ m^2$

c_2) Daraus ergeben sich die einzelnen Wohnfolgeeinheiten:

Gemeindehaus, Kirchen	: 2 kleinere Kirchen
öffentliche Grünfläche mit Spielplätzen:	7 Spielplätze a 1000 m^2 (7-12 J.)
	2 Bolzplätze a 7000 m^2 (13-17 J.)
Sportplatz	: 1 Platz
Altersheim	: 1 Heim
Jugendheim	: 1 Heim
Kindertagesstätten	: 2 Kindertagesstätten
Volksschule	: 2 Schulen
Mittelschule	: 1 Schule

An Investitionskosten wären für die Wohnfolgeeinrichtungen erforderlich:

Gemeindehaus, Kirchen:	13680 · 75	=	1,027 Mill. DM
öffentliche Grünfläche :	13680 · 70	=	0,958 Mill. DM
Sportplatz :	13680 · 10	=	0,137 Mill. DM
Altersheim :	13680 · 40	=	0,548 Mill. DM
Jugendheim :	13680 · 12	=	0,165 Mill. DM
Kindertagesstätte :	13680 · 50	=	0,685 Mill. DM
Volksschule :	13680 · 380	=	5,200 Mill. DM
Mittelschule :	13680 · 110	=	1,506 Mill. DM
Die Anlagekosten werden:	K'_{wfe}	=	10,226 Mill. DM
Bodenkosten:	13680 · 13,5 · 35	=	6,464 Mill. DM
	K_{wfe}	=	16,690 Mill. DM

Die Anlagekosten können auch aus den Objektkosten der einzelnen Wohnfolgeeinrichtungen abgeleitet werden. Diese Objektkosten bilden ja den Ausgangspunkt zur Errechnung der Kosten pro Einwohner.

d) Die Angaben des Wohnbaulandes können für die einzelnen Wohnzonen noch weiter aufgeschlüsselt werden:

d_1) Die Zahlen der Einwohner in den Wohnzonen werden:

$$E_{w'1} = 0{,}2 \cdot 13680 = 2736$$
$$E_{w'2} = 0{,}5 \cdot 13680 = 6840$$
$$E_{w'3} = 0{,}3 \cdot 13680 = 4104$$
$$E = 13680$$

d_2) Die Flächen der einzelnen Wohnzonen werden:

$$F_{w'1} = \frac{2736 \cdot 40}{0{,}5} = 218930 \, m^2$$

$$F_{w'2} = \frac{6840 \cdot 30}{1{,}0} = 205240\ m^2$$

$$F_{w'3} = \frac{4104 \cdot 32}{1{,}5} = 87600\ m^2$$

$$F_{wl} = 511770\ m^2$$

d_3) Die Bruttogeschoßflächen werden:

$$BGF_{w'1} = 218930 \cdot 0{,}5 = 109465\ m^2$$
$$BGF_{w'2} = 205240 \cdot 1{,}0 = 205240\ m^2$$
$$BGF_{w'3} = 87600 \cdot 1{,}5 = 131400\ m^2$$
$$BGF = 446105\ m^2$$

zur Probe: $$BGF_m/E = \frac{446105}{13680} = 32{,}6\ m^2/E$$

d_4) Für die Parksysteme ergeben sich folgende Daten:

Die Anzahl der Wageneinstellplätze wird:

$$F_{w'1}:\quad Z_{wep} = \frac{2736}{3} = 910\ WEP$$

$$F_{w'2}:\quad Z_{wep} = \frac{6840}{3} = 2280\ WEP$$

$$F_{w'3}:\quad Z_{wep} = \frac{4104}{3} = 1370\ WEP$$

$$Z = 4560\ WEP$$

Die Aufteilung der Wageneinstellplätze wird für:

$F_{w'1}$:	Abstellplätze	(24 m^2)	0,5 · 910	=	455 WEP
	Tiefgaragen	(28 m^2)	0,5 · 910	=	455 WEP
$F_{w'2}$:	Abstellplätze	(24 m^2)	0,5 · 2280	=	1140 WEP
	Straßenparken	(13 m^2)	0,2 · 2280	=	456 WEP
	2geschossiges Parkdeck	(23 m^2)	0,3 · 2280	=	684 WEP
$F_{w'3}$:	Abstellplätze	(24 m^2)	0,3 · 1370	=	411 WEP
	Straßenparken	(13 m^2)	0,3 · 1370	=	411 WEP
	Tiefgarage	(28 m^2)	0,4 · 1370	=	548 WEP

d_5) Die Kostensummen der einzelnen Wohnzonen werden:

Wohngebäudekosten

$F_{w'1}$: $K_{geb} = 480 \cdot 109465 = 52{,}54$ Mill. DM
$F_{w'2}$: $K_{geb} = 430 \cdot 205240 = 88{,}25$ Mill. DM
$F_{w'3}$: $K_{geb} = 520 \cdot 13140 = 68{,}33$ Mill. DM

$K_{geb} = 209{,}12$ Mill. DM

Parkkosten

$F_{w'1}$: $K_p = 455 \cdot 600 + 455 \cdot 6500 = 3{,}23$ Mill. DM
$F_{w'2}$: $K_p = 1140 \cdot 600 + 456 \cdot 750 + 684 \cdot 4200 = 3{,}90$ Mill. DM
$F_{w'3}$: $K_p = 411 \cdot 600 + 411 \cdot 750 + 548 \cdot 6500 = 4{,}12$ Mill. DM

$K_p = 11{,}25$ Mill. DM

Essentialflächenkosten

$K_{ef} = 13680 \cdot 23{,}8 \cdot 25 = 8{,}14$ Mill. DM

Bodenkosten

$K_{bo} = 511770 \cdot 35 = 17{,}91$ Mill. DM

Die Kostenzusammenstellung für das Wohnbauland lautet dann:

Wohngebäudekosten	209,12 Mill. DM
Parkkosten	11,25 Mill. DM
Essentialflächenkosten	8,14 Mill. DM
Bodenkosten	17,91 Mill. DM
K_{wbl} =	246,42 Mill. DM

9 Schlußbetrachtung und Ausblick

Der Anfang ist die Hälfte vom Ganzen. Dieses Wort hat symbolischen Wert, denn ein Ende der Entwicklung einer wissenschaftlichen Durchdringung der Stadt- und Regionalplanung ist nicht abzusehen.

Entscheidend wird bei der theoretischen Arbeit das komplexe Erfassen sein. Es hat wenig Sinn, Detailprobleme separat ohne Kenntnis des Zusammenhanges zu lösen. Dies würde zu einer wahllosen Addition von Ergebnissen, die ohne Beziehung zueinander stehen, führen. Methodisch wird es zwar unumgänglich werden, sektoral zu arbeiten, doch muß immer das Zusammenspiel der einzelnen Arbeitsgänge beachtet werden. Jedes Teilergebnis muß sich harmonisch in das System einordnen und eingliedern lassen.

Durch die gezeigten Beispiele wird deutlich, daß eine Fülle von Sekundärdaten erforderlich werden, um eine Planung berechenbar machen zu können. Diese Sekundärdaten werden hier noch pauschaliert und mehr oder weniger, in Ermangelung „echter" Daten, ad hoc angenommen. Doch zeichnet sich die Aufgabe der empirischen Forschung ab, durch systematische Untersuchungen die Leere zu füllen. Es sind Strukturelement-Kataloge zusammenzustellen, die die für das System der „Theoretischen Bauleitplanung" notwendigen Sekundärdaten enthalten. Dies wären insbesondere:

a) Erschließung. Die verschiedenen Straßenquerschnitte mit Verwendungsmöglichkeiten und den spezifischen Kosten.

b) Wohnfolgeeinrichtungen. Die verschiedenen Infrastruktureinrichtungen mit den erforderlichen spezifischen Daten über Struktur und Kosten.

c) Wohnbereich. Die verschiedenen Wohnformen mit den notwendigen spezifischen Daten über Struktur und Kosten, die verschiedenen Parksysteme mit den erforderlichen Struktur- und Kostendaten sowie die Daten von Essentialflächen.

Stadtforschung im Sinne der „Theoretischen Bauleitplanung" bedeutet, für einen bestimmten regionalen Raum Sekundärdaten zu sammeln, aufzubereiten, auszuwerten und daraus durch prognostische Überlegungen Richtwerte für die Planung festzulegen. Abgeleitet aus den Erfordernissen der „Theoretischen Bauleitplanung" ergeben sich klar formulierte Aufgaben als Ansatzpunkte für sektoral wirkende empirische Forschung.

Das hier vorgestellte formalwissenschaftlich erarbeitete Instrumentarium bildet ein ohne Zweifel ausbaufähiges Gerüst für die Bewältigung stadtplanerischer Aufgaben. Anzumerken sei hierbei, daß dieses Instrumentarium vorwiegend mit spezifischen Sozialdaten gefüllt werden muß, um den Anforderungen einer sinnvollen Planung gerecht zu werden. Es ist daher nicht Aufgabe der Forschung, bei der Ermittlung von Sekundärdaten den regionalen Rahmen zu weit zu spannen, zu versuchen, „repräsentative" Daten zu erarbeiten. Im Gegenteil, werden die durch die Empirie gefundenen spezifischen Werte allgemeinverbindlich, werden die „Standards" in ihrer numerischen Festlegung allgemeingültig, dann wird ein Schematismus praktiziert, der im Interesse einer wissenschaftlichen Durchdringung vermieden werden muß. Durchaus berechtigte Kritik an den Sekundärdaten wird, trennt man nicht klar zwischen Primär- und Sekundärbereich, sogleich auf die methodischen Ansätze einer mathematischen und damit formalwissenschaftlichen Formulierung übertragen.

Dem zu entgehen bedarf es der Einsicht, daß für jedes spezielle Problem das Erarbeiten von Sekundärdaten unabwendbar notwendig wird. Die spezifischen Eigenheiten einer Aufgabe drücken sich demzufolge in den Sekundärdaten aus. Es ist in diesem Zusammenhang zu erwähnen, daß auch Sekundärdaten als Sekundärfunktionen (s. Approximationskurven) Trends allgemeinverbindlicher Natur abgeben und durchaus theoretische Fundamente sein können. Diese induktiv gefundenen Gesetzmäßigkeiten können jedoch nie endgültig bestätigt werden, da eine Widerlegung durch neue Informationen nie ausgeschlossen werden kann.

Bei Anwendung der Methoden dieser „Theoretischen Bauleitplanung" werden Entscheidungen objektiviert. Durch die Darstellung der Zusammenhänge wird es möglich, Einflußgrößen in ihrer gegenseitigen Abhängigkeit und Wertigkeit zu sehen. Die Konsequenzen für die praktische Durchführung einer Planungsaufgabe lassen dich dabei nur erahnen. Man wird jedenfalls zusätzlich neue Kategorien planerischer Arbeit in den Planungsprozeß mit einbeziehen können.

Stichwortverzeichnis

Literaturverzeichnis

Das Literaturverzeichnis gibt einige Hinweise auf Veröffentlichungen, die sich einmal einer mathematischen Methode bedienen und zum anderen durch ihren Inhalt Aussagen zum Themenkomplex dieser Arbeit machen. Außerdem werden einige Titel genannt, die sich mit der Problematik städtebaulicher Forschung befassen. Eine umfangreiche Dokumentation wurde nicht beabsichtigt.

Albers, G. Städtebau und Planungsrecht. Stadtbauwelt 8, 1965, S. 632

Albers, G. Wohndichte und Geschoßflächenzahl. Stadtbauwelt 1, 1964, S. 44

Beck, G. Methoden zur Bestimmung des Freiraumbedarfes. Freiraumbedarf als Grundlage zur Planung und Bewertung von Wohnsiedlungen, Patzer Verlag

Begriffsbestimmungen aus dem Wohnungs- und Siedlungswesen, dem Städtebau und der Raumordnung. Schriften d. Deutschen Verbandes f. Wohnungswesen, Städtebau und Raumplanung e.V. H. 68, 1966

Brandt, J. Planungsfibel, Verlag G. Callwey, München 1966. Empfehlungen und Richtwerte für Orts- und Stadtplanung

Bundesbaugesetz, Baunutzungsverordnung, W. Kohlhammer Verlag Stuttgart 1969, 6. Auflage

Gassner, E. Der städtebauliche Bewertungsrahmen. Stadtbauwelt 1, 1964, S. 52

Gassner, E. Die städtebauliche Kalkulation. Stadtbauwelt 11, 1966, S. 845

Geschoßflächenzahlen, Grundlagen neuzeitlicher Stadtplanung, Hammonia Verlag Hamburg 1960

Hartenstein, W. Stadtform und Stadtforschung. Stadtbauwelt 4, 1964, S. 291

Hoenig, A. Baudichte und Weiträumigkeit. Baugilde 1928, S. 713

Hoenig, A. Die Statik des Bebauungsplanes. Städtebau 1928, S. 197

Informationsbriefe für Raumordnung, Herausgeber: Bundesminister d. Innern R 1.7 Erfahrungsziffern und Faustzahlen

Küttner, L. Über die Anwendung der Mathematik in der Gebiets-, Stadt- und Dorfplanung. Deutsche Architektur 10 (1961) H. 12, S. 690

Lenort, N. Richtzahlen oder Kompositionsregeln für die kommunale Entwicklungsplanung Ztsch. f. die gesamte Staatswissenschaft 1961, 116. Bd. H. 4, S. 723

Lenort, N. und Specht, K. Richtzahlen in der Siedlungsplanung. Stadtbauwelt 24, 1969, S. 257

Lötsch, W. Stadtplanerische Untersuchungen zur Wirtschaftlichkeit der Bebauung städtischer Wohngebiete, VEB Verlag Technik Berlin 1956

Ludmann, Riedel Neue Stadt Köln Chorweiler. Karl Krämer Verlag Stuttgart/Bern 1967

Meier, C. Abhängigkeitsbeziehungen der Maße baulicher Nutzung zur Vorbereitung der Bauleitplanung, mathematische Ableitungen und deren nomografische Darstellung Diss. TU Berlin 1968, Kommissionsverlag Kiepert KG, Berlin 12

Meier, C. Ein Modell für die Vorbereitung der Bauleitplanung, Stadtbauwelt 17, 1968, S.1298

Meier, C. Ein Flächennutzungsmodell, Stadtbauwelt 18, 1968, S. 1353

Pape, S. Stadtplanung und Planungsforschung, Stadtbauwelt 4, 1964, S. 314

Siedlungsplanung, Hamburger Schriften zum Bau-, Wohnungs- und Siedlungswesen, Hamburg 1963

Zauche, G. Über Aufgaben und Probleme der Gebiets-, Stadt- und Dorfplanung bei der Anwendung neuer mathematischer Methoden. Wissenschaftliche Zeitschrift d. Hochschule f. Architektur und Bauwesen Weimar 1965, H. 4, S. 331

Biographische Notiz

Der Verfasser dieses Buches, Dr. Claus Meier (38), ist Berliner von Geburt und z. Z. wiss. Mitarbeiter am Zentralinstitut für Städtebau der Technischen Universität Berlin. Der Schwerpunkt seiner wissenschaftlichen Arbeit liegt in der Formalisierung von Planungsproblemen.

Die bisherigen Veröffentlichungen des Autors in der „Stadtbauwelt" behandeln diesen Komplex. Während seiner Mitarbeit in der Arbeitsgruppe für Stadtplanung „Sanierung Wedding/Brunnenstraße" unter Prof. Eggeling, begann er, stadtplanerische Erkenntnisse auf analytischem Wege abzuleiten, und vervollständigte seine Arbeitsergebnisse zu dem hier vorgestellten System der „Theoretischen Bauleitplanung".

Er war an mehreren Forschungsvorhaben und städtebaulichen Gutachten beteiligt, bei denen er mathematisierte Methoden zur Anwendung brachte. Seit 12 Jahren übernimmt er Lehraufträge an der „Ingenieurakademie für Bauwesen" Berlin.

Bevor der Verfasser sich wissenschaftlichen Arbeiten zuwandte, war er als Architekt im Industriebau tätig. Er zählt zu den Referenten der Ausbildungskurse für Referendare am Institut für Städtebau der Deutschen Akademie für Städtebau und Landesplanung.

FSC
www.fsc.org
MIX
Papier | Fördert
gute Waldnutzung
FSC® C083411

Kolibri 360 GmbH
Ferdinand-Jühlke-Straße 7
99095 Erfurt, Deutschland
produktsicherheit@kolibri360.de